环 境 艺 术 设 计 教 材

装饰材料与构造

高祥生 主编

王勇 黄维彦 陈赛赛 副主编

南京师范大学出版社
NANJING NORMAL UNIVERSITY PRESS

图书在版编目(CIP)数据

装饰材料与构造／高祥生主编. — 南京 ：南京师范大学出版社，2011. 5

环境艺术设计教材

ISBN 978-7-5651-0403-9 / TU·14

Ⅰ.①装…　Ⅱ.①高…　Ⅲ.①建筑材料：装饰材料-教材　②建筑装饰 — 建筑构造—教材　Ⅳ.①TU56　②TU767

中国版本图书馆CIP数据核字(2011)第094649号

书　　名　装饰材料与构造
主　　编　高祥生
责任编辑　何黎娟
出版发行　南京师范大学出版社
地　　址　江苏省南京市宁海路122号（邮编：210097）
电　　话　(025)83598078　83598412　83598887　83598059（传真）
网　　址　http://press.njnu.edu.cn
电子信箱　nspzbb@163.com
照　　排　南京凯建图文制作有限公司
印　　刷　江苏凤凰扬州鑫华印刷有限公司
开　　本　850毫米×1168毫米 1/16
印　　张　11.25
字　　数　272千
版　　次　2011年9月第1版　2015年7月第3次印刷
印　　数　5601–7100册
书　　号　ISBN 978-7-5651-0403-9/TU·14
定　　价　49.00元

出 版 人　闻玉银

前 言

近三十年来，装饰装修行业和装饰装修设计（即室内设计）专业得到了迅猛发展。据行业主管部门统计，2010年，全国建筑装饰装修行业的年产值达2万多亿，从事建筑装饰装修设计的人员已超过百万人。在全国一千多所普通高等院校中，设有建筑室内设计专业的院校已超过900多所，这表明我国建筑装饰装修设计的队伍和专业教育已经具有相当大的规模。

装饰材料和构造知识是室内设计专业中不可或缺的内容。装饰材料是装修设计的重要语言，是表现装修工程标准、风格特征、视觉效果的重要因素；装饰构造是材料与材料、材料与构件之间结合的方法和形式，它体现了材料应用、施工工艺、安全措施、经济投入的水平。因此，装饰材料和装饰构造是室内设计专业必须了解、熟悉和掌握的知识，同时，它也是室内设计专业的主干课程。近年来，有关装饰材料和装饰构造的教材时有出版，然而这些教材大多有两点不足之处：一是将装饰材料和构造的内容分开编写，常使读者较为孤立地理解各部分的内容；二是很少收集新型的装修材料构造案例，致使这些教材的内容难以反映装饰装修行业的最新发展状况。鉴于上述情况，我们编写了这本《装饰材料与构造》，希望对室内设计专业的教材建设和装饰装修设计师的业务提高有所帮助。

在编写时我们将装饰材料与构造两部分内容整合在一起，使读者能更加深入、完整地了解各种材料的性能和应用方法。另外，本教材取消了不符合环保要求和目前不常用的装饰材料，收录了低碳的、生态的，并能满足工业化生产要求的新型装饰材料和构造方法，使读者能更全面地了解装饰材料的最新发展和应用情况。

本教材分为十章，每一章介绍一类装饰材料，分别是木材、石材、陶瓷、玻璃、塑料、金属、涂料、胶凝剂、无机胶凝材料、纺织与卷材十大类，涵盖了装饰材料的基本内容。虽然将来还会有新型的材料产生，但都可归纳在这十个种类之中。

为使本教材的内容能更好地适应行业发展的需要及适应主要读者对象的使用需求，教材中对构造工艺中较复杂的内容未作进一步阐述，而是侧重于对基本工艺、方法的介绍。为了帮助学生更好地理解教材的内容，教师在使用本教材时，应酌情组织学生到装饰材料市场、工厂和施工现场参观学习，以更直观的方式掌握各种材料的特性及应用方法，提高学习效果。本教材对学时、学习目的、重点内容作了规定，教师可根据具体的教学情况作适当调整。

本教材内容系统性、基础性、可读性、适用性强，可作为大专院校建筑室内设计专业、环境艺术设计专业的教材，也作为建筑装饰装修设计师创作时的参考资料。

高祥生

2011年5月15日

目 录

1

装饰材料与构造

第一章 木材及木制品

【学习目标】

了解木材的基本特性和各类木材制品的应用方法。

在熟悉各种木材制品基本规格尺寸的基础上，

重点掌握其在室内空间中装饰装修构造的基本方法。

【建议学时】

3学时

木材是人类最早使用的建造材料之一，其物理力学性能、表面装饰性能、加工性能都较优异，不仅应用于建筑物的建造，同时还是室内装修的主要用材。

第一节　木材的基本特性

一、木材的主要优点

木材是天然材料，只要控制好采伐和种植的关系，它是一种具有可持续发展和生态环保的优良建材。

木材的优点主要体现在以下几方面：

① 轻质高强，有弹性和韧性，抗震、抗冲击能力强。具有良好的绝热、吸声、吸湿和绝缘性能，在干燥条件下耐久性好。

② 天然的质地、纹理、色泽，具有温暖、亲切和回归自然的装饰感。

③ 易于进行锯、刨、铣、钉、剪等机械加工和粘、贴、涂、画、烙、雕等表面处理。

二、木材的主要缺点

木材的缺点主要有：

① 木材内部构造的不均匀使其有向异性，受到外界因素影响时，会不同程度地开裂、变形，产生结构性破坏。

② 木材多易被虫蛀，在潮湿环境下易被腐蚀，影响原有强度。

③ 木材的天然纹理中常有树结、虫眼、裂口、裂缝等疵病。

④ 木材属易燃性材料。

随着加工业的发展，既可以充分发挥木材的优点，同时也能有效避免其缺陷，使得各种以天然木材为基本原料加工而成的木制品成为室内装修中的重要材料。表 1–1 为天然木材与木制品之间各种性能的比较。

表 1–1　木材及木制品性能比较

性能 类别	物理性	加工性	装饰性	可持续性	毒　性	耐久性	防火性
天然木材	◕	●	◕	●	◕	◕	◑
木制品	●	●	●	●	◑	●	●

图例：● 优　◕ 良　◑ 中　○ 差

第二节　木材的分类

木材的种类繁多，根据实际应用的需要，常以树种及材种两大标准来进行分类。

一、按树种分类

可作为木材使用的树种很多，为便于识别，常以树叶外观形状的差异为依据进行分类，分为针叶树和阔叶树两大类。

1. 针叶树

(1) 特点。针叶树种的树叶细长，树干大多通直，分叉较少，易取得大材。其材质均匀，质软易加工。针叶树材强度较高，密度及涨缩变形率较小。

(2) 主要树种。红松、白松、马尾松、落叶松、杉树、柏树等（图1-2-1），称为软材。

(3) 应用。广泛用于承重构件及装修的构造骨架部分。

2. 阔叶树

(1) 特点。阔叶树种的树叶宽大，树干通直部分大多较短，分叉多，不易取得大材。其材质较硬，较难加工。大部分阔叶树材密度大，易翘曲变形，较易开裂，涨缩变形率大。

(2) 主要树种。柚木、榆木、柞木、水曲柳、榉木、柳桉、枫木、印茄木、重蚁木、甘巴豆木等（图1-2-2），称为硬材。

(3) 应用。阔叶树材中很多树种具有美丽的纹理，故能适用于室内装修和家具制作等方面。

针叶树

杉树

图1-2-1

阔叶树

阔叶

图1-2-2

大量应用于室内空间界面、家具和地板的表面装修。

表1-2为常见树种的特点及应用范围。

二、按加工程度分类

被砍伐下来的木材，常会根据用途不同，加工成不同的形式，以便于再加工和使用。木材按加工程度分类，可分为原条、原木和普通锯材（板木材）等（图1-2-3）。

1. 原条

指去除树根、树皮，但未按一定的规格尺寸加工的原始木材。一般作为工地脚手架使用。

2. 原木

指在原条的基础上，按一定的直径和规格尺寸加工而成的木材。可用于制作房梁、柱、椽子、檩条等。

原条

原木

普通锯材

图1-2-3

表1-2　常见树种特点及应用

树　种	特点及应用范围
榉　木	分红榉和白榉，可加工成板、方材、薄片。纹理细而直，或呈均匀点状。木质坚硬、强韧，耐磨、耐腐、耐冲击，干燥后不易翘裂，透明漆涂装效果颇佳。板、方材用于实木地板、楼梯扶手以及各种装饰线材（门窗套、家具封边线、角线、格栅等）；薄片（面材）与胶合板（基材）相结合用于壁面、柱面、门窗套以及家具饰面板
枫　木	花纹呈明显的水波纹，或呈细条纹。乳白色，色泽淡雅均匀，硬度较高，胀缩率高，强度低。多用于实木地板以及家具饰面板
柚　木	质地坚硬，细密耐久，耐磨、耐腐蚀，不易变形，胀缩率是木材中最小的一种。油性丰富，线条清晰，纹理有山纹和上纹之分，装饰风格稳重大方。其板材可用于实木地板，饰面板用于家具、壁面
胡桃木	颜色由浅灰棕色到紫棕色，纹理粗而富有变化。透明漆涂装后纹理更加美观，色泽更加深沉稳重。胡桃木饰面板在涂装前要避免表面划伤泛白，涂装次数要比其他饰面板多1～2道
水曲柳	呈黄白色，结构细腻。纹理直而较粗，花纹漂亮，颜色清爽，装饰效果自然。胀缩率小，耐磨抗冲击性好。常用于混水工艺
黑　檀	色泽油黑发亮，木质细腻坚实，为名贵木材。横纹细腻，直纹朴雅。装饰效果浑厚大方，为装饰材料之极品
橡　木	有白橡与红橡之分，色泽略浅，纹理淡雅清晰。直纹虽无鲜明对比，但却有返璞归真之感，装饰效果自然
沙比利	线条粗犷，颜色对比鲜明，装饰效果深隽大方，为高级家具不可缺少的木材
红樱桃	色泽鲜艳，高贵典雅，属暖色调。装饰效果温馨浪漫，并呈现高度视觉效果，为宾馆、餐厅首选饰材

3. 锯材

指锯成的规格料，也称板方材。凡宽度为厚度的3倍或3倍以上的木材叫板材；宽度不足厚度3倍的叫方木。板材按厚薄尺寸不同可分为薄板、中板、厚板、特厚板。方木按宽、厚的乘积（cm^2）可分为小方、中方、大方、特大方。

锯材按尺寸分类如下：

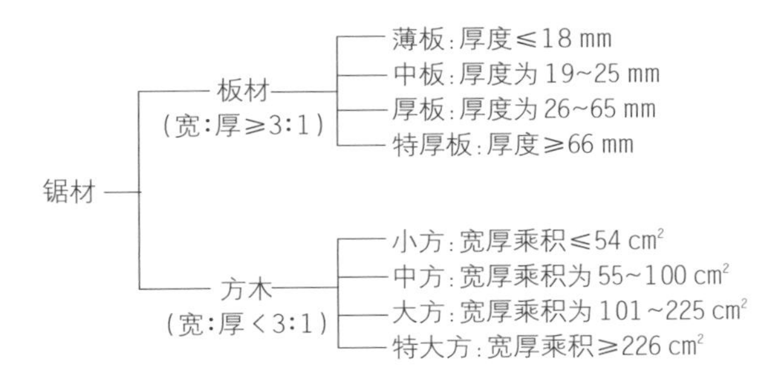

第三节　木材的加工

一、木材的干燥处理

刚伐下的木材中含有大量的水分。由于原木体积较大，内部的水分不易排出，由这样的木材加工成的产品会因干缩而产生开裂、翘曲等变形。同时，未经干燥处理的木材也极易腐烂、虫蛀。因此，在对木材进行再加工之前必须进行干燥处理。

木材干燥处理是一项复杂的工艺，处理的过程对最终木制品的品质影响颇大。一般情况下，木材均要先经过较长时间的自然干燥，再进行人工除湿干燥处理。针对不同质地的木材，干燥的方法也不尽相同。

1. 天然干燥法

天然干燥主要是利用自然环境中的阳光照射和空气流动进行木材的干燥处理。这种方法成本低，不需大型设备，只要将木材以一定的方式堆放在阳光充足且空气流通的场所即可。采用天然干燥法的木材在使用时不易翘曲、变形，但干燥时间较长，且易受气候变化的影响。

2. 人工干燥法

人工干燥是把木材放置于特别的容器或建筑物中，在保证内部环境的保温性和气密性的前提下，利用加湿、加热设备控制温度、湿度以及气流的循环速度，使木材的含水率达到指定标准的干燥方法（图1-3-1）。

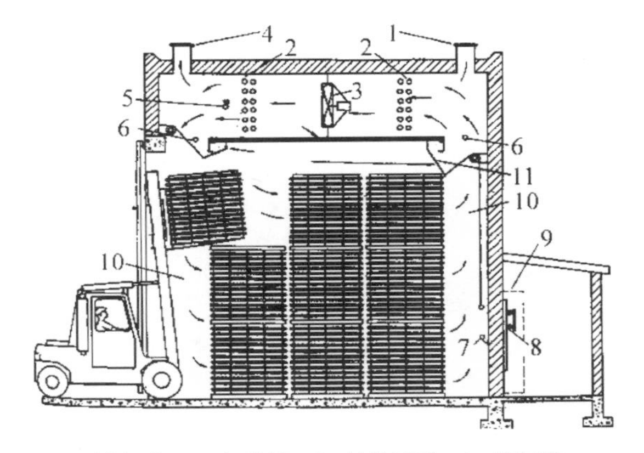

1. 进气道　2. 加热管　3. 轴流风机　4. 排气道　5. 喷蒸管　6. 干球温度　7. 湿球温度　8. 控制记录仪　9. 取样小门　10. 气道　11. 挡风板

图1-3-1　人工干燥法

人工干燥法根据使用的设备不同，可分为烟熏干燥法、热风干燥法、蒸汽加热干燥法和过热干燥法等。人工干燥法干燥时间短，可有效地控制木材的含水率，干燥质量较高，但需要专业的设备、合适的空间和熟练的操作技术，否则干燥不到位，木材最终还会在使用时发生开裂、变形等质量问题。

经过干燥处理的木材还必须注意防潮。通常在抹油漆之前，干燥过的木材仍易受环境中的水分侵蚀，影响使用。

二、木材的防火处理

木材作为装修材料被广泛应用于建筑和室内空间中，但木材属于易燃材料，在遇到高温或火源时，会着火燃烧，不属于安全材料。木材的闪燃点为 225~250 ℃，发火点为 330~470 ℃。因此，在装修中，木材的防火处理问题十分重要。

目前，木材的防火处理主要依靠使用阻燃剂或防火涂料使之成为难燃材料，在遇到小火时能自熄，遇到大火能延缓或阻滞燃烧，最终为扑救赢得宝贵时间，提高建筑的安全性。

第四节　木材装修制品

在室内装修工程中，木材常常被加工成各种不同形式的装修制品，广泛应用于顶面、地面、墙面。根据木材加工的程度以及木材各部分的特点，木材制品既可用于结构、基层，也可用于表面装修。

一、木材装修制品的加工

木材装修制品的加工有多种方法，如旋切法、平切法、1/4 斜切法等（如图 1-4-1、图 1-4-2）。

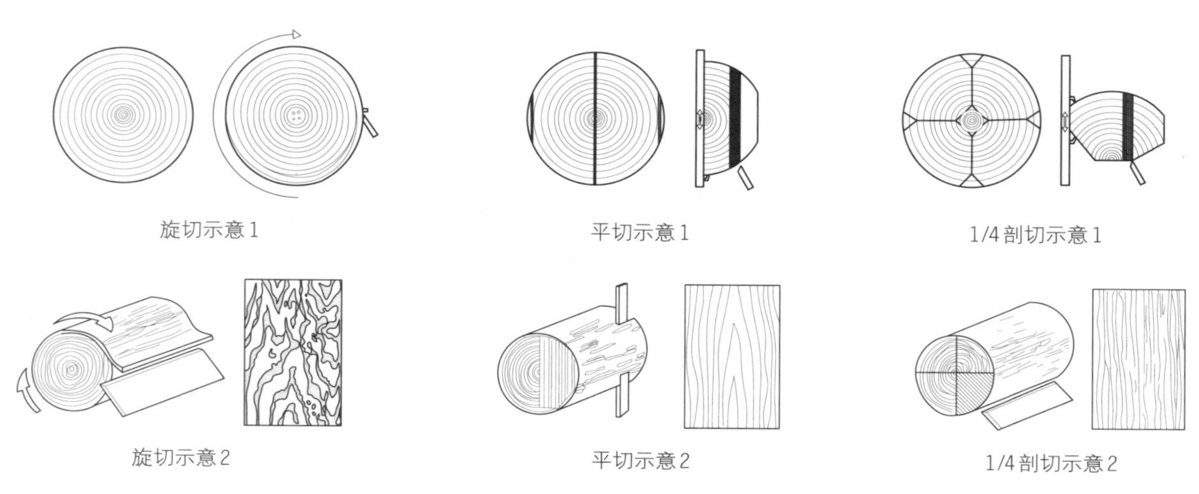

图 1-4-1 木材装饰加工方法

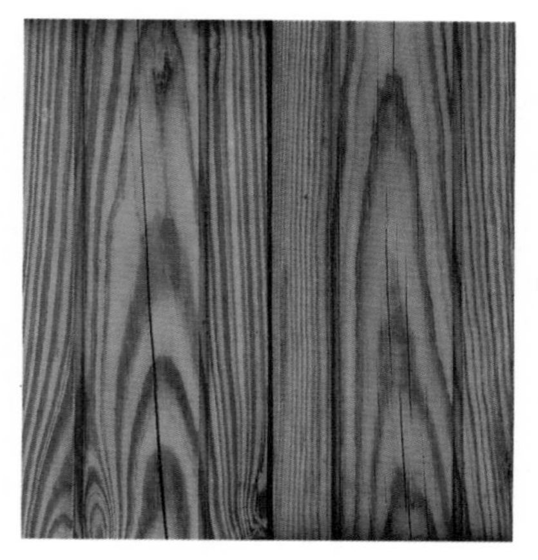

平切的木皮

1/4 剖切的木皮

图 1-4-2

二、木材装修制品的种类及特点

1. 基层板

1）细木工板

细木工板是以木条为芯板，在上下各覆以一层或几层单板胶合热压后制成的板材，又称大芯板或木工板。中间的芯材一般为拼接的木料（图1-4-3），有手拼和机拼两种。

用于细木工板的材质以白松木、柳木、桉木为好，杨木、杉木次之，桐木等较差。

细木工板具有较强的硬度、强度，质轻、易加工、稳定性强。是适用于制作各种家具的基层材料，在室内装饰装修工程中广泛应用为门、窗、墙面造型等室内木作工程的基层材料，是用途最广泛的基材。

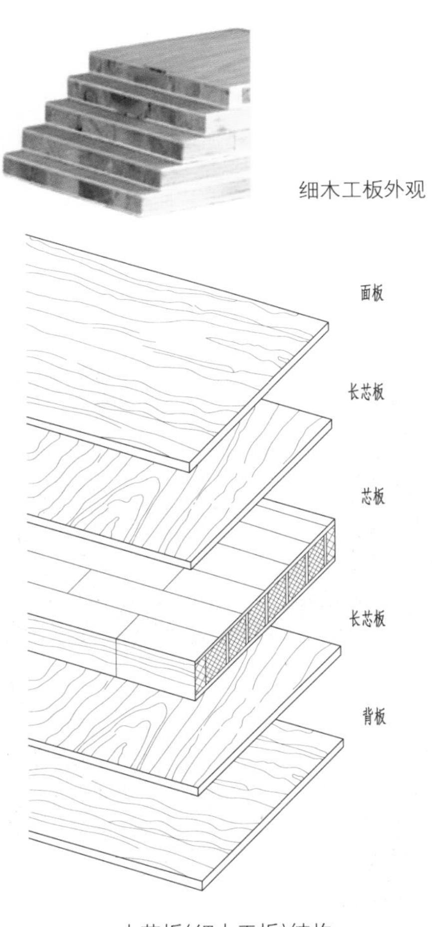

木芯板（细木工板）结构

图1-4-3

细木工板的具体分类如下：

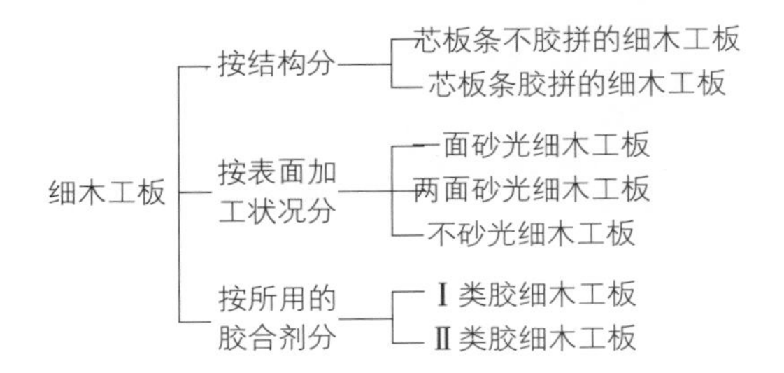

细木工板的规格尺寸见表1-3。

表1-3 细木工板的规格（mm）

宽度	长 度	厚 度
915	915、1220、1 520、1830、2135、2400	15、18
1220	915、1220、1520、1830、2135、2400、2440	15、18、22、25

2）胶合板

胶合板是用3层、5层、9层、12层原木旋切成单板后胶合而成，相邻层单板的纹理相互垂直，一般在3～12层之间（图1-4-4）。

胶合板的分类繁多。按所用材种可分为柳桉胶合板、水曲柳胶合板、花樟树榴胶合板、枫木雀眼胶合板、白橡胶合板、红橡胶合板、泰柚胶合板、枫木胶合板、白榉胶合板、红榉胶合板以及桦木、杂木、椴木胶合板等；

按单板层数可分三合板、五合板、九合板、十二合板；

按结构可分胶合板、夹心胶合板、复合胶合板；

按表面加工可分砂光胶合板、刮光胶合板、贴面胶合板、预饰面胶合板；

按形状可分平面胶合板和成型胶合板；

按用途可分普通胶合板和特种胶合板。

胶合板的常用规格见表1-4。

胶合板外观

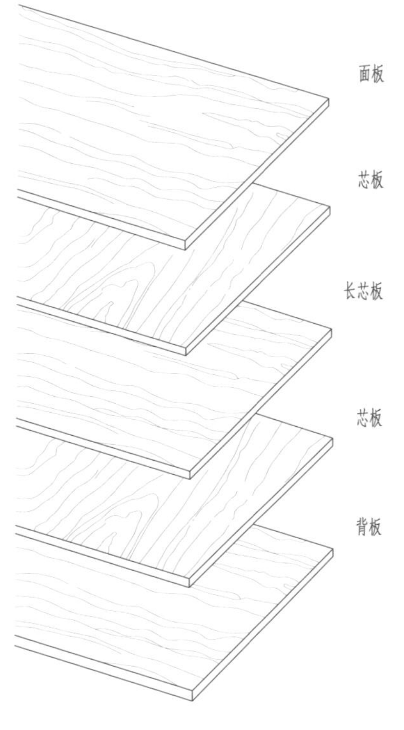

五合板构造
图1-4-4

种类	规格（mm）		
	长	宽	厚
阔叶树材胶合板	915、1830、2135	915	2.5、2.7、3、3.5、7、9、12
	1220、1830、2135、2440	1220	
针叶树材胶合板	1525、1830	1525	3、3.5、5、7、9、12

表1-4 胶合板的常用规格

3）纤维板

纤维板是将木材采伐加工后的树枝、树皮、刨花等废料，经破碎、浸泡后研磨成木浆，再加入胶料，经热压成型、干燥处理后制成的板材。纤维板既可以作为基层使用，又可以作为面层使用。

按密度大小不同，纤维板可分为高密度纤维板、中密度纤维板、低密度纤维板。

高密度纤维板的密度大于0.8 g/cm^3，常作为人造木地板、板式家具、板材的基层材料。

中密度纤维板的密度介于0.5~0.7 g/cm^3，是板式家具和装饰装修造型的基层材料。

低密度纤维板的密度在0.4 g/cm^{3}以下，可作为要求较低的装饰装修饰面的基层材料。

纤维板表面平整、变形翘曲小、抗弯性好、不易腐蚀，材质构造均匀，各项强度一致，不易胀缩和开裂，具有较好的吸音、隔热和加工性能(图1-4-5)。

纤维板规格如下：

宽×长：1200×2400 mm、1220×2440 mm，厚度：3 mm、5 mm、9 mm、12 mm、15 mm、18 mm。

图1-4-5 纤维板外观

4）刨花板

刨花板是将木材加工剩余物，如木屑、木丝、废木料等切削成碎片，经干燥、拌胶料、硬化热压后制成的板材。

刨花板按原料不同可分为木材刨花板、竹材刨花板、石膏刨花板、水泥刨花板、亚麻屑刨花板等；按用途不同可分为用于家具、室内装修等一般用途的刨花板（即A类刨花板）和非结构建筑用的刨花板（即B类刨花板）。

刨花板质轻，隔声保温性好，各项强度一致，加工方便，表面可做多种贴面和装饰，主要作为绝热、吸声材料，也可用于家具、隔墙的基层(图 1-4-6)。但因其强度较低，握钉力较差，属于中低档装饰材料。刨花板的规格见表 1-5。

表 1-5　刨花板的规格

宽度（mm）	长度（mm）	厚度（mm）
915	1220、1525、1830、2135	6、8、10、12
1220	1220、1525、1830、2440	15、18、22
1000	2000	25、30

5）定向刨花板

定向刨花板是一种新型高强度木质结构板，它是用长条薄木片经干燥、施胶、定向铺装，最后热压成型。定向刨花板的特点、用途及规格见表 1-6。

图 1-4-6　刨花板外观

表 1-6　定向刨花板的特点、用途及规格

名　称	特　点	用　途	规　格（mm）
脲醛胶定向刨花板	木片按一定方向排列，因此其结构与性能近似于木材和胶合板。强度大、刚性好、不易变形、握钉力强、加工性能好	用于室内装饰、复式建筑承重板、制作家具、音响盒体等	长度：2400 宽度：1200 厚度：3、4、6、10、12、13、15、16、18、19、22、25、32
酚醛胶定向刨花板		用于建筑墙体、屋面板、货盘、包装箱、集装箱用板以及车、船用板和建筑模板	
细表层定向刨花板		用于建筑的内外墙体装饰和家具制作	
桐木定向刨花板		用于超轻质建筑和家具制作	

2. 饰面板

1）木饰面板

木饰面板是将较珍贵树种的木材加工成0.1～1 mm的微薄木切片，再将薄木片胶粘于基板上制成的板材。木饰面板的取材较为广泛，例如水曲柳、花梨木、枫木、桃花芯、西南桦、沙比利等。

木饰面板可分为3 mm厚木饰面板（又称切片板）和微薄木饰面板（又称成品饰面板）。

（1）3 mm厚木饰面板。3 mm厚木饰面板，俗称面板，一般为2.7 mm的基板加0.2～0.3 mm的微薄板覆层，故总厚度在3 mm左右。3 mm厚木饰面板表面纹理细腻、真实、美观，广泛应用于门、门套、窗套、家具以及其他木作工程的表层装饰，这种木饰面板应用于施工现场，按照尺寸大小制作，现场油漆（见图1-4-7、图1-4-8）。

规格尺寸有1200×2400×3 mm、1220×2440×3 mm。

（2）微薄木饰面板。微薄木饰面板是利用珍贵树种，如紫檀木、花樟、楠木、柚木及水曲柳等，通过精密设备刨切成0.3～0.6 mm厚的薄木皮，以胶合板、刨花板、细木工板等为基材，采用先进的胶粘工艺，将微薄木复合于基材之上，经热压后制成。具有木纹逼真、花纹美丽、真实感和立体感强等特点，视觉上几乎与直接用珍贵树种加工的板材完全相同，是目前装修工程中用量最大的装饰面材。

常用规格：0.3~0.6 mm厚饰面木皮+12～18 mm厚中密度纤维板基层+0.3~0.6 mm厚普通木皮。

非满贴时，以400 mm、600 mm为模数，宽度、高度方向取模数的倍数；满贴时，宽度方向以400 mm、600 mm为模数，取模数的倍数后，不足模数尺寸时，按现场实际测量尺寸为准。宽度方向尺寸小于600 mm时，用整块。高度方向从下往上2400 mm处为分割线，2400 mm以上部分按现场实际测量尺寸为准。

遇特殊要求，如超长、弧型等，可另行设计，但加长不超过3.8 m，一定要考虑油漆完的变形可能，大于2.4 m高需加工艺缝。微薄木饰面一般是由基层材、装饰薄木（单板、木皮）、平衡薄木（单板、木皮）、正面装饰涂层、反面封闭（平衡）涂层组成（见图1-4-9）。

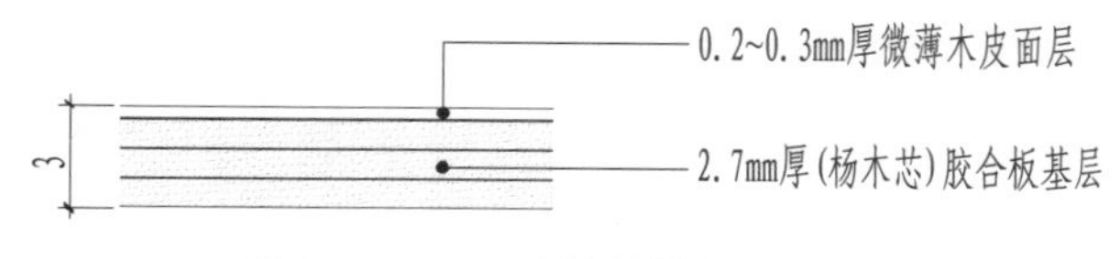

图1-4-7　3 mm厚木饰面板内部构造

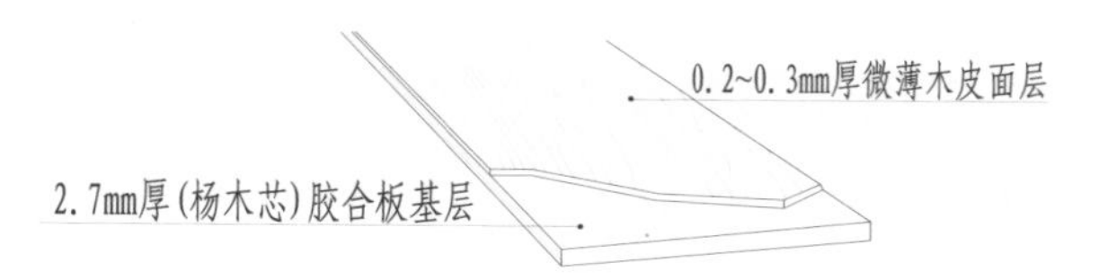

图1-4-8　3 mm厚木饰面板内部构造

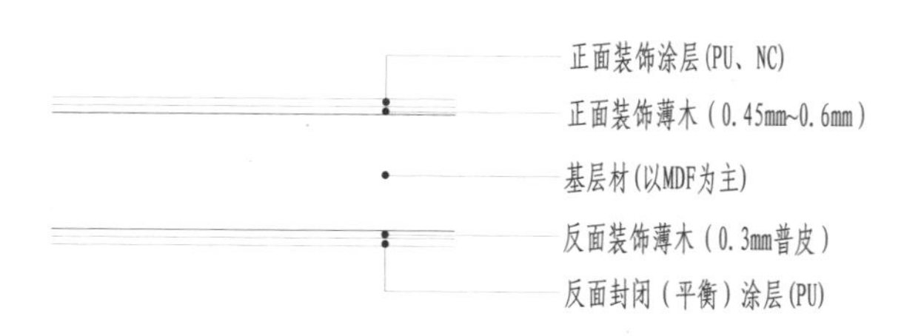

图1-4-9　微薄木饰面木饰面板内部构造示意

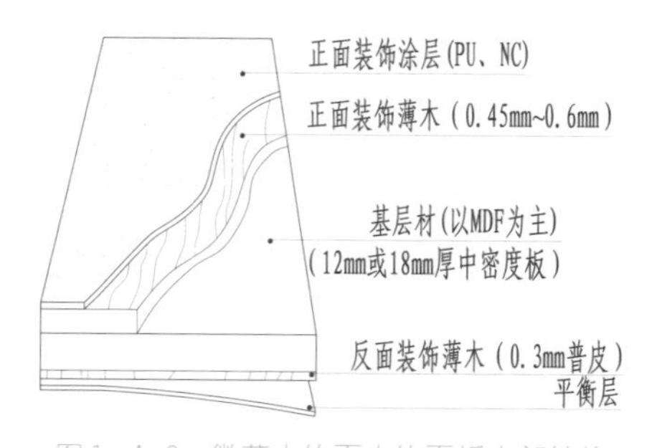

图1-4-9　微薄木饰面木饰面板内部结构

常用微薄木饰面板品种有：水曲柳面板、美柚面板、泰柚面板、花梨木面板、酸枝木面板、红榉面板、白榉面板、楠木雀眼面板、枫木雀眼面板、橡木树榴面板、桃花芯面板、白橡木面板、枫木面板、槭木面板、朴木面板、白栎木面板、红栎木面板等（图1-4-10）。

2）**木质复合板材**

常见的木质复合板材有：宝丽板、波音板、PVC装饰板、蜂巢板、防火板、镁铝装饰板、纸面稻草板等。

（1）宝丽板（含宝丽坑板、富丽板）。宝丽板又称华丽板，是以特种花纹纸，贴于三合板基材上，再在花纹纸上涂以不饱和树脂，并在其表面压合一层塑料薄膜而成。

宝丽坑板是在宝丽板表面按等距离加工出宽3 mm、深1 mm的坑槽而成。槽距有80 mm、200 mm、400 mm、600 mm等多种。上述板材的特点、用途及规格等见表1-7。

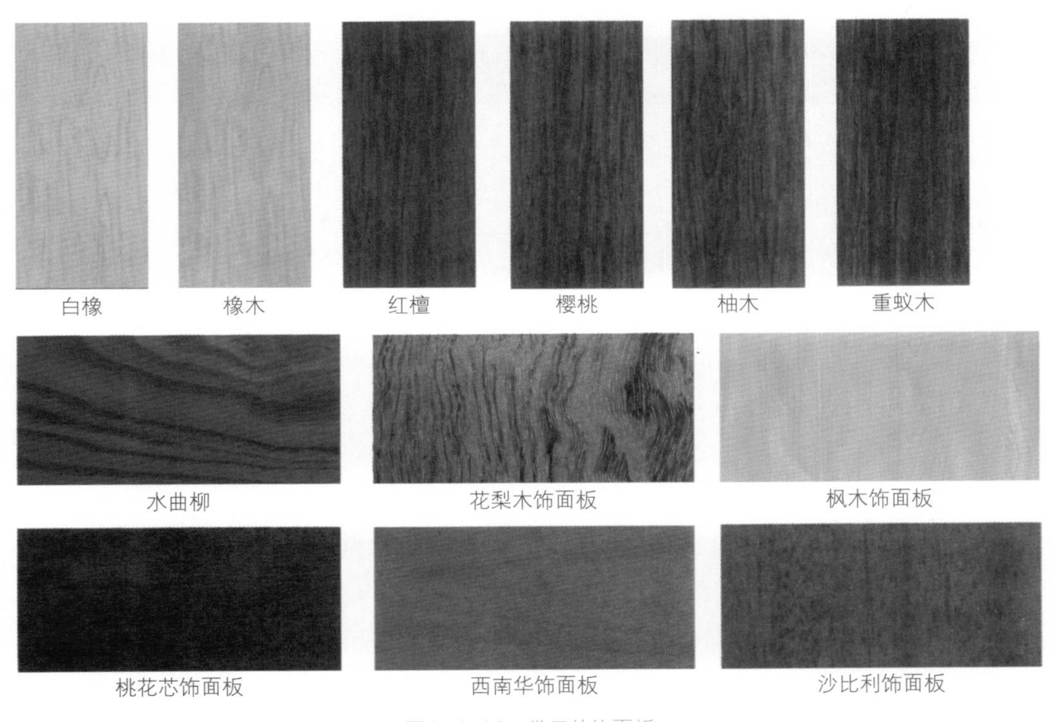

图1-4-10　常用的饰面板

表1-7　宝丽板、宝丽坑板和富丽板的特点、用途、规格

名　称	特　点	用　途	规　格（mm）
宝丽板（华丽板）	易清洗、耐热、耐烫，对酸碱有相当耐侵蚀能力，表面光洁美观，色彩丰富，图案花纹多样	适用于室内墙面、柱面、墙裙装饰	3×1220×2440
宝丽坑板	除表面有坑槽外，其他同上		1220×2440
富丽板（亚光）	该板表面亚光，面层具有各种仿天然名优木材的木纹。但在耐热、耐烫、耐擦洗性能等方面均较宝丽板差		1220×2440

（2）波音板、皮纹板、木纹板。以波音皮（纸）、皮纹皮（纸）、木纹皮（纸）经过压花，用EV胶真空贴于三夹板上加工而成。以上三种板材的特点、用途及规格见表1-8。

（3）PVC塑料装饰板。PVC塑料装饰板是一种以塑代木的建筑装饰材料。它具有防火、防水、防潮、耐酸碱、耐腐蚀、抗老化、不变形、重量轻、表面光滑等特点。花色多样，有木纹、大理石纹、茉莉花、牡丹花、彩云等图案。

（5）防火板。防火板亦称耐火板或防火装饰板，有各种流行色，有仿木纹、仿石纹、仿皮纹、纺织物等。板面有光面（镜面）、亚光两种。特点是图案、花色丰富多彩，具有耐湿、耐磨、耐烫、阻燃、耐一般酸碱油脂及酒精等溶剂的腐蚀。用于防火工程，既能达到防火要求，又能起装饰作用。

市场销售的防火板种类很多，以国外某厂家的产品为例，其品种、规格及用途见表1-10。

表1-8　波音板、皮纹板、木纹板的特点、用途、规格

名　称	特　点	用　途	规　格（mm）
波音板 皮纹板 木纹板	该板具有光滑耐磨、阻燃自熄、防水防腐、不必喷漆、色泽美丽不褪、结实耐用等特点。该板分平面及刻沟两种，后者与宝丽坑板相同	适用于室内墙面、柱面、墙裙的装饰及做门板等	3×1220×2440
波音平面板			3×1220×2440
波音刻沟板			3×1220×2440

（4）蜂巢板。蜂巢板亦称蜂窝夹层复合板，其结构见图1-4-11。主要特点是刚性和稳定性好，耐压力强，不变形，且质轻、隔热、防火，还有隔音效果，可应用于内外隔墙、吊顶、隔断、门扇、活动房等。其产品类别及规格见表1-9。

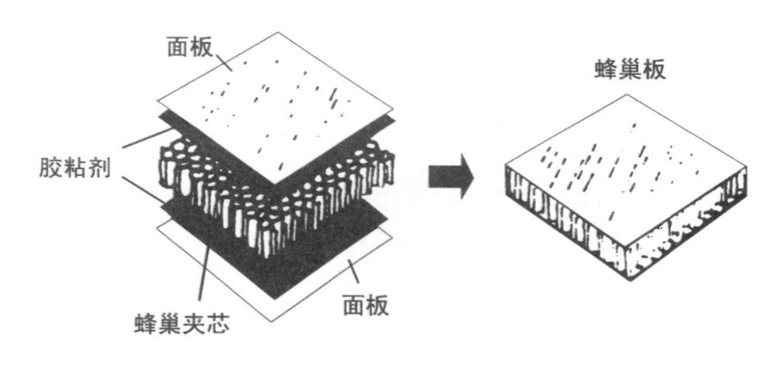

图1-4-11　蜂巢板结构

表1-9　蜂巢复合板的类别及规格

产品类别	规　格（mm）		
	长　度	宽　度	厚　度
隔墙板	2700、2400、1800	1200、900	50～100
吊顶板	2700、2400、1800、600、500	1200、900、600、500	8、10、12
隔断	1200～2400	400～1200	15～60
墙裙	1000～1400	300～600	8～15
门扇	按国家标准或用户要求加工		
活动房	按用户要求加工		

表 1–10 防火板的品种、规格及用途

品 种	规 格(mm)			用 途
	长度	宽度	厚度	
一般用途板			1.3	适用于室内装饰
立面用装饰板			0.7	适用于门、墙和橱柜里面
可弯曲品种(1)			1	适用于有弯曲要求的工作面,一般用于现代家具
可弯曲品种(2)			0.8	一般用于轻型产品的面材
防火板	长度:2440~3048 宽度:915~1 220		1.3	适用于学校、医院、商业大楼、高级宾馆、高级住宅等室内装饰用面材
铝面板			1.1、1.7	主要用于火车车厢、公共汽车等装饰面材
地板			1.5、3	专用于地板面材
版块			1.6、3.2	适用于制作各种室内铭牌
耐磨型			1.3	适用于有大量摩擦接触的柜台表面装饰用材

(6) 镁铝饰板和镁铝曲板。镁铝饰板是以三夹板为基板,表面胶以一层铝箔并进行电化处理加工而成。其表面可做成多种图案花纹及多种颜色,有平板型、镜面型、刻花图案型及电化加色型等。其颜色通常有银白、乳白、金色、古铜、青铜、绿、青铝等。

镁铝曲板是以电化铝箔贴于复合纸基层之上,并将铝箔及纸基层一并开槽加工而成。由于该板槽与槽之间的距离很小(约 10~25 mm),故能卷曲自如。

以上两种板材的特点、规格及用途见表 1–11。

(7) 纸面稻草板。纸面稻草板具有表面平滑、棱角分明、重量轻、强度高、刚性好、保温、隔声、可钉、可锯、可胶、可漆、可复合各种装饰贴面材料等特点。适用于室内墙面、墙体、顶棚等处。

纸面稻草板的外表面为矩形,上下面纸分别在两侧面搭接,端头是与棱角相垂直的平面,且用封端纸包覆。其规格:厚度为 58 mm,宽度为 1200 mm,长度有 1850 mm、2400 mm、2700 mm、3000 mm、3300 mm 五种。

表 1–11 镁铝饰板、曲板的特点、规格及用途

名 称	特 点	规 格(mm)	用 途
镁铝饰板	该板具有不变形、不翘曲、耐温、耐湿、耐擦洗、可钉、可刨、可锯、可钻、平直光洁、有金属光泽、图案花纹多样、华丽高贵及施工方便等特点	(3、4)×1220×2440	适用于各种商业建筑、公用及民用建筑等室内墙面、柱面及装饰面等的装饰
镁铝曲板	该板平直光亮,有金属光泽,美观华丽,具有可锯、可钉、可刨、可沿纵向弯曲粘贴在弧形面上、施工安装方便等特点,并可用墙纸刀分条切割或分数条切割以适应不同部位之特殊要求	3×1220×2440 条宽(即槽距): 细条 10~25 中条 15~20 宽条 25	适用于各种室内墙面、柱面、曲面、装饰面及局部顶棚等装饰

3. 木地板

木地板主要有实木地板、复合地板、软木地板、竹地板和活动地板五种。

1）实木地板

实木地板是以天然的木材直接加工而成的地板，又称原木地板。

根据选用树种和施工工艺不同，实木地板产生的装饰效果也不同。常见的种类包括实木条地板和实木拼花地板，如图1-4-12所示。

实木地板的规格有：910×125×18 mm、910 × 90 × 18 mm、750 × 90 × 18 mm、600×75×18 mm等。

（1）实木条地板。实木条地板木质感强、弹性好、脚感舒适、美观大方，可减弱音响和吸收噪声，能自然调节室内湿度和温度，不起灰尘，给人以舒适的感受。适用于住宅、办公、休闲、会议会所、特色店等场所的地面装饰。

常用于制作实木地板的木材有松木、水曲柳、柞木、柚木等。根据木材特点不同分为高、中、低三档。具体见表1-12。

实木条地板按断面接口构造的不同，可分为平口、错口和企口实木地板三类，如图1-4-13所示。按表面涂饰的不同，又可分为素板和漆板两种。

（2）实木拼花地板。实木拼花地板坚硬且富有弹性，耐磨耐腐，不易变形且光泽好，纹理美观，可拼成各种图案，具有极强的装饰效果。适用于酒店、别墅、会所、会议室、展览室、体育馆等地面装饰。

实木条地板外观

实木拼花地板外观

图1-4-12

企口实木地板外观

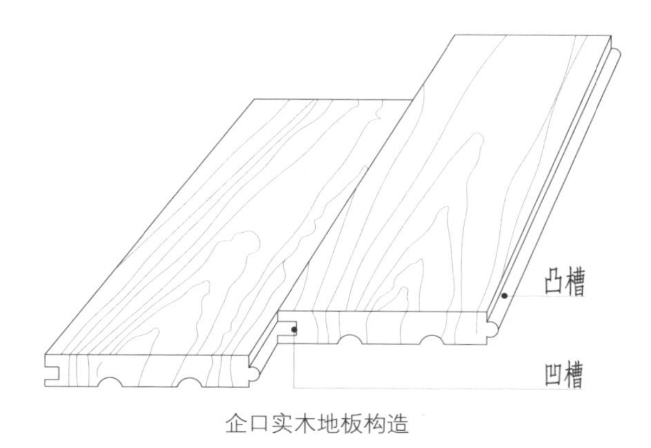

企口实木地板构造

图1-4-13

表1-12 实木地板木材的特点

分类	常用木材	特点
高档实木地板	柚木、榉木、檀木、花梨木	纹理美观、坚硬耐磨、装饰效果好
中档实木地板	水曲柳、柞木、胡桃木	耐磨性好、木质坚硬、具有一定的抗冲击性能
低档实木地板	松木、杉木、柳木	耐蚀性、抗腐性好、木质极软、木节眼多

常用于制作实木拼花地板的木材有水曲柳、柞木、核桃木、榆木、柚木等不易开裂、不易腐朽且纹理美观的硬木材。

实木拼花地板铺设时，通过条板不同方向的组合，拼装出各种图案花纹。常用的几种固定图案有清水砖墙纹、席纹、人字纹和斜席纹等（图1-4-14）。

2）**复合地板**

复合地板是指以不同质地的纤维板为基材，经过特定工艺压制而成的人造地面装饰板材。其内部构造包括四个层次：底层、中间层、装饰层和耐磨层。

复合地板包括实木复合地板和强化复合地板两种。

（1）实木复合地板。实木复合地板采用5 mm厚的实木作装饰面层，由多层胶合板或中密度纤维板构成中间层，以聚酯材料作底层。实木复合地板按结构分为三层复合实木地板、多层复合实木地板、细木工板复合实木地板等。上下均为4~5 mm硬木面层，中间为横纹、竖纹软类平衡层，既节约珍贵的面层木材，又保持了实木地板的优点。三层经粘贴后现高压制成板材，最后表面压制耐磨剂或薄膜（图1-4-15）。

实木复合地板既有实木地板的美观和质感，又降低成本，减少木材使用量，同时还具有材质均匀、不易翘曲和开裂等优点。

实木复合地板的规格，长度：910~2200 mm，宽度：90~303 mm，厚度：8~18 mm。

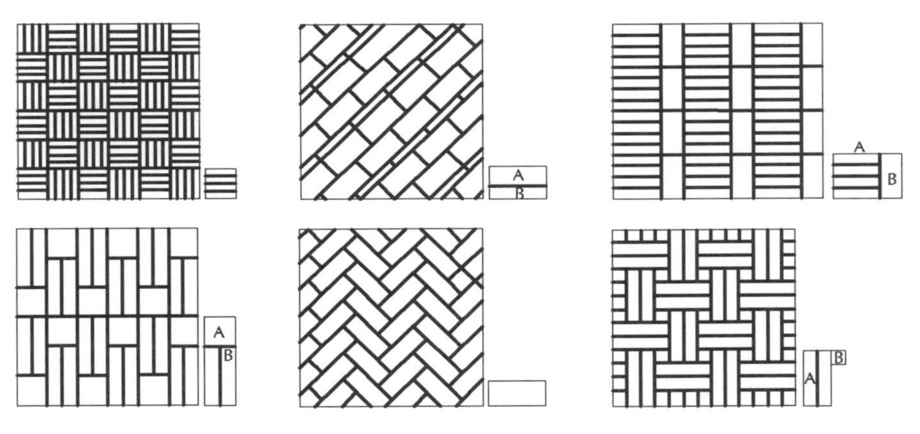

图1-4-14　实木地板的各种铺贴形式

实木复合地板外观

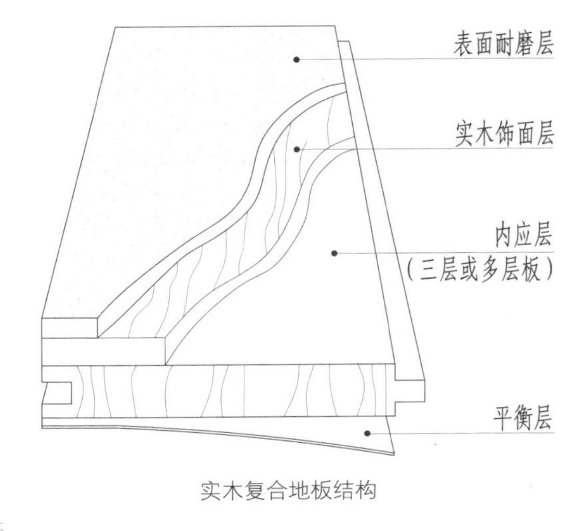

实木复合地板结构

图1-4-15

（2）强化复合地板。强化复合地板是用三聚氰胺浸渍纸作装饰面层，表面为耐磨层（三氧化二铝），用硬质纤维板、高密度纤维板等作为中间层，再用PVC等聚酯材料制成底层，然后将三层粘贴经高压制成板材，再在表面压制耐磨剂或薄膜（图1-4-16）。

强化复合地板可以解决实木地板因季节转换而产生的涨缩变形等问题，且不会有色差，安装简便，几乎不需保养。

强化复合地板的规格，长度：910~2200 mm，宽度：90~303 mm，厚度：8~18 mm。

3）软木地板

软木地板是由软木片、软木板和木板复合而成的地板。既适用于家庭居室，也适用于商店走廊、舞厅、图书馆等人流量大、难以避免砂粒的场所。软木地板具有保温隔热性好、不易燃烧、弹性好、噪音小，适合儿童活动空间等优点。根据不同的应用需要，软木地板可被加工成块状、条状、卷状（图1-4-17）。

软木地板规格一般包括900 × 150 mm条形地板、300 × 300 mm方形块板，厚度为4 ~ 13.4 mm。

4）竹地板

竹地板是选用中上等竹材，经漂白、硫化、脱水、防虫、防腐等多道工艺以后，再经高温、高压、热固胶合而成的地板。竹地板耐磨、耐压、防潮、防火，强度高且收缩率低，铺设后不开裂、不翘曲、不变形起拱。其表面呈现竹子的纹理，色泽美观（图1-4-18）。但竹地板硬度高，脚感略逊于实木地板。

竹地板按构造方式的不同，可分为多层胶合竹地板、单层侧拼竹地板和竹木复合地板；按外形的不同，可分为条形拼竹地板、方形拼竹地板、菱形拼竹地板及六边形拼竹地板。

图1-4-16 强化复合地板外观

图1-4-17 软木地板外观及构造

图1-4-18 竹地板及构造

竹地板的规格有：1850×250×18 mm、1850×154×18 mm、1960×154×15 mm、1210×125×18 mm、970×97×15 mm、910×125×14 mm等。

5）活动地板（又称抗静电地板）

活动地板是指由金属材料或特制刨花板为基材，表面覆以三聚氰胺装饰板，以胶粘剂胶合成的架空地板（图1-4-19）。它配有专用的钢木梁、橡胶垫条及可调节的金属支架。主要是满足计算机房等有特殊要求的场所地面铺设。活动地板抗静电、耐磨耐燃性好，便于通风，架空层便于走线，安装维修方便，可随意开启和拆迁，同时也具有一定的装饰功能。

活动地板的规格：500×500×26 mm、600×600×30 mm、600×600×35 mm。安装高度可根据金属支脚调节，一般为80～300 mm左右。

6）暖芯地板

暖芯地板用优质木作基材，经环保热熔树脂瞬时高温高压复合制成。它具有高强度、绝缘和防水等优点。由于榫槽部经由热熔垫蜡封，因而具备防潮和防火的性能。与水暖、电缆地板相比，暖芯地板更加经济节能。

图1-4-19 抗静电地板构造

4. 防腐木

防腐木是采用防腐剂渗透并固化于木材以后，使木材具有防止腐朽菌侵害的功能。

（1）特点。

① 自然、环保、安全。木材呈原本色，略显青绿色。

② 防腐、防霉、防蛀、防白蚁侵袭。

③ 提高木材稳定性，对户外木质结构的保护更为主要。

④ 易于涂料及着色，根据设计要求，能达到美轮美奂的效果。

⑤ 能满足各种设计要求，易于各种园艺景观精品的制作。

⑥ 在接触潮湿土壤或亲水环境时效果尤为显著，能满足在户外各种气候环境中使用15～50年以上不腐朽的要求。

（2）防腐处理的主要方法。

国际上通行的对木材进行防腐处理的主要方法是：采用一种不易溶解的水性防腐剂，在密闭的真空罐内对木材施压的同时，将防腐剂打入木材纤维。经过压力处理后的木材，稳定性更强，防腐剂可以有效地防止霉菌、白蚁和昆虫对木材的侵害。从而使经过处理的木材具有在户外恶劣环境下长期使用的卓越防腐性能。

（3）防腐木的应用。

由于防腐木是木材经过特殊防腐处理的，具有防腐烂、防白蚁、防真菌的功效，专门用于户外环境的露天木地板，并且可以直接用于与水体、土壤接触的环境中（图1-4-20）。是户外木地板、园林景观地板、户外木平台、露台地板、户外木栈道及其他户外防腐木凉棚的首选材料。

图1-4-20 用防腐木作地面铺装

第五节 木材装修的构造

一、木材饰面的构造

1. 3 mm厚木饰面板的工艺与构造

一般在墙体上先通过木龙骨找平，然后用木工板（或胶合板、密度板等）做基层，最后在木饰面板背面带胶，用枪钉将其固定于基层板上。3 mm厚木饰面板在各个部位及与多种材料相结合使用的构造方法。(图1-5-1—图1-5-9)。

木龙骨找平层的做法

在木龙骨上加木工板的做法

图1-5-1

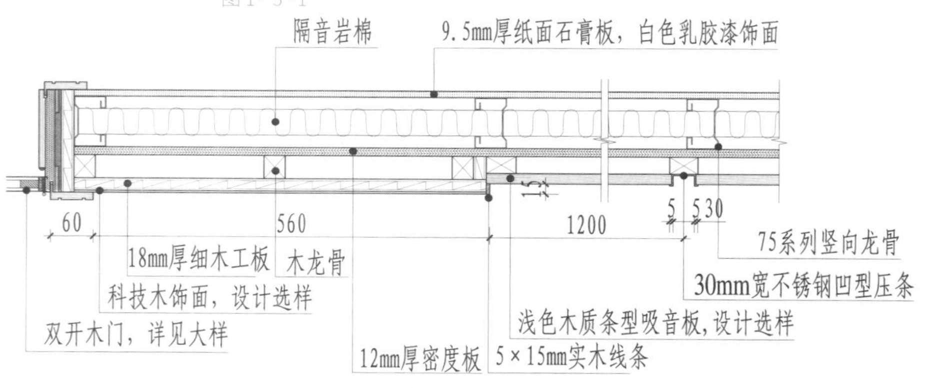

① 隔墙剖面

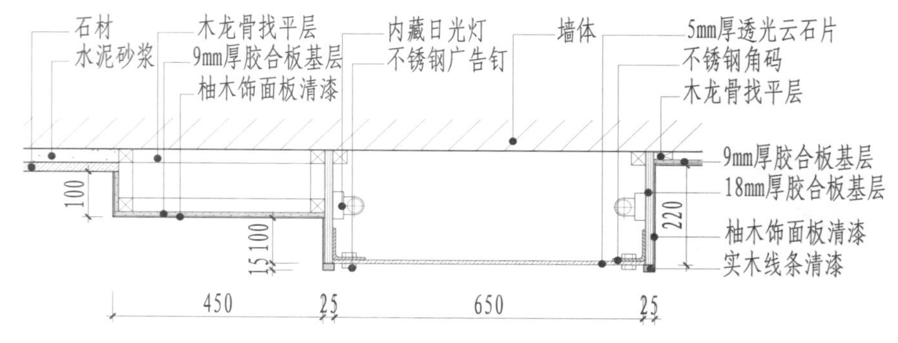

② 灯箱墙面造型剖面

图1-5-2 3mm厚木饰面板的装饰构造

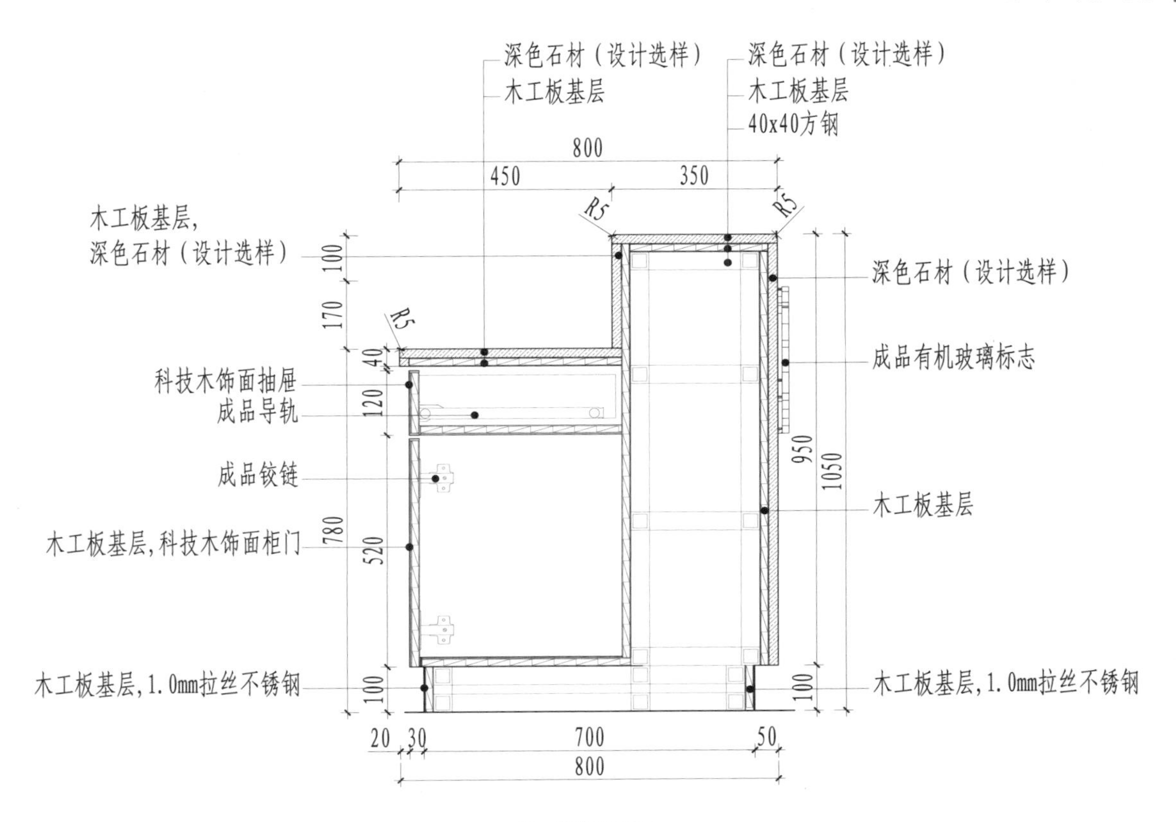

③ 接待台剖面

续图1-5-2 3 mm厚木饰面板的装饰构造

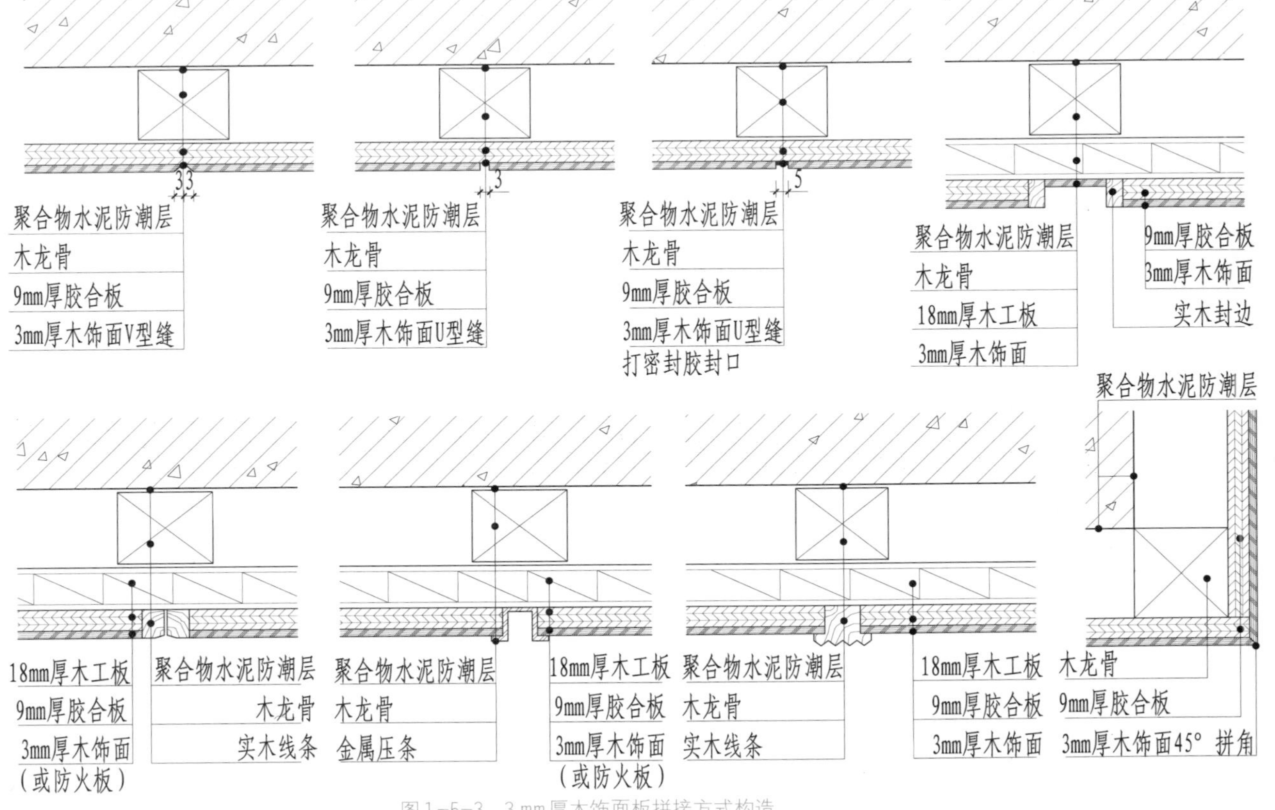

图1-5-3 3 mm厚木饰面板拼接方式构造

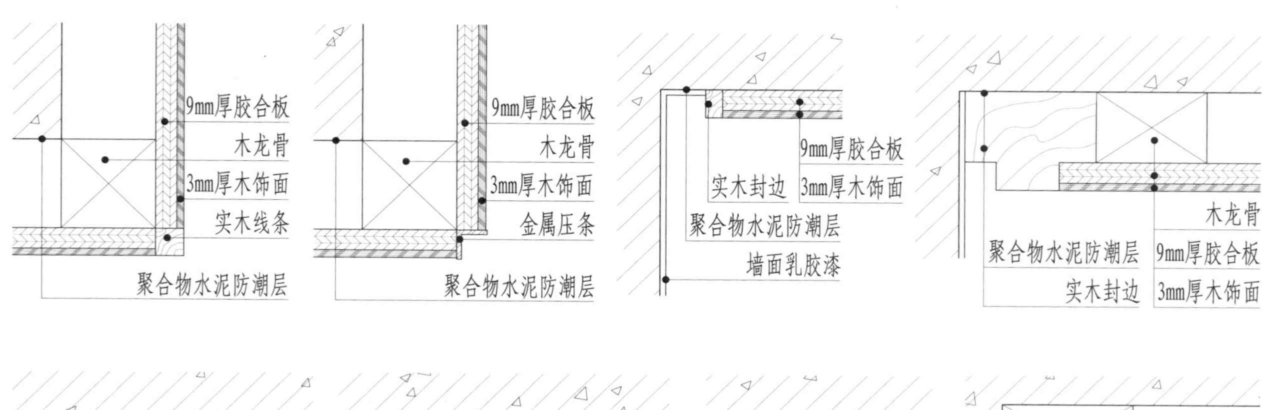

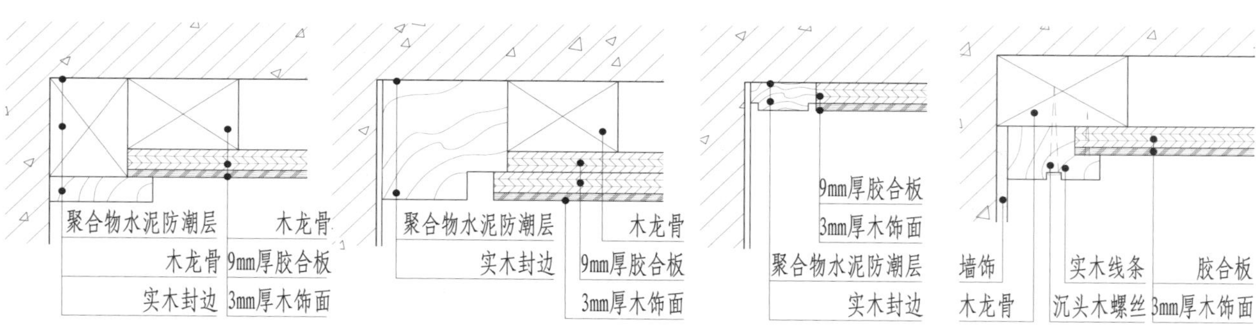

图1-5-4 3 mm厚木饰面板封边处理方式构造

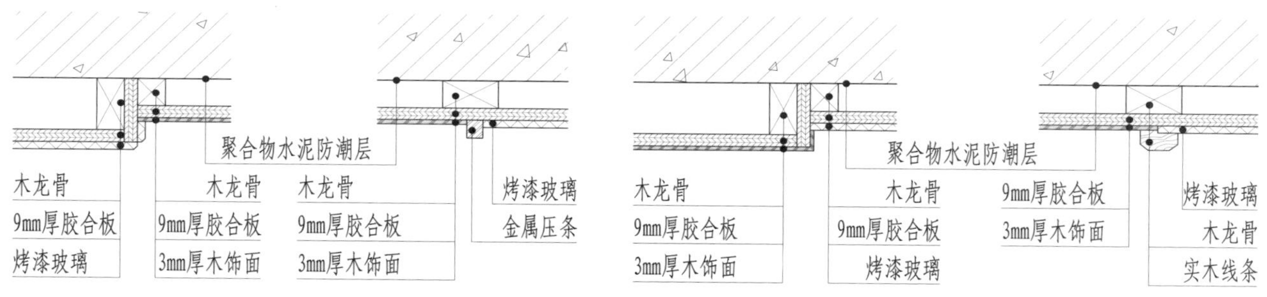

图1-5-5 3 mm厚木饰面板与玻璃的节点构造

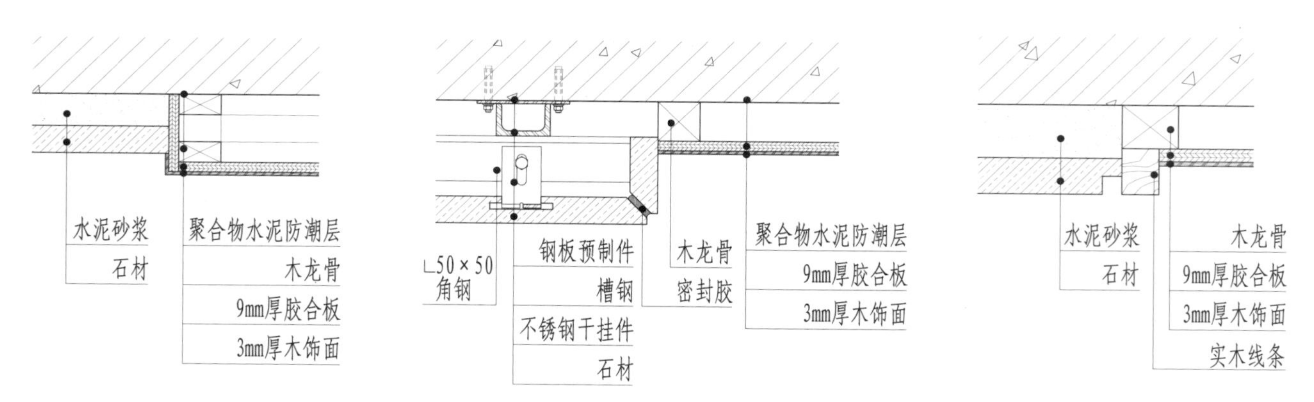

图1-5-6 3 mm厚木饰面板与石材节点构造

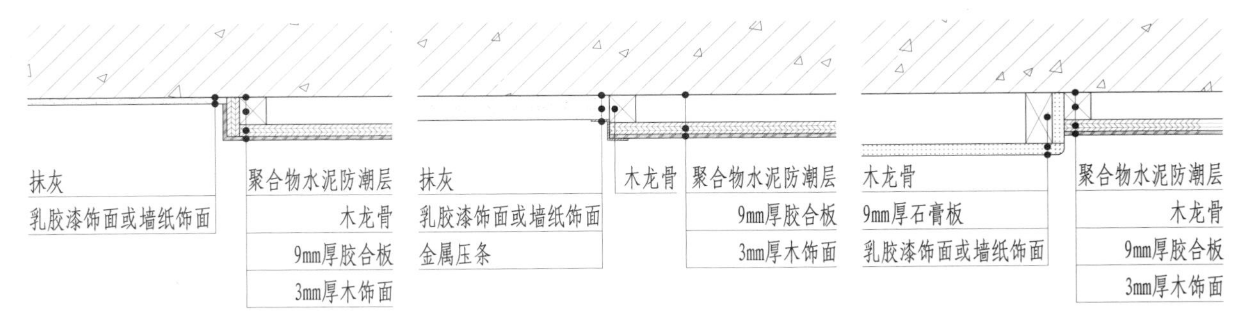

图1-5-7 3 mm厚木饰面板与墙纸节点构造

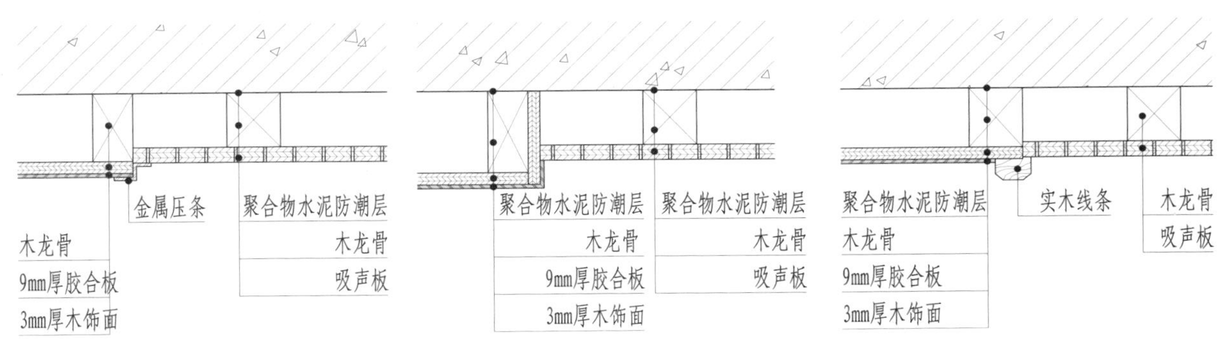

图1-5-8 3 mm厚木饰面板与吸音板节点构造

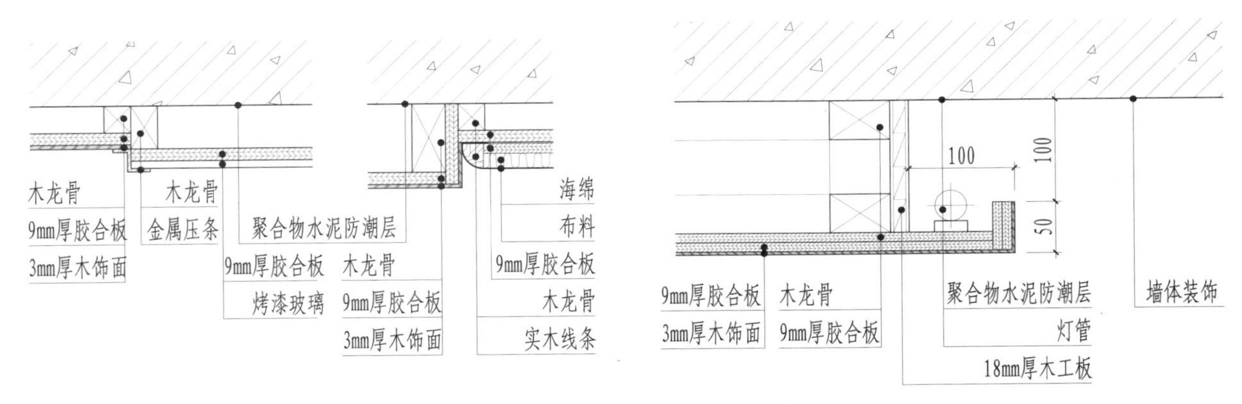

图1-5-9 3 mm厚木饰面板其他节点构造

2. 微薄木饰面木饰面板的工艺与构造

1）微薄木饰面的分缝尺寸

微薄木饰面进行块面分割时，分缝的宽度和深度可根据设计要求定。对设计未作特殊要求的，深度一般为 3 mm，宽度可以根据板面幅度定为5～12 mm。

微薄木饰面板之间的连接方式如图1-5-10所示。

2）阴、阳角木饰面工艺及要求

阳角木饰面构造见图1-5-11。

阴角木饰面构造见图1-5-12。

阴、阳角木饰面其中一面宽度不大于600 mm时，必须将其与另一面按照设计的角度组装固定。

阴、阳角木饰面的两面宽度均大于600 mm时，可采用：

① 根据设计要求或业主认可，按图1-5-13所示的组装固定方法。

② 按照普通平面木饰面工艺生产。

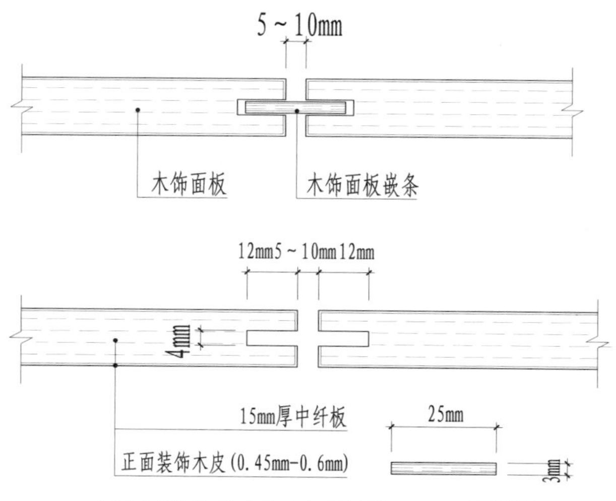

木饰面板侧面贴木皮并加工插槽　　木饰面嵌条

图1-5-10　木饰面板之间的连接方式

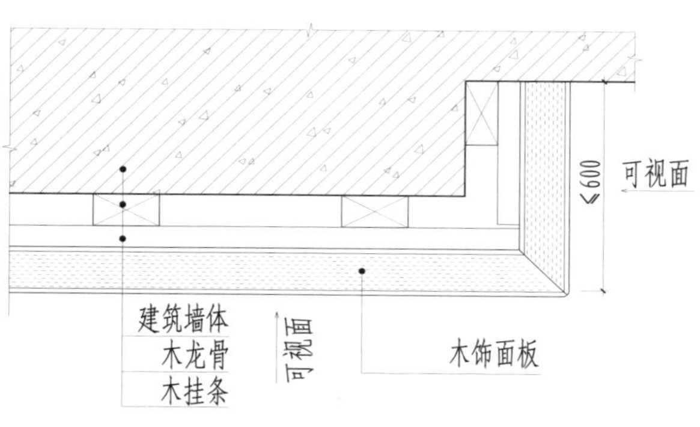

图1-5-11　阳角木饰面构造

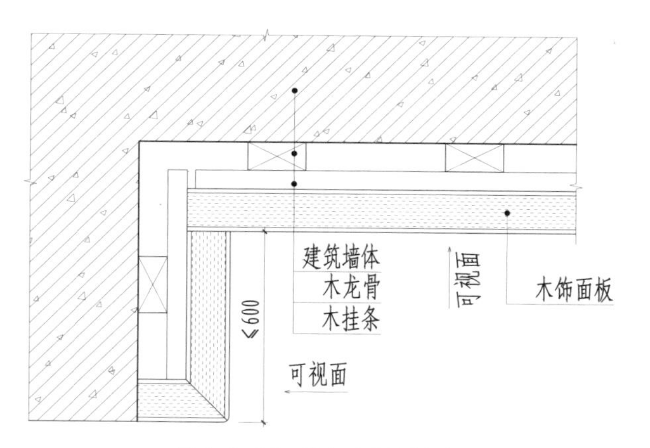

图1-5-12　阴角木饰面构造

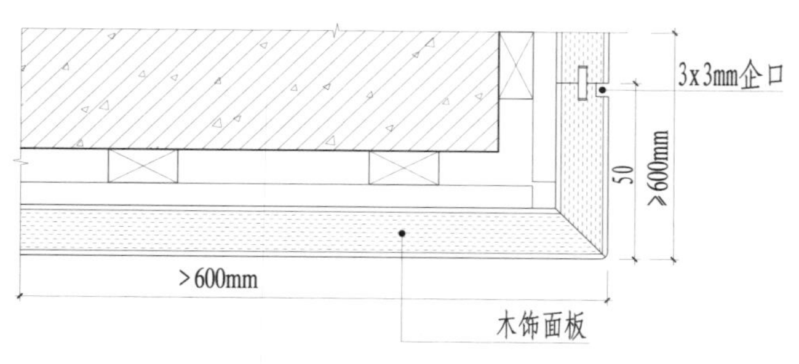

图1-5-13　双侧板面宽度大于600 mm时工艺方法

阴阳角设计有其他形状的企口时，可采用更简单的工艺处理方法，但必须满足设计要求。

3）矩形柱木饰面工艺要求

矩形柱木饰面见图1-5-14。

矩形柱断面木饰面板宽不大于600 mm时，必须在工厂将其中三面按照设计的角度组装固定，另一块木饰面在现场安装时完成封口。

矩形柱断面木饰面的其中一面或多面宽度大于600mm时，可以采取以下工艺：

① 选择对角的两个阳角，分别按照阳角木饰面工艺生产，在工厂完成两对阳角的组装固定。

② 四面分别按照普通平面木饰面工艺生产。

③ 按照图1-5-13所示的组装固定方法生产。

4）圆柱木饰面工艺要求

圆柱木饰面见图1-5-15。

当圆柱（或椭圆短轴）直径：Φ≤400 mm时，可以采用2等分弧型木饰面包柱。

当圆柱（或椭圆短轴）直径：400 mm<Φ≤600mm时，采用2或3等分弧形木饰面包柱。

当圆柱（或椭圆短轴）直径：Φ>600 mm时，采用弧长600~800 mm的弧形木饰面包柱。

5）弧形木饰面工艺要求

弧形饰面板的幅面分隔根据设计要求，设计未明确的，参照图1-5-15圆柱木饰面的幅面分割。

与弧形木饰面有阴阳角组合的，参见图1-5-11和图1-5-12阴阳角木饰面执行。

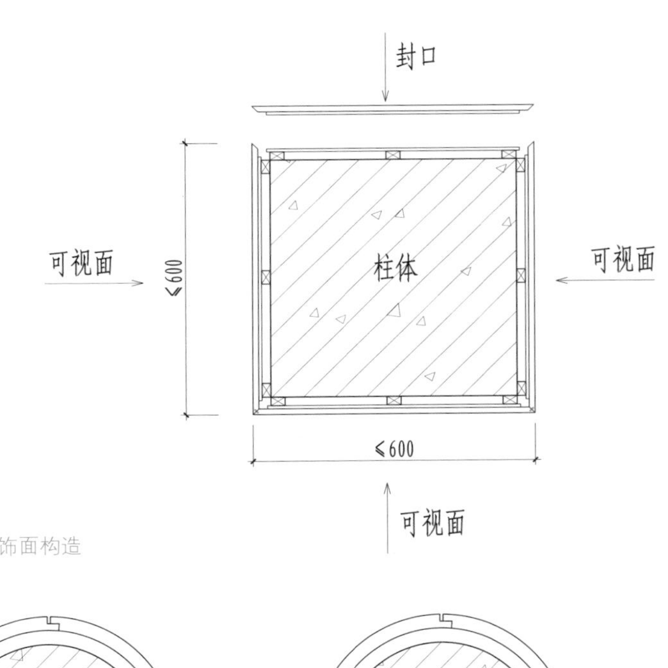

图1-5-14 矩形柱木饰面构造

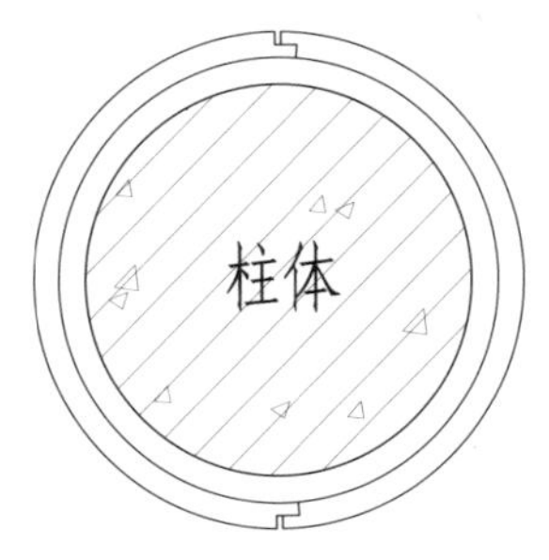

2等分圆柱木饰面包柱

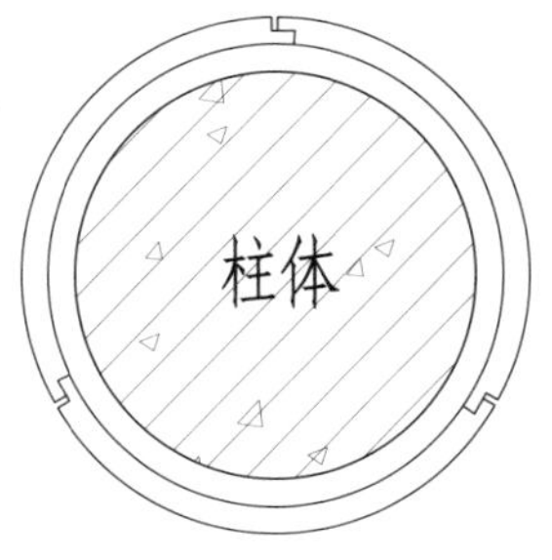

3等分圆柱木饰面包柱

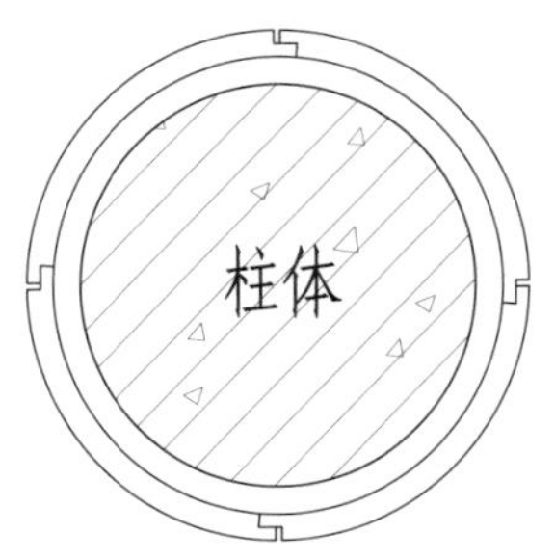

多等分圆柱木饰面包柱

图1-5-15 圆柱木饰面构造

3. 木饰面现场安装与基层制作

木饰面的安装方式分为挂式安装和粘贴安装两类。

1）**挂式安装**

挂式安装基层分为木方骨架基层、轻钢龙骨基层、平板满铺基层。

木方骨架基层一般采用40×30 mm木方搭成400×400的“#”字形木骨架，并用20×30 mm木楔子（或钢质角码）固定在墙面上(图1-5-16)。基层要求安装牢固。

挂式安装的挂件厚度一般为9～12 mm，长度视板面幅度而定。材料应为实木或优质多层板，不允许使用中纤板和刨花板。按照正反方向吻合加工成45°或L型挂口，如图1-5-17所示。挂件制作方法如图1-5-18所示。

采用挂式安装时，根据木饰面板面幅度，首先在基层上对挂件位置进行放线，放线要求每块木饰面的一组对应边必须与基层框架的其中一条木方重合，每块木饰面的一组对应边必须为安放挂件位置，即基层木方、挂件、木饰面边三者要重合，如图1-5-19所示。挂件之间的档距不应大于400 mm。

基层挂件用长30 mm以上的直枪钉或木螺丝固定在基层上，挂件与基层接触面涂刷适量白乳胶以增加牢固度。饰面挂件用长度为（挂件厚度+木饰面厚度）×2/3的直枪钉，根据档位精确地固定在木饰面的反面，挂件与木饰面反面的接触面涂刷适量白乳胶以增加牢固度。

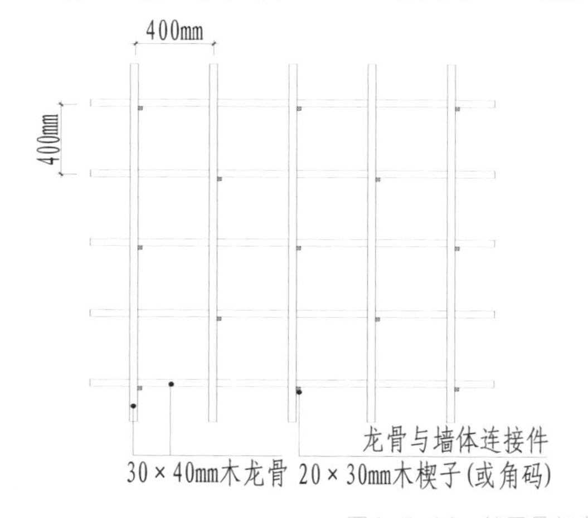

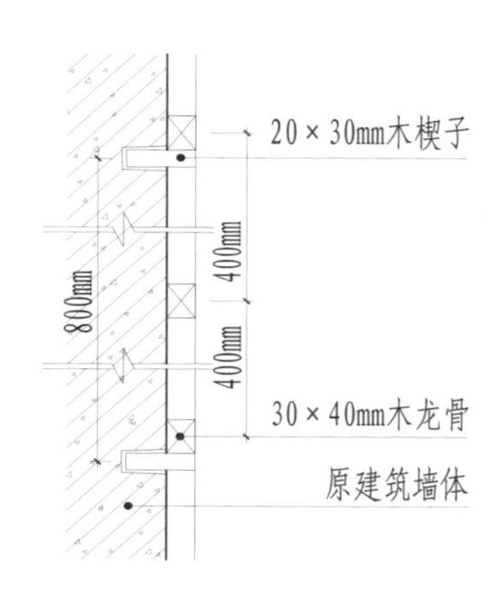

图1-5-16　基层骨架安装构造

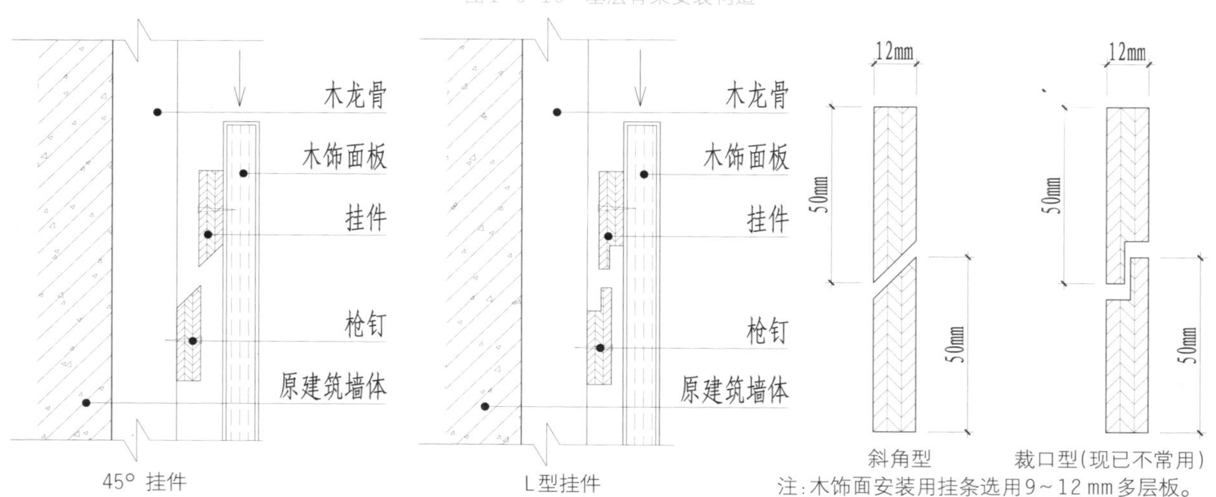

图1-5-17　木饰面挂件构造

注:木饰面安装用挂条选用9～12 mm多层板。

图1-5-18　挂件制作方法构造

基层挂件与饰面挂件要求挂合后能吻合良好，安装后的木饰面不能松动和滑移。

2）**粘贴式安装**

粘贴式安装适用于面板较薄（厚度小于12 mm)、基层板材满铺的场合。基层制作要满足平整度、垂直度与面板的规范要求。

粘贴材料要求用快干型胶粘剂，一般有液体胶、硅胶、白乳胶、云石胶等。

粘贴式安装要求:

① 清洁。涂胶前对基层和面板反面需要涂胶的位置进行彻底清洁，清除影响粘接牢固的一切杂质。

② 涂胶。根据面板厚度，在面板的反面将胶粘剂按照200～300 mm见方的网点状位置涂布适量的胶体，板边沿应按照线状涂胶。

③ 粘贴。用各种临时性的支撑物（或胶带）把面板固定在基层上，待胶粘剂完成固化后方可移除固定支撑物。保证面板与基层板件粘贴牢固可靠，边部不脱胶和翘曲，相邻板面平整顺滑（注意：支撑物不能损坏其他装饰部位，胶粘剂不得污染木饰面表面）。

④ 安装完成后排版布置应符合设计要求。

图1-5-20至图1-5-26为木饰面的各种构造图。

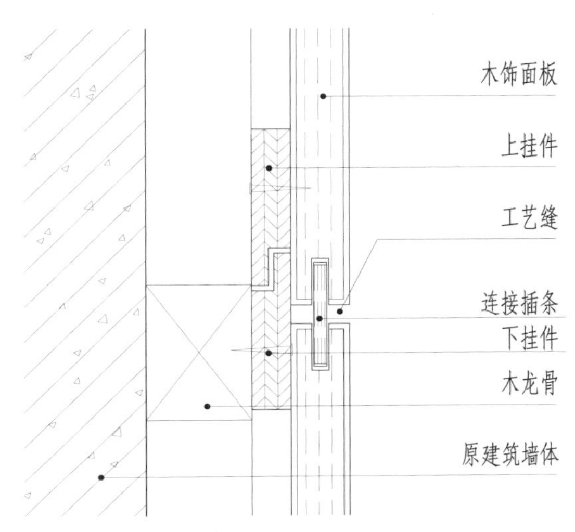

注:上挂件固定在木饰面板上,下挂件固定在木龙骨上

图1-5-19 木饰面安装节点构造

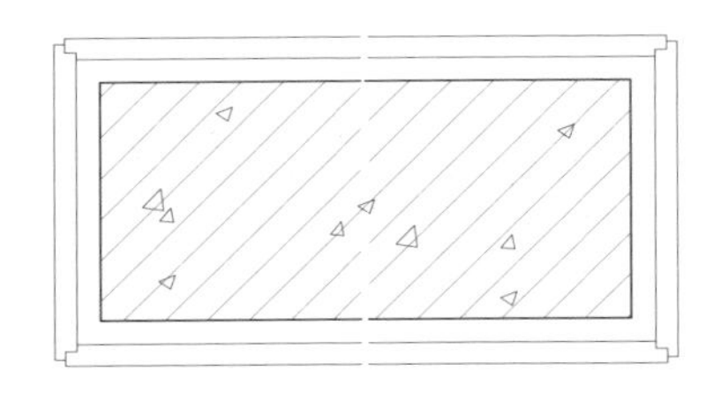

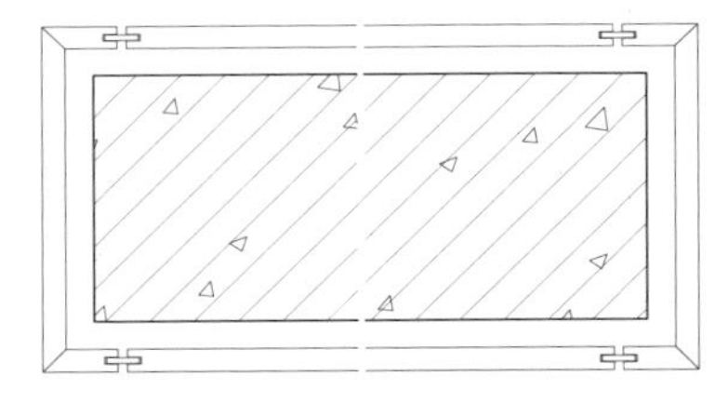

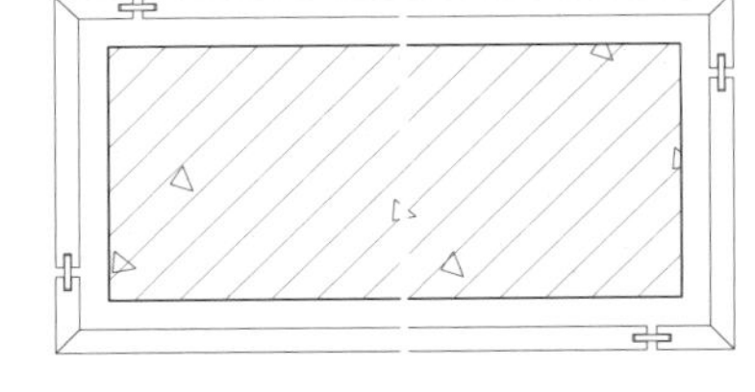

图1-5-20 方柱木饰面构造

木龙骨
木挂条
海绵
布面
实木线条

木龙骨
聚合物水泥防潮层
木挂条
木饰面板

聚合物水泥防潮层
素水泥浆层(内掺建筑胶)
9mm厚1：3水泥砂浆打底层
9mm厚1：3水泥砂浆打底层
专用强力建筑胶
8～12mm厚天然石材

木龙骨
木挂条
木饰面板
实木线条

聚合物水泥防潮层
素水泥浆层(内掺建筑胶)
9mm厚1：3水泥砂浆打底层
6mm厚1：2.5水泥砂浆找平层
专用强力建筑胶
8～12mm厚天然石材

木挂条
木饰面板
木龙骨
实木线条

图1-5-21 方柱木饰面构造

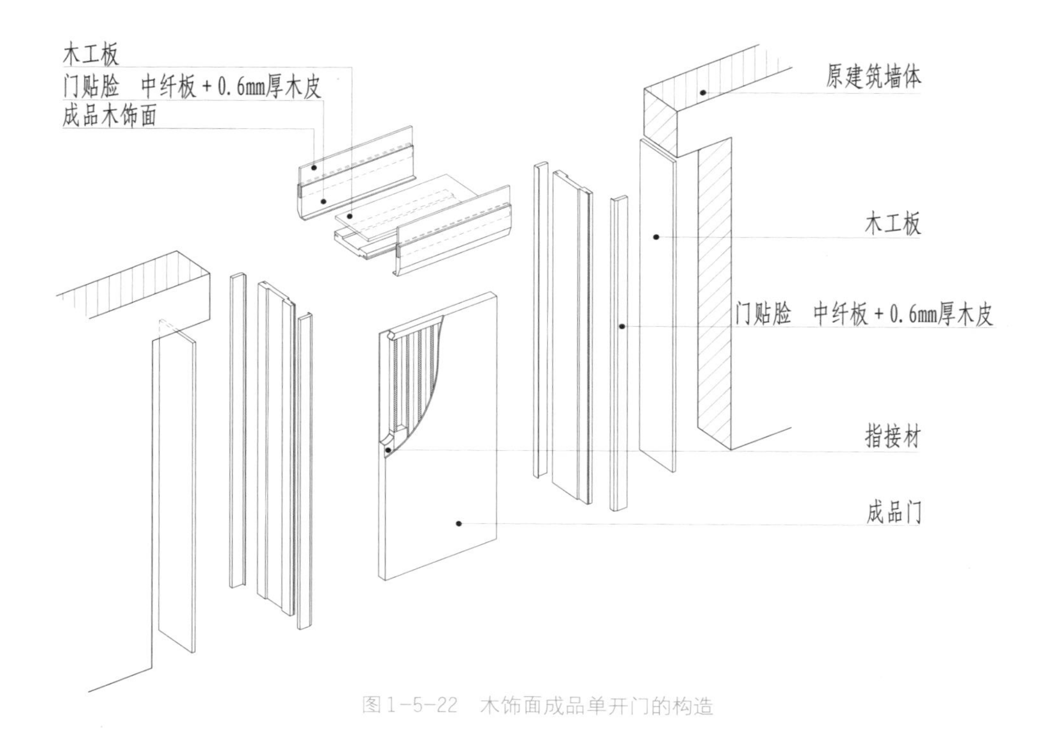

图1-5-22 木饰面成品单开门的构造

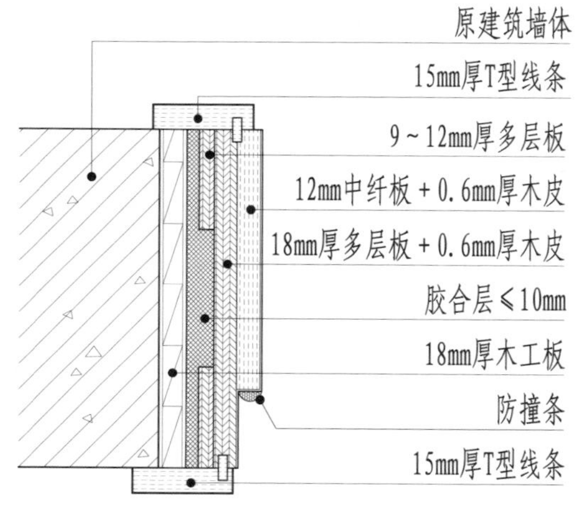

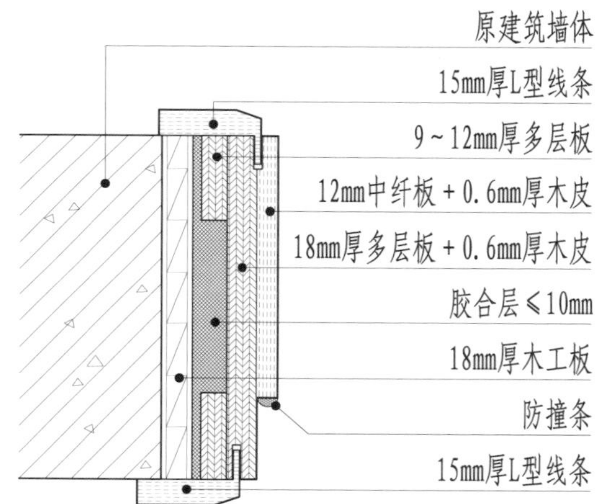

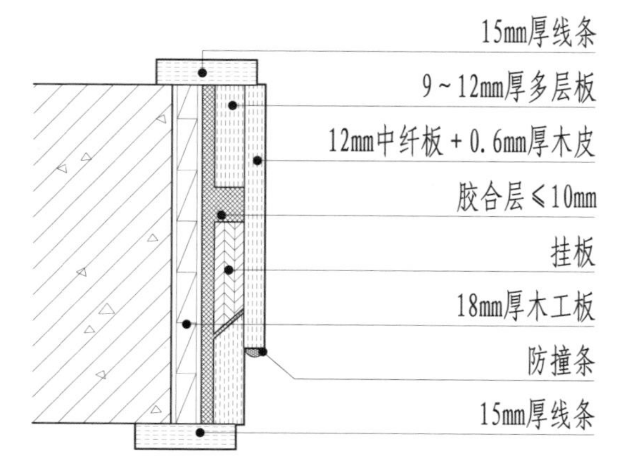

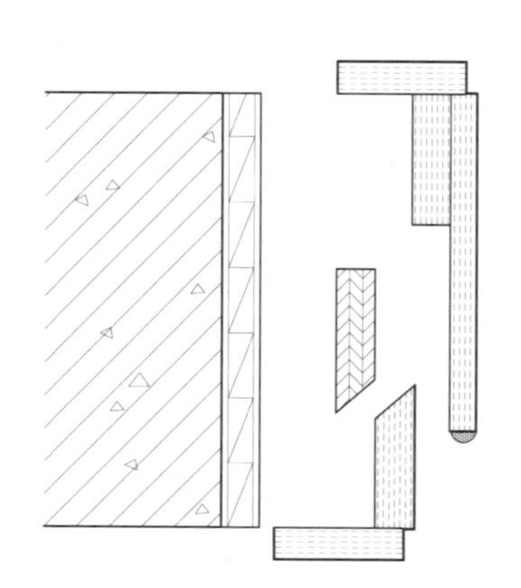

图1-5-23 木饰面成品门套节点构造

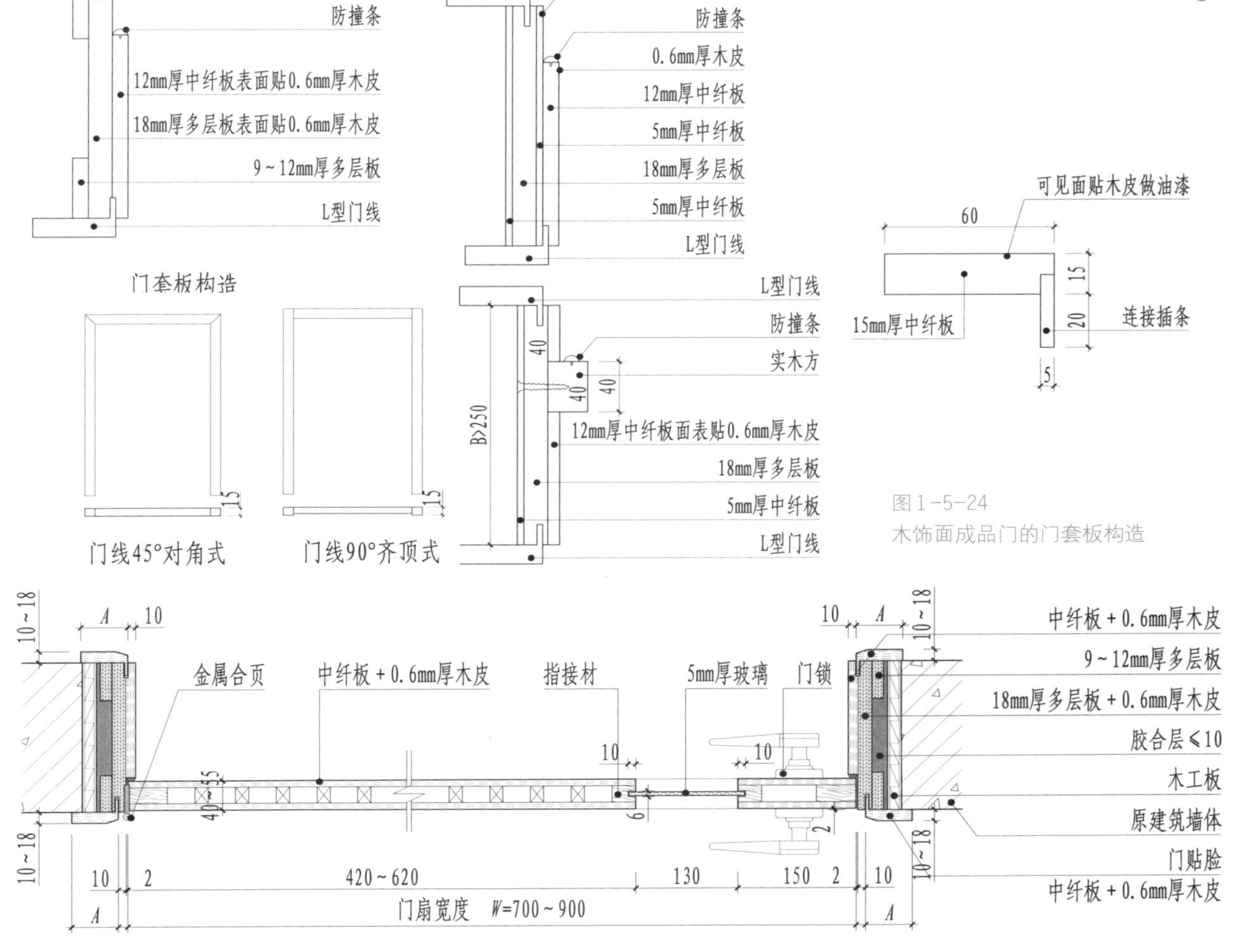

图1-5-24 木饰面成品门的门套板构造

图1-5-25 成品镶玻单开门节点构造

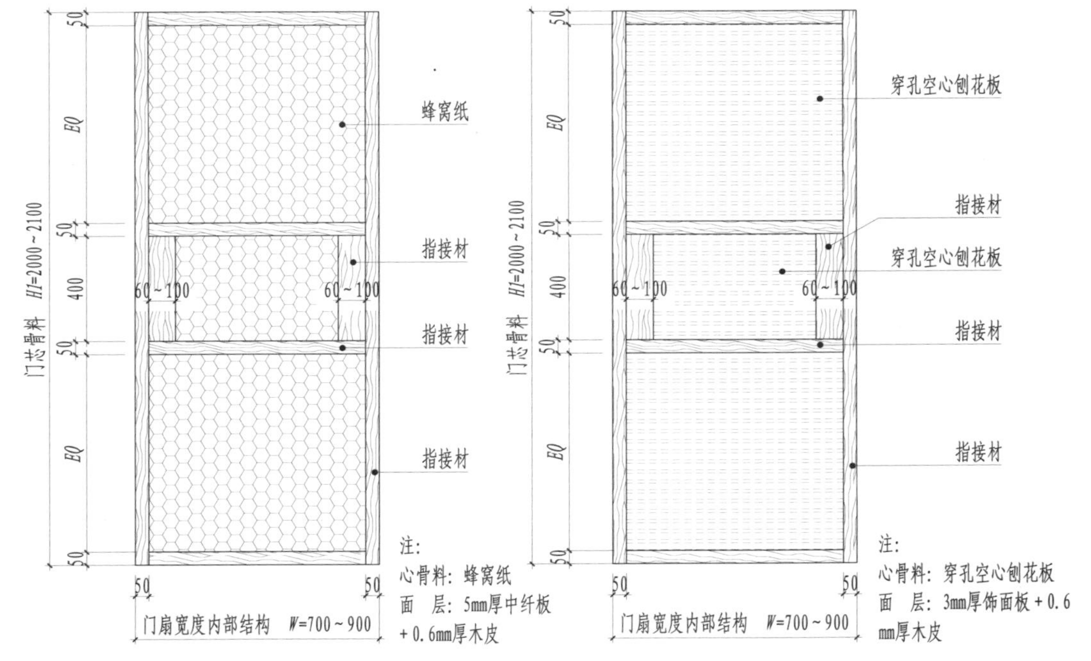

图1-5-26 成品平板单开门内部构造

二、木地板饰面构造

1. 实木条地板施工工艺

实木条地板的铺设可分为实铺式和空铺式两种。

实铺式构造主要包括木龙骨、细木工板（也称毛地板）、实木条地板（图 1-5-27、图 1-5-28）。工艺流程如下：

安装木龙骨 → 铺装毛地板 → 铺装实木地板 → 面层处理 → 安装踢脚板

图 1-5-27　条形地板拼接外观

2. 实木拼花地板施工工艺

实木拼花地板按铺装构造不同可分为双层实木拼花地板和单层实木拼花地板。双层实木拼花地板是将面层小板条用暗钉钉于毛地板上；单层实木拼花地板则采用粘结剂，直接粘在混凝土基层上。

实木地板的 4 种装饰构造方法如图 1-5-29。

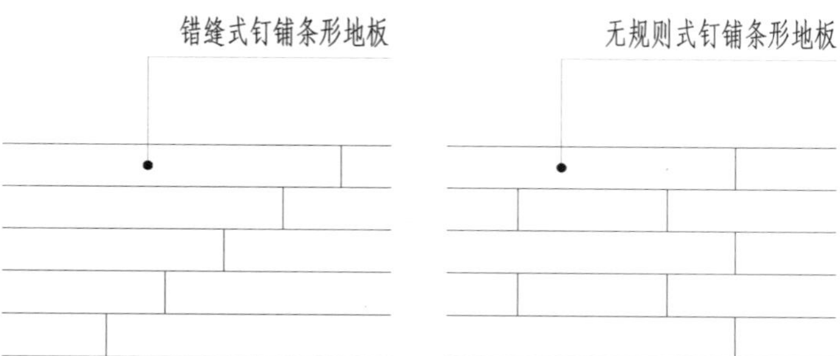

图 1-5-28　条形地板的面层铺贴形式

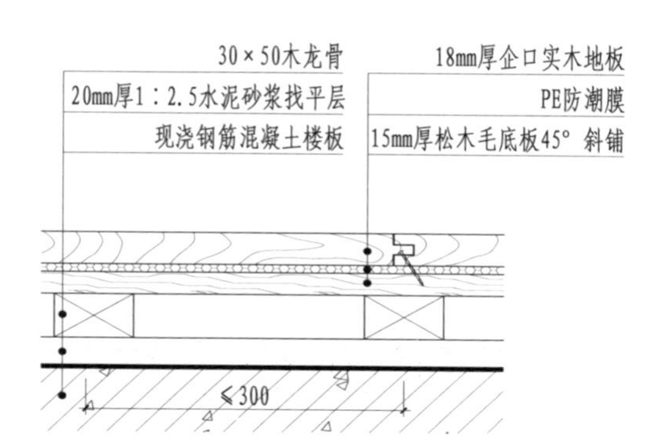

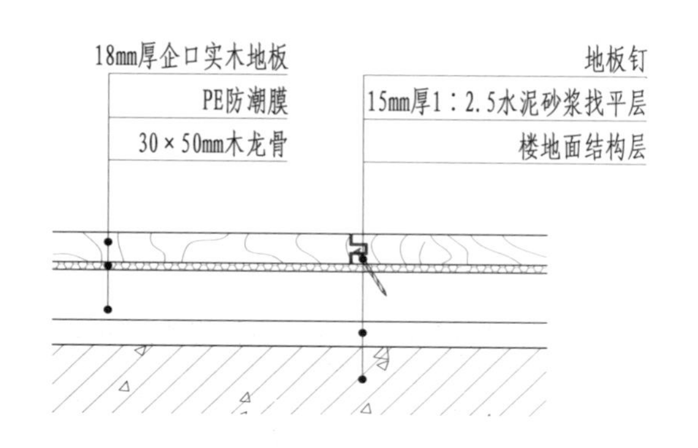

聚酯漆或聚氨酯漆
50×18mm硬木企口拼花地板
18mm厚松木毛底板45° 斜铺
上铺防水卷材一层
30×50mm木龙骨@400
表面刷防腐漆
现浇钢筋混凝土楼板
110

聚酯漆或聚氨酯漆
100×25mm长条松木地板或
100×18mm长条硬木企口地板
30×50mm木龙骨@400
表面刷防腐漆
现浇钢筋混凝土楼板
75

图 1-5-29　实木地板的不同装饰构造

3. 复合地板施工工艺

1）**复合地板的铺设安装方法**

复合地板的铺设方法有悬浮式、粘贴式、打钉式。

（1）悬浮式。在地面上先铺设衬垫（聚乙烯膜），再将复合地板铺于衬垫之上。此法可达到较好的防潮、隔声效果，且操作简单、施工速度快。

（2）粘贴式。在地面上满刮地板胶，再将复合地板铺设其上。此法可起到粘接、隔潮、降低噪声的作用。

（3）打钉式。在地面上满铺一层毛地板，再用射钉器将复合地板与之连接。此法平整度高，隔声、防潮等效果好，脚感舒适。

2）**复合地板施工流程及施工要点**

（1）流程。

基地清理 → 铺衬垫（胶、膜或毛板）→ 铺复合地板（铺粘或铺钉）

（2）施工要点。

① 铺装前，基层表面应平整、坚硬、干燥、密实、无杂质。如条件允许最好做地面找平。

② 铺设复合地板条时，应从墙的一边开始。铺粘企口复合地板，第一块板凹企口朝墙，离墙面 8～10 mm 左右，并插入木楔，用胶水均匀涂在凹企口内，确保每件地板之间紧密粘连。

③ 铺设时，应由房间内退着向外铺设。

3）**复合地板的装饰构造**（图 1–5–30、图 1–5–31）

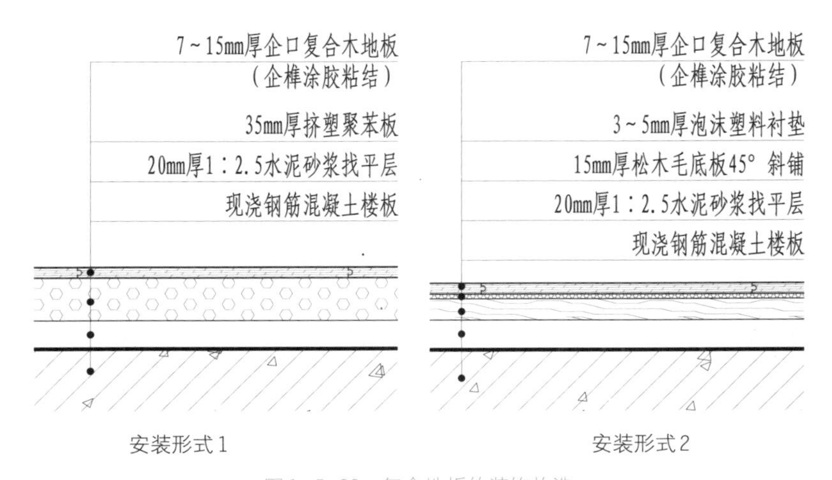

图 1–5–30　复合地板的装饰构造

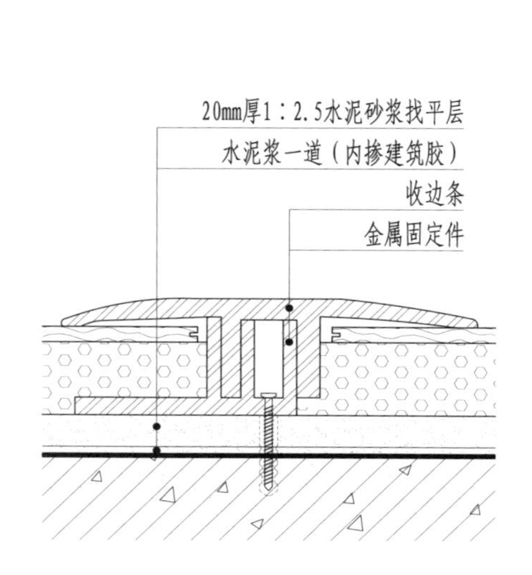

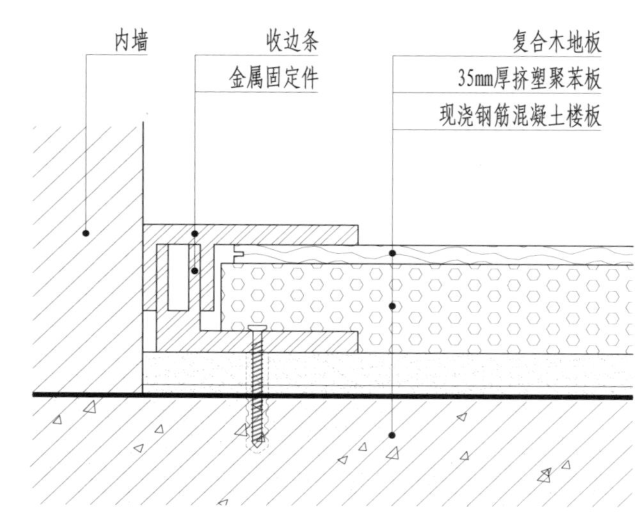

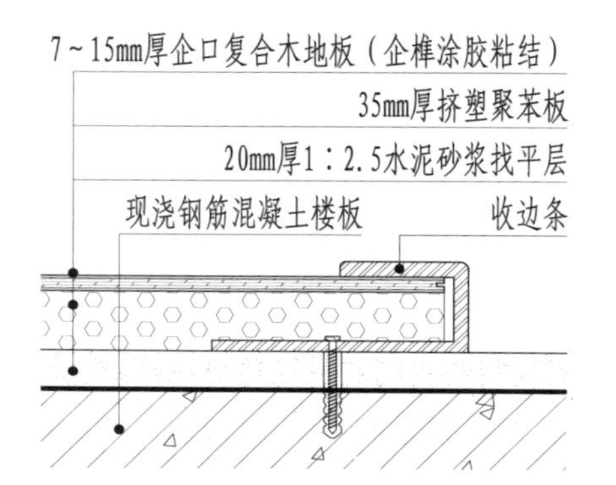

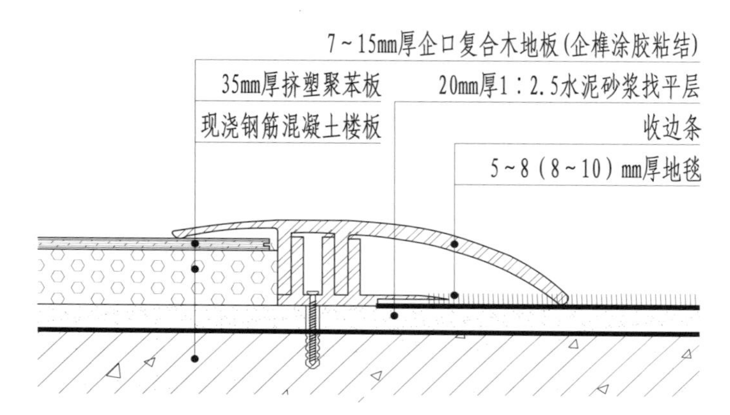

图1-5-31　复合地板收边的装饰构造

4. 软木地板构造图(图1-5-32)

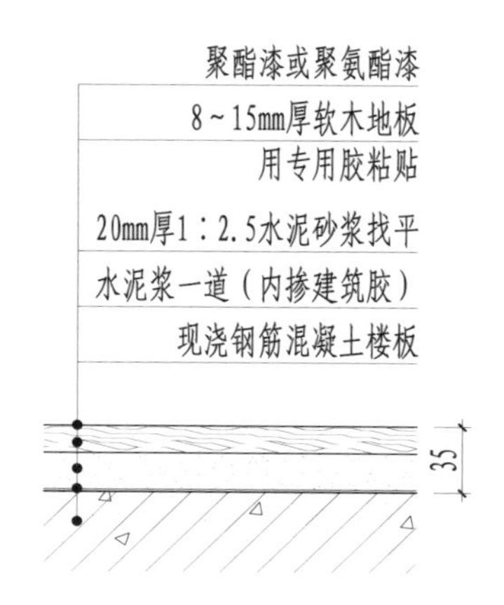

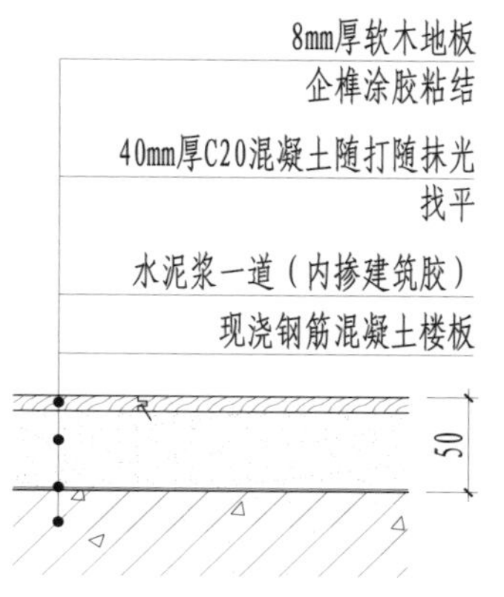

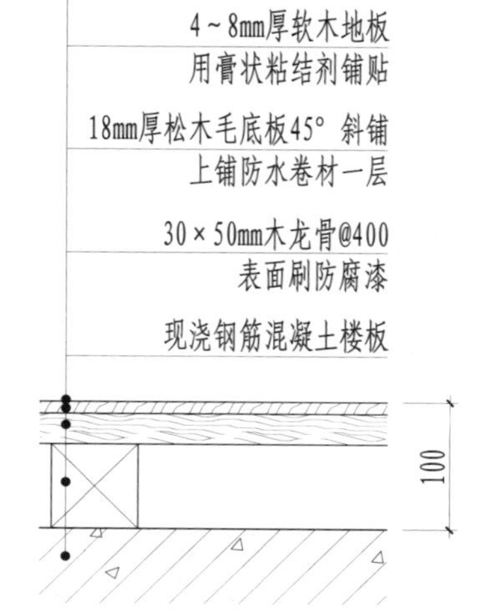

图1-5-32　软木地板装饰节点构造

5. 竹地板构造图（图 1-5-33）

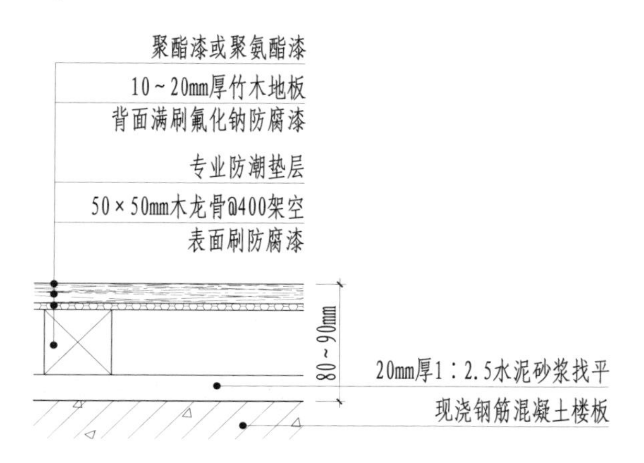

图1-5-33 竹地板装饰节点构造

复习参考题

1. 木材主要有哪些优缺点？

2. 简述木材的主要分类方式及类别。

3. 常见木材装饰制品包括哪几种？各有何特点？

4. 成品木饰面的安装方式有哪几种？各自的安装要求是什么？

5. 木饰面板的规格是多少？简述其施工工艺。

6. 画出微薄木饰面板阴角及阳角处理的构造图。

7. 画出至少 3 种木饰面板拼接方式构造图。

8. 列举木地板的常见种类，并简述各自的特点。

装饰材料与构造

第二章 装修石材

【学习目标】

了解石材的基本特性及其优缺点，

熟悉石材装饰装修构造的一般要求和基本方法，

重点掌握石材在室内装饰装修中墙面、地面及挂件上的主要构造方法，

为从事室内设计工作打下基础。

【建议学时】

3学时

装饰装修石材分为天然石材和人造石材两种。天然石材是由自然界的岩体里开采而来，经过一系列的加工成为块状或片状的材料。天然石材大多具有纹理优美、色彩丰富的优点，多用于建筑的装饰。早在远古时期，天然石材已作为重要的建筑材料和装饰装修材料使用。现代建筑中，天然石材仍然是装饰装修的重要材料，但也存在价格昂贵、花纹不均匀等缺点。人造石材则是以天然石材的碎屑、粉渣为原料经加工而形成的石材。人造石材既保留了天然石材质地坚硬、色彩丰富、耐磨、耐腐蚀等优点，又以其价格较低、纹理均匀等特点，在室内装饰装修中越来越受青睐。

第一节　天然石材的分类及特点

天然石材开采于岩石之中。根据地质形成条件的不同，有火成岩、沉积岩和变质岩三种基本类型的岩石。因为每种类型的岩石在构造和性质方面的差异，产生了天然石材各自不同的特点。

一、火成岩

火成岩是组成地壳的主要岩石，由地壳内部的熔融岩浆上升后经冷却凝固而成。由于冷却条件不同，火成岩又分为三类：深成岩、喷出岩和火山岩。

1. 深成岩

深成岩是地壳深处的岩浆因巨大的覆盖压力缓慢冷却凝固而成的岩石。

其特点是构造致密，表面密度大，孔隙率大，耐压和耐久性能好，坚硬，不易加工。

常用于建筑装饰装修工程中的深成岩有花岗岩（图2-1-1）、正长岩和橄榄岩等。

图2-1-1　花岗岩石料

2. 喷出岩

喷出岩是熔融的岩浆喷出地表后，由于压力降低且迅速冷却等原因而形成的岩石。

其特点是与深成岩相比，易于风化，孔隙较大，呈现斑状结构。

常用于装饰装修工程中的喷出岩有辉绿岩（图2-1-2）、玄武岩及安山岩等。

图2-1-2 青石板(辉绿岩)外观

3. 火山岩

火山岩是岩浆在火山爆发时，被巨大的气流喷到空中，落下时形成的碎屑状岩石。其形成过程中，经历了急速冷却、压力骤降等过程，因而质地松散。当散落下来的火山岩堆积在一起时，受到覆盖压力作用和天然胶结物质的胶结，即形成胶结的火山岩（图2-1-3）。

其特点是轻质，多孔，表现密度小。

常用于装饰装修的火山岩有：浮石、火山灰等。

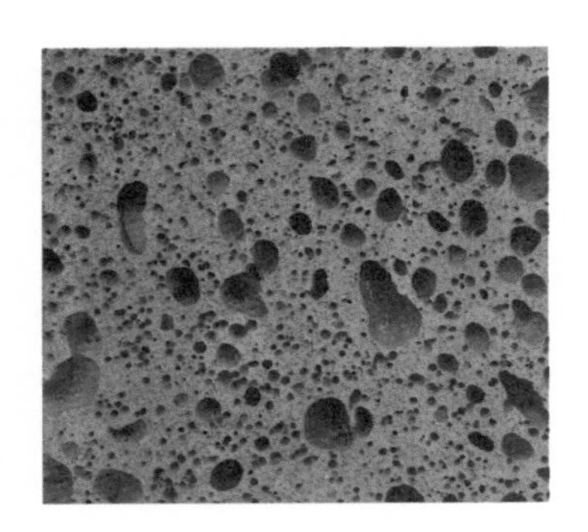

图2-1-3 火山岩外观

二、沉积岩（又称水成岩）

沉积岩是露于地表的各种岩石因外力作用，经风化、搬运、沉积和再造等四个阶段，在距地表不太深的地方形成的岩石。

沉积岩呈层状构造，各层成分、结构、颜色、厚度各不相同。沉积岩虽仅占地壳总质量5%，但分布广泛，易于开采。其中石灰岩是烧制石灰和水泥的主要原料，更是混凝土的重要组成材料。

特点是结构松散，致密性差，强度较低，堆密度较小，孔隙率及吸水率均较大，耐久性较差。

常用于装饰装修工程中的沉积岩有：石灰岩、砂岩（图2-1-4）和碎屑石等。

图2-1-4 黄木纹砂岩外观

三、变质岩

变质岩是地壳中原有的岩石因岩浆活动和构造运动的影响，经再结晶变质而形成的新岩石。其中原沉积岩变质后，结构会变得致密，坚实耐久，如石灰岩变质为大理岩。

常用于装饰装修工程中的变质岩有大理岩（图2-1-5）、石英岩和片麻岩等。

图2-1-5 大理岩外观

第二节 天然石材的加工

采石场采集出来的天然石材不能直接用于建筑装饰装修，还需要经过一系列加工处理，使其成为各类板材或特殊形状、规格的产品。

石材加工主要包括锯切和表面处理。

1. 锯切

锯切是用各类机械设备将石料锯成板材的作业方式（图2-2-1）。

锯切的常用设备主要有框架锯（排锯）、盘式锯、沙锯、钢丝绳锯等。锯切较坚硬石材（如花岗石等）或规格较大的石料时，常用框架锯；锯切中等硬度以下的小规格石料时，则可以采用盘式锯。

石材锯切加工

大理石薄板锯机图

图2-2-1

2. 表面加工

经锯切后的板材，表面质量通常不能达到装饰用途的要求，因此，根据实际需要，板材需进行不同形式的表面加工。天然石材的表面加工可分为剁斧、机刨、烧毛、粗磨、磨光。

（1）剁斧。经手工剁斧加工，使石材表面粗糙，呈规则的条状斧纹（图2-2-2）。剁斧板材表面质感粗犷，常用于防滑地面、台阶、基座。

图2-2-2　各种剁斧表面效果

（2）机刨。经机械刨平，使石材表面平整，形成相互平行的刨切纹（图2-2-3）。与剁斧板材相比，表面质感较为细腻，用途与剁斧板材相似。

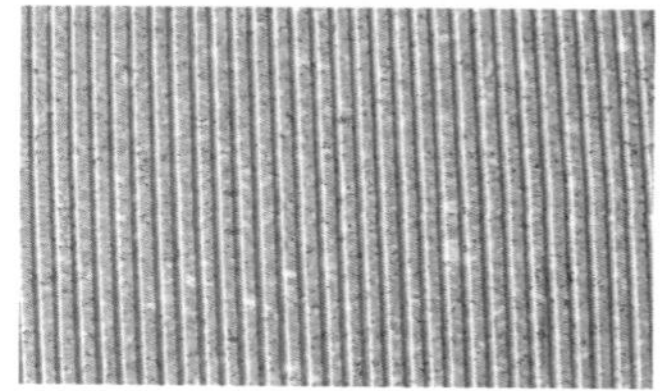

图2-2-3　机刨石

（3）烧毛。利用火焰喷射器对锯切后的花岗岩板材进行表面烘烧，烘烧后的板材用钢丝刷刷去岩石碎片后，再用玻璃碴和水的混合液高压喷吹，或用手工研磨机研磨，使表面达到色彩沉稳、触感粗糙的效果（图2-2-4）。

图2-2-4　烧毛石作外墙装饰面的效果

（4）粗磨。经机械粗磨，使石材表面平滑但无光泽。粗磨的石材主要用于需柔光效果的墙面、柱面、台阶、基座等。

（5）磨光。磨光又叫抛光。石材经机械精磨、抛光后，表面平整光亮，结构纹理清晰，颜色绚丽（图2-2-5）。磨光后的石材主要用于需高光泽度且表面平滑的墙面、台面、地面和柱面。

镜面石材的装饰效果

现场磨光图

图2-2-5

第三节 常用的天然饰面石材

在装修工程中，常用的天然饰面石材主要有天然大理石和天然花岗岩两类。

一、天然大理石

所谓装饰用的天然大理石是广义大理石的总称，它属于碱性岩石，是指具有装饰效果的、中等硬度的各类碳酸盐类、沉积岩和与其有关的变质岩。包括了大理岩、白云岩、灰岩、砂岩、页岩、板岩等。因其经不住酸雨的长年侵蚀，多用于室内。

1. 天然大理石的构成

（1）矿物组成。天然大理石主要是由方解石或白云石组成，纯大理石为白色，如在变质过程中混进了其他杂质，则会出现不同颜色（例如含氧化铁呈玫瑰色、橘红色，含锰呈紫色，含氧化亚铁、铜、镍呈绿色等）和不同的丝状纹理。

（2）化学成分。大理石的主要化学成分是CaO、MgO、SiO_2等，其中CaO和MgO的总量在50%以上（表2-1）。

由于多数大理石中含有大量杂质，尤其含有较多碳酸盐类矿物，空气和雨水中的酸性物质与其接触会产生化学反应，从而产生腐蚀作用。因此除个别品种（如汉白玉、艾叶青等）外，大理石一般只用于室内。

表2-1 大理石的主要化学成分表

成 分	CaO	MgO	SiO_2	Al_2O_3	Fe_2O_3
含量（%）	28~54	13~22	3~23	0.5~2.5	0~3

2. 天然大理石的特征

花纹自然，色彩丰富，色泽鲜润，材质细腻，装饰效果好。

抗压强度较高，耐磨性好，吸水率低，不变形，硬度中等，易加工。

耐久性好，一般使用年限为40～150年。

抗风化性能较差，易与酸性物质发生反应，从而失去光泽，降低装饰效果。

3. 天然大理石的品种

天然大理石的质地细腻，光泽柔润，具有极高的装饰性。天然大理石的类型有单色大理石、云灰大理石和彩花大理石，见图2-3-1。大理石通常有自然多变的纹理，常用的大理石可见图2-3-2所示。

4. 天然大理石板材的规格

天然大理石经过加工切割后，以各种规格和形状的板材应用于装饰工程中。按板材形状的不同，包括普型板（P×）、圆弧板（HM)和异型板（Y×）。

天然石板的板材可以加工成各种厚度，常用的厚度为20 mm，20 mm厚以上的板材可钻孔、锯槽，适用湿作业法和干挂法。近年来，随着加工工艺的不断改进，薄型板材也应用于装饰工程中，常见的厚度有7 mm、8 mm和10 mm等。具体尺寸见表2-2。

单色大理石

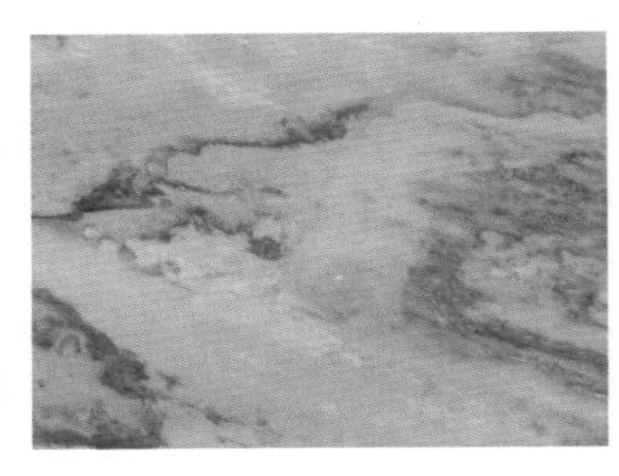
云灰大理石

彩花大理石

图2-3-1

图2-3-2 天然大理石

表2-2 天然大理石普型板的常用规格（单位：mm）

长	宽	厚	长	宽	厚	长	宽	厚
300	150	20	900	600	20	610	305	20
300	300	20	1070	750	20	610	610	20
400	200	20	1200	600	20	915	610	20
400	400	20	1200	900	20	1067	762	20
600	300	20	305	152	20	1220	915	20
600	600	20	305	305	20			

5. 天然大理石的应用

天然大理石是较高档的装饰材料，因其具有质地疏松、易碎等特点，主要用于建筑室内墙面、板面、台面、栏杆等部位的装饰装修，也有部分高档场所会选用质地较硬的天然大理石作地面铺贴（图2-3-3），但用作地面铺贴时要注意适时地进行保养。除部分质纯杂质少的大理石，如汉白玉等，大理石较少用于室外。

图2-3-3 天然大理石作为室内地面、墙面装饰

6. 文化石

近年来在装饰工程中使用的天然大理石，除常见的大理岩外，板石、板岩、砂岩等也被大量应用于各类室内空间中。这类石材保持着天然的色泽和自然的纹理，看似未经加工，但却蕴含着浓厚的自然气息，适应了人们崇尚自然和注重文化性的审美取向。因此，这类石材又被称为“文化石”。

1）**板石**

包括有青石板、锈板、彩石板、瓦板等，可用于室内地面、墙面等处（图2-3-4）。

2）**板岩**

由黏土页岩变质而成的变质岩，有黑、蓝黑、灰、蓝灰、紫、红及杂色斑点等不同色调（图2-3-5）。多加工成面砖形式，厚度为5~8 mm,长度为300~600 mm，宽度为150~250 mm。常用于室内外墙面装饰，以水泥砂浆或专用胶粘剂粘贴于墙面。

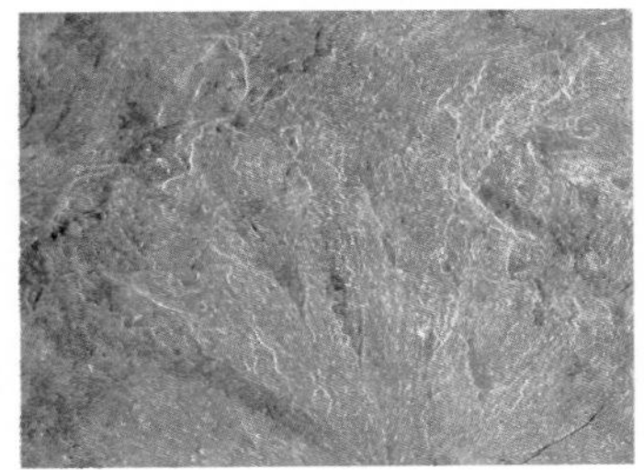

图2-3-4 板石

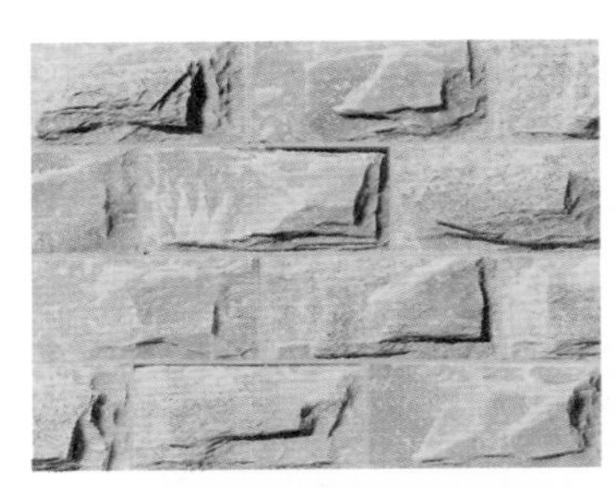

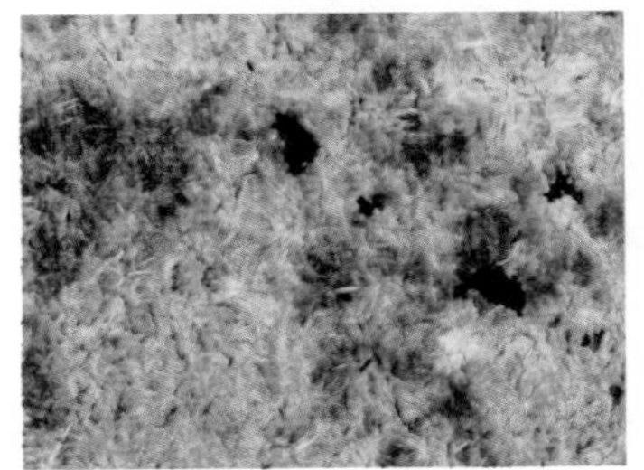

图2-3-5 板岩

3）砂岩

表面多孔，具有一定的硬度，抗冲击性较好，其中硅质砂岩性能接近花岗岩，质量最佳。多应用于室内外墙面装饰工艺品（图2-3-6）。

常用的有硅质砂岩、钙质砂岩和铁质砂岩。

4）石英岩

石英岩属于硅质砂岩的变质岩，强度更高、硬度强（图2-3-7）。主要用作室内外墙地面的装修。

5）蘑菇石

蘑菇石具有很强的立体感和良好的视觉效果，装饰效果极佳（图2-3-8）。主要用作外墙、内墙、屋面等装饰。

6）艺术石

结构呈不规则层状（图2-3-9）。主要用作内墙、外墙的装饰。

7）乱石

主要种类有卵石、乱形石板等。用于地面装饰和室内外的墙面装饰（图2-3-10）。

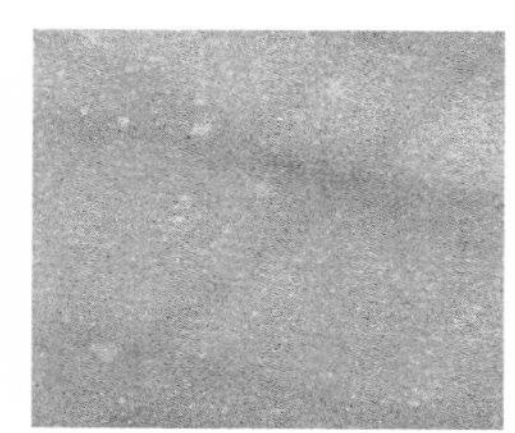

图2-3-6 砂岩板在室内空间中的应用

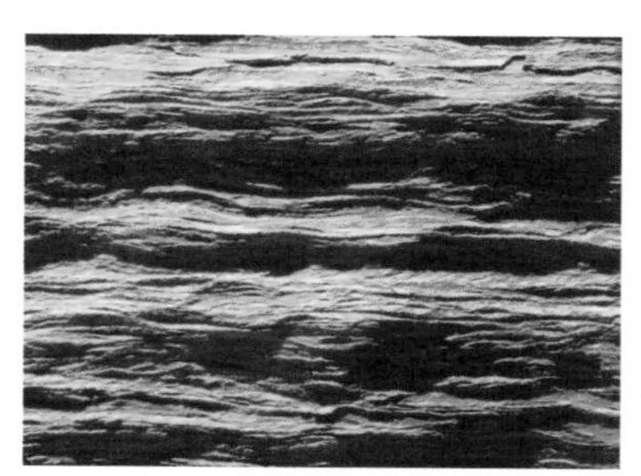

图2-3-7 石英岩效果

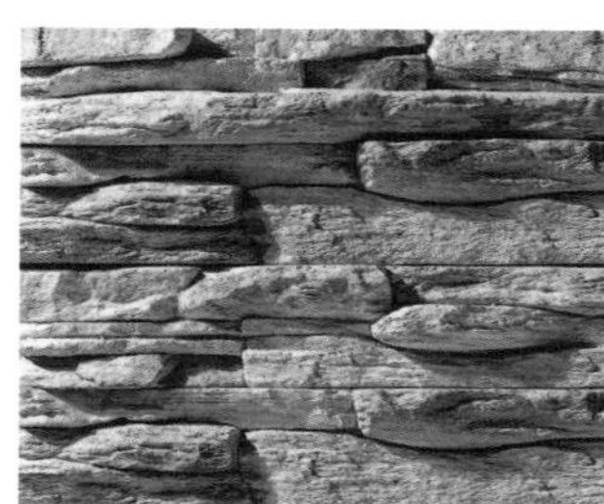

图2-3-9 艺术石

图2-3-8 蘑菇石

图2-3-10 乱石

二、天然花岗石

所谓装饰用的天然花岗石是广义花岗石的总称，是指具有较高硬度、可磨平抛光的各类具有装饰效果的火成岩，包括花岗岩、拉长岩、辉长岩、正长岩、闪长岩、辉绿岩、玄武岩、安山岩等。

1. 天然花岗石的组成

花岗石具有全晶质结构，属于酸性岩石、硬石材。

（1）矿物组成。天然花岗石主要是由石英、长石和云母等矿物成分组成，其颜色取决于所含成分的种类和数量，通常以深色花岗石较为名贵。

（2）化学成分。花岗石的主要化学成分是SiO_2，含量占67%～73%。具体化学成分见表2-3。

表2-3 花岗石主要化学成分

成分	SiO_2	Al_2O_3	CaO	MgO	Fe_2O_3
含量（%）	67～76	12～17	0.1～2.7	0.5～1.6	0.2～0.9

由于某些花岗石中含有微量放射性元素，应用室内时应注意避免阳光直射。

2. 天然花岗石的特征

天然花岗石具有独特的装饰效果，外观呈整体均粒状结构，具有色泽和深浅不同的斑点状花纹。石质坚硬致密，抗压强度高，吸水率小。耐酸、耐腐、耐磨、抗冻、耐久，一般使用寿命可达75～200年。硬度大，开采困难；质脆，为脆性材料；耐火性较差，当燃烧温度达到573℃和870℃时，石材爆裂，强度下降。

3. 天然花岗石的品种

天然花岗石结构致密，色彩丰富，纹理清晰，具有极高的装饰效果。

我国的天然花岗石品种约300多种，较有名的有四川红、黑金沙、济南青、广西的岑溪红、福建灰色、山西的贵妃红、内蒙古的丰镇黑、河北的中国黑、山东的将军红等。进口的花岗石较有名的有印度红、美国白麻、蓝钻、绿晶、巴西蓝、瑞典紫晶等（图2-3-11）。

4. 天然花岗石的应用

天然花岗石是一种较高档的装饰石材，不易风化变质，耐磨、坚硬，色泽可长久保持。因此常用于室内外装饰装修中的台阶、地面、墙面、立柱等部位以及家具工艺品中。

第四节 常用人造装饰石材

人造石材是用人工合成的方法，制成具有天然石材花纹和质感的新型装饰材料，又称合成石。由于天然石材开采困难、加工成本高，且部分石材含有放射性成分，在现代建筑装饰工程中逐渐被人造石所取代。而人造石材以其生产工艺简便、产品重量轻、强度高、耐腐蚀、耐污染、施工方便等优点，在装饰装修工程中得到广泛使用。

一、人造石材的类型及特点

人造石材可分为水泥型人造石材、树脂型人造石材、复合型人造石材、烧结型人造石材（图2-4-1）。

1. 水泥型人造石材

水泥型人造石材是以水泥为粘结剂，砂为细骨料，碎大理石、花岗岩、工业废渣等为粗骨料，经配料、搅拌、成型、加压蒸养、磨光、抛光等工序制成。作为粘结剂的水泥因其矿物成分不同会直接影响人造石材成品的外观。例如采用铝酸盐水泥为粘结剂制成的人造大理石具有表面光泽度高、花纹

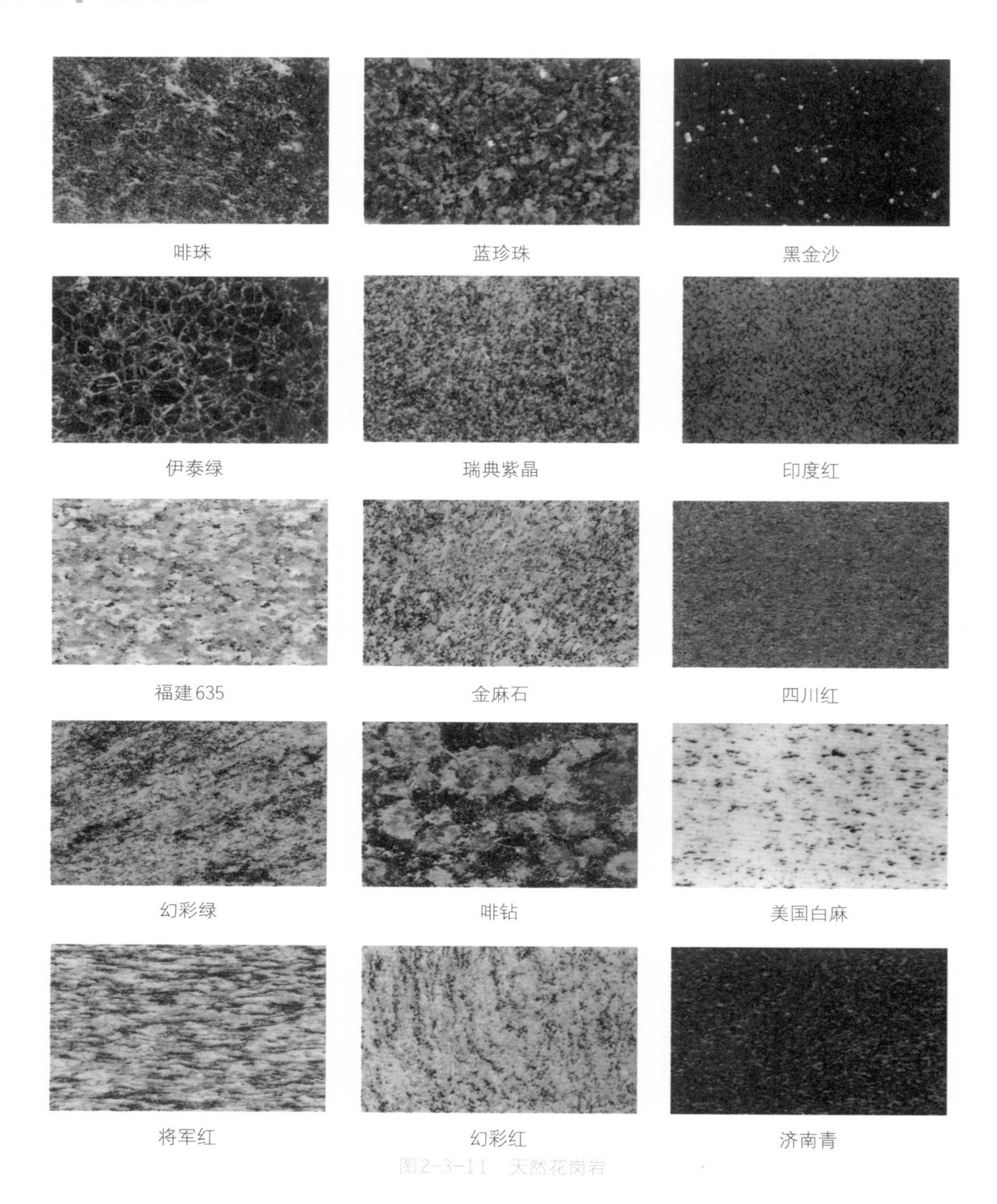

图2-3-11 天然花岗岩

耐久、抗风化、耐磨性和防潮性高等优点，水磨石、人造文化石多属此类。

2. 树脂型人造石材

树脂型人造石材是以有机树脂为粘结剂，将石粉、天然碎石、颜料及少量助剂等配制搅拌混合，经成型、固化、脱模、烘干、抛光等工艺制成，又称聚酯合成石，俗称亚克力，主要以人造大理石、人造花岗岩居多。此类产品光泽性好，颜色鲜艳，是目前装饰装修工程中应用最多的人造石材。按成型工艺可分为浇注成型聚酯合成石、压制成型聚酯合成石、人工成型聚酯合成石。

3. 复合型人造石材

复合型人造石材是先将无机填料用无机胶粘剂胶结成型、养护后，再将坯体浸渍于有机单体中，使其在一定条件下聚合。由于板材制品的底材采用无机材料，故性能稳定且价格低。其面层可采用聚酯和大理石粉制作，以获得最佳的装饰效果。

4. 烧结型人造石材

烧结型人造石材的生产工艺与陶瓷相似，是将石英、辉绿石、方解石等石粉及赤铁矿粉、高岭土等混合，以一定比例制成泥浆后，再以注浆法制成坯料，然后用半干压法成型，经1000 ℃左右的高温焙烧而成。此类制品性能接近于陶瓷，可采用镶贴瓷砖的方法进行施工。

水泥型人造石材

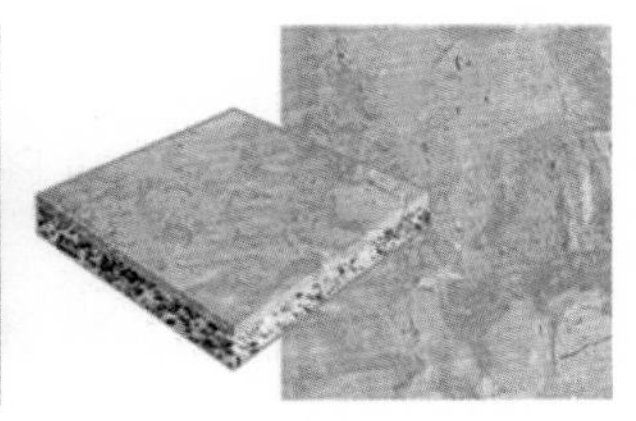

树脂型人造石材

复合型人造石材

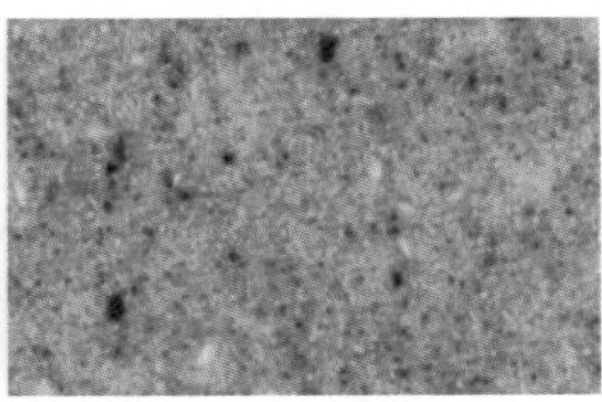

烧结型人造石材

图2-4-1

二、常用人造石材饰面制品

1. 人造大理石

人造大理石是以不饱和聚酯树脂为胶结剂，石粉、石渣等为填料加工而成的一种人造石材，它模仿天然大理石表面肌理而制成。具有重量轻、强度高、厚度薄、易加工、无色差、耐酸耐污等特点，且色调和花纹可按需要设计，易于加工成复杂的形状，因此被广泛应用于各类场所。

2. 人造花岗岩

人造花岗岩的工艺与人造大理石十分接近，其填料采用天然石质碎粒和深色颗粒，固化后经抛光，内部石粒外露。通过不同色粒和颜料搭配，可生产出不同色泽和纹理，其外观极像天然花岗岩。

人造花岗岩不含有放射性元素，耐热、耐腐蚀性能优于天然花岗岩，其膨胀系数亦与混凝土相近，比天然花岗岩更不易开裂和剥落。主要用于高档装饰装修工程中。

3. 水磨石

水磨石是一种水泥型人造石材。由于掺和料可以是各种不同的石子或大理石碎粒，色彩掺和剂也可任意搭配，故外观多样。水磨石的表面光滑、平整、易于洗刷，耐磨、强度高、价格低、装饰感强。常用于人流集中的大型公共空间的地面、台阶、台面等部位。

水磨石的施工可分为现浇和预制两种。现浇水磨石由铜条（或铝条、玻璃条）嵌缝，规划成各式块状。

预制水磨石板的常用规格尺寸有300×300 mm、305×305 mm、400×400 mm、500×500 mm、600×600 mm，厚度有19 mm、20 mm、21 mm、25 mm等。

4. 人造透光石

人造透光石制作原理与人造大理石相似，厚度较薄，一般为5 mm左右，具有透光不透视的效果，装饰效果好（图2-4-2）。它主要以树脂为粘结剂，加以天然石粉和玻璃粉以及其他辅助原料，经过一系列工序聚合而成。具有质轻、硬度高、防火、耐污、抗老化、无辐射、抗渗透、耐腐蚀及规格、厚薄、透光性均可任意调制，且切割、钻孔、粘结方便等优点。

人造透光石多应用于各类公共空间及高档居所，可制成透光背景墙、灯饰、透光柜面、柱面、透光吊顶、透光灯柱等。

5. 微晶石

微晶石又称微晶玻璃、微晶陶瓷、结晶化玻璃，是由一定组成的玻璃颗粒经高温烧制结晶而成的材料。它既有特殊的微晶结构，又有玻璃基质结构（图2-4-3），质地坚实且细腻，外观晶莹亮丽，柔美均匀。微晶石吸水率低，不易受污染，耐候性优良，比天然石材更坚硬耐磨，不含放射性元素，可弯曲成型。

微晶石作为一种新型高档装饰材料，主要用于高级宾馆、商场、写字楼、银行、饭店、高级别墅等场所的内外墙面、地面、柱面及台面的装饰装修。

常用微晶石板材的规格主要有：3200×1400×20 mm，2400×1200×12/20/30 mm，800×800×12/20/30 mm，600×600×11/20/30 mm，400×400×11/20/30 mm，300×300×11/20/30 mm。

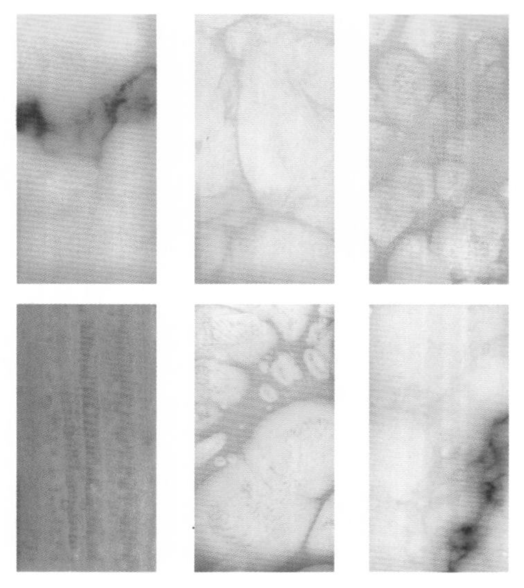
图2-4-2 人造透光石

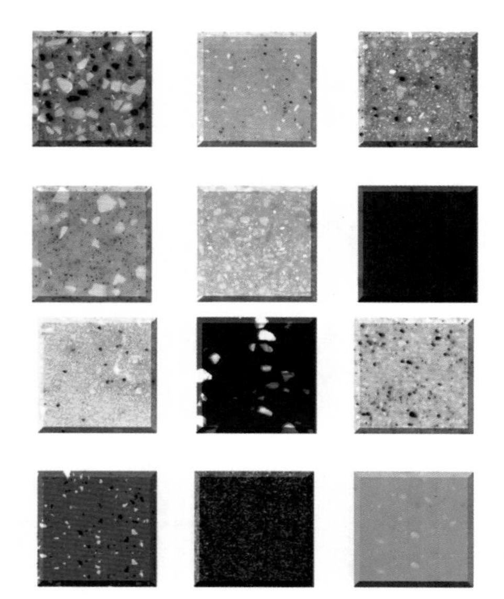
图2-4-3 微晶玻璃型人造石材

第五节 石材饰面的构造

石材饰面板可应用于室内外各界面的不同部位，其规格尺寸也根据实际需要大小各异，因此，石材的安装施工构造做法亦各有不同。

一、石材的墙面饰面构造

石材饰面板安装于墙面时，根据石材自身的重量、尺寸等条件，通常采用的构造方法包括聚酯砂浆固定法、树脂胶粘贴法、灌挂固定法和干挂法四种。

1. 聚酯砂浆固定法

（1）基层抹底灰。底灰为1:3的水泥砂浆，厚度15 mm，分两遍抹平。

（2）铺贴石材。先做粘结砂浆层，厚度应不小于10 mm。砂浆可用1：2.5水泥砂浆，也可用1：0.2：2.5的水泥石灰混合砂浆。如在1：2.5水泥砂浆中加入5%~10%的107胶，粘贴效果则更好。

（3）做面层细部处理。在石材贴好后，用1：1水泥细砂浆填缝，再用白水泥勾缝，最后清理石材的表面。如图2-5-1所示。

2. 树脂胶粘贴法

树脂胶粘贴法同样也仅适用于小块面、小范围的石材安装。

首先在墙基层清理、打毛处理的基础上，将胶粘剂涂在板材的相应位置（用量应针对使用部位受力情况布置，以牢固结合为原则，尤其是对悬空的板材用胶量必须饱满）。

而后将带胶粘剂的板材粘贴，并挤紧、压

平、扶直，随后即进行固定。

最后，待胶粘剂固化，石材完全粘贴牢后，拆除固定支架。粘贴法示意如图2-5-2所示。

3. 灌挂固定法

灌挂固定法是一种“双保险”的做法，在饰面安装时，既用水泥砂浆等作灌注固定，又通过各种钢件或配用的钢筋网，在板材与墙体之间、板材与板材之间进行加强连接固定。

这种固定方法，通常在板材与板材之间是通过钢筋、扒钉等相连接的。在板材与墙体之间，对厚板用系钢件等扁条连接件固定；对薄板则用预埋在墙体中的U型钢件固定，然后将配置的钢筋网用铅丝或铜丝扎紧板材。石材的灌挂固定法做法见图2-5-3、图2-5-4所示，其中图2-5-3为灌挂法的固定形式。

为保证石材安装的牢固，凡大规格的板材或安装高度超过1.2 m者，均应采取此方法。

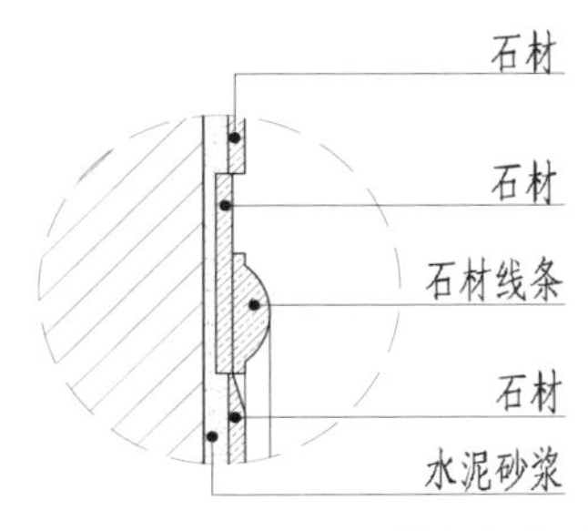

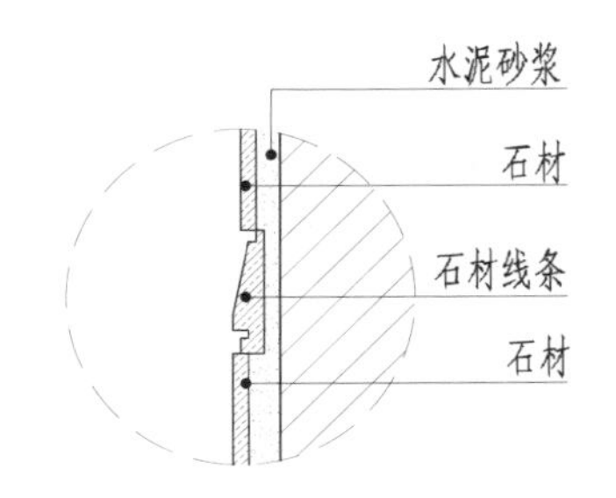

图2-5-1 聚酯砂浆固定法

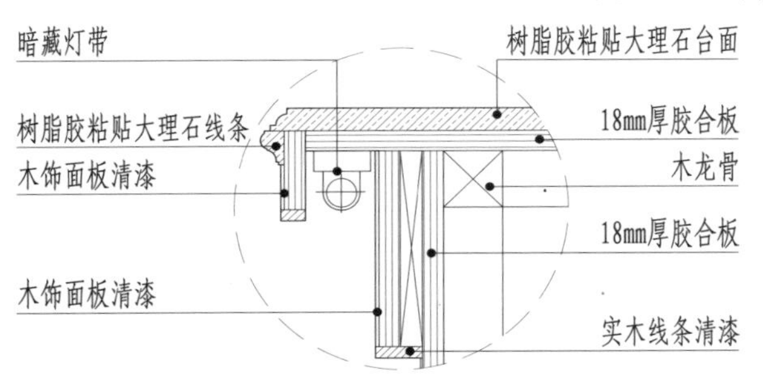

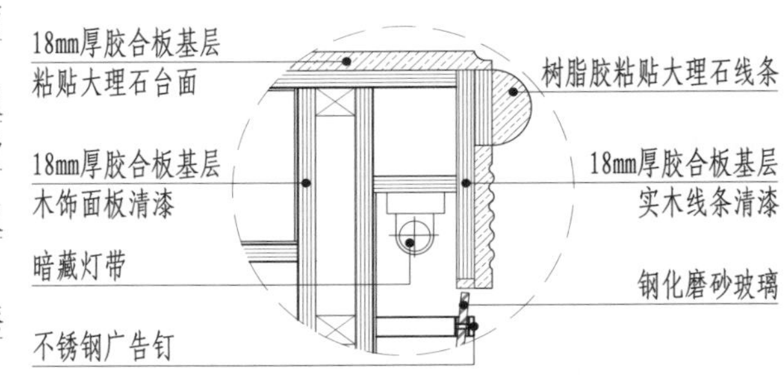

图2-5-2 树脂胶粘贴法

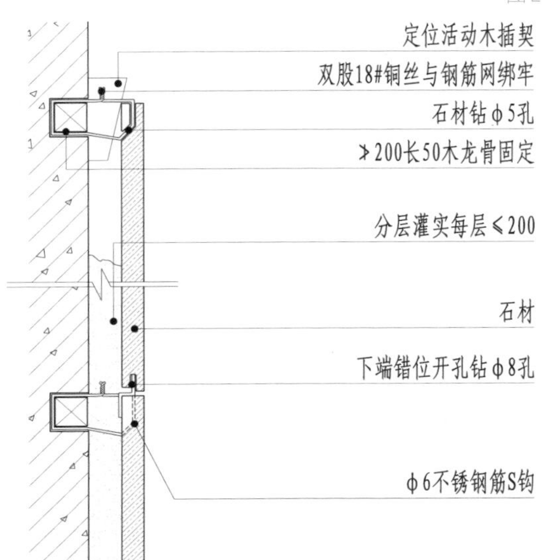

图2-5-3 石材灌挂固定法

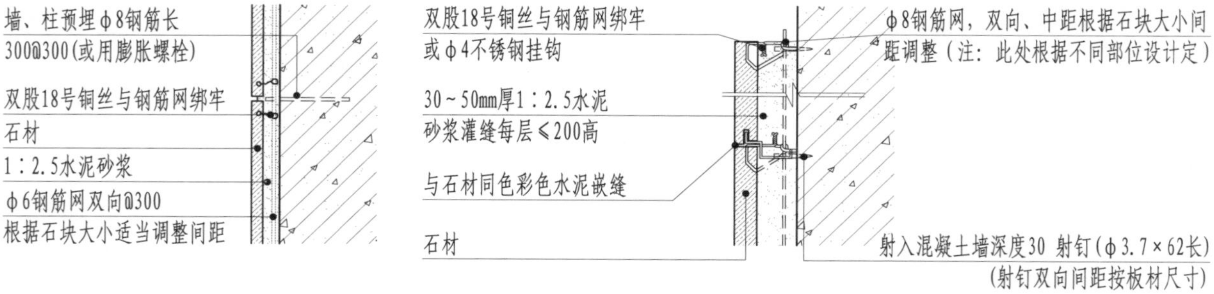

墙、柱预埋ф8钢筋长
300@300(或用膨胀螺栓)
双股18号铜丝与钢筋网绑牢
石材
1∶2.5水泥砂浆
ф6钢筋网双向@300
根据石块大小适当调整间距

双股18号铜丝与钢筋网绑牢
或ф4不锈钢挂钩
30～50mm厚1∶2.5水泥
砂浆灌缝每层≤200高
与石材同色彩色水泥嵌缝
石材
ф8钢筋网，双向、中距根据石块大小间
距调整（注：此处根据不同部位设计定）
射入混凝土墙深度30 射钉(ф3.7×62长)
(射钉双向间距按板材尺寸)

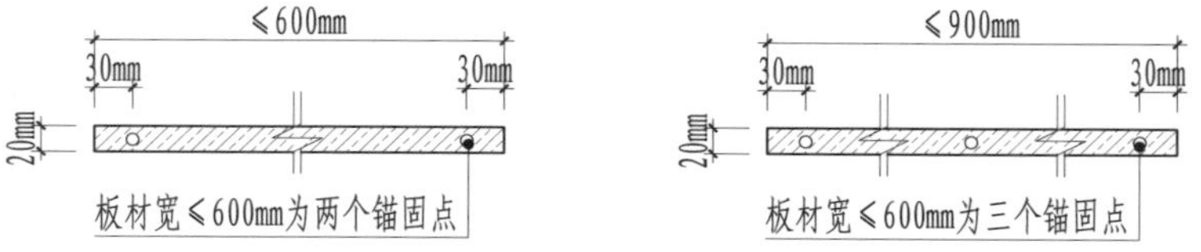

≤600mm
30mm
30mm
20mm
板材宽≤600mm为两个锚固点

≤900mm
30mm
30mm
20mm
板材宽≤600mm为三个锚固点

石材锚固点的布置

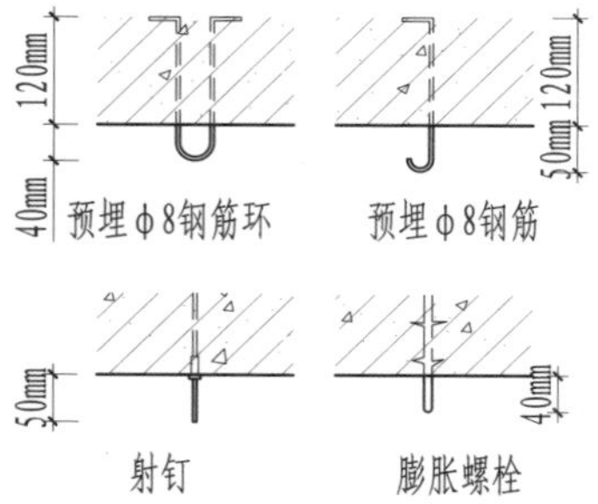

120mm
40mm
预埋ф8钢筋环
120mm
50mm
预埋ф8钢筋
50mm
射钉
40mm
膨胀螺栓

金属连接件节点构造

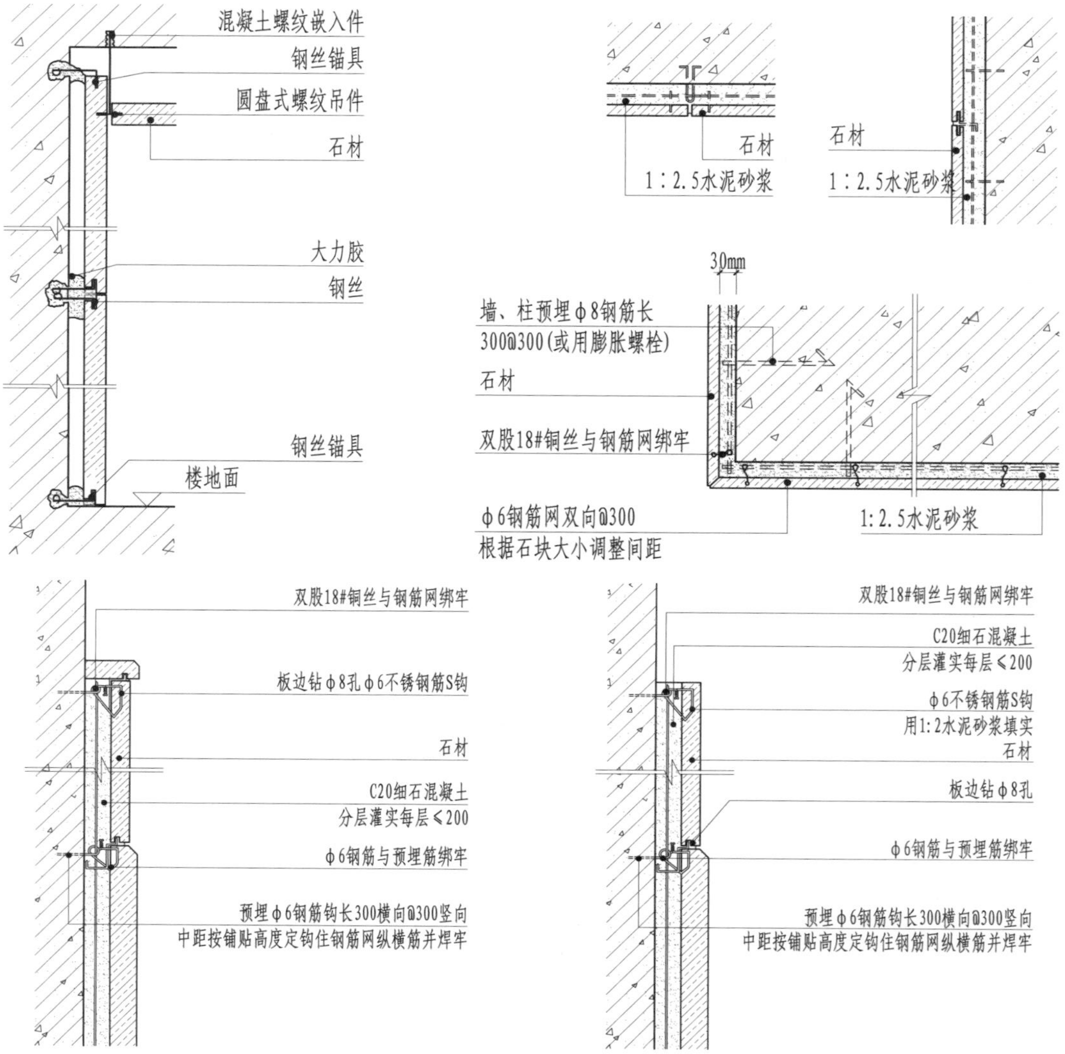

混凝土螺纹嵌入件
钢丝锚具
圆盘式螺纹吊件
石材
大力胶
钢丝
钢丝锚具
楼地面

石材
1∶2.5水泥砂浆
石材
1∶2.5水泥砂浆

30mm
墙、柱预埋ф8钢筋长
300@300(或用膨胀螺栓)
石材
双股18#铜丝与钢筋网绑牢
ф6钢筋网双向@300
根据石块大小调整间距
1:2.5水泥砂浆

双股18#铜丝与钢筋网绑牢
板边钻ф8孔ф6不锈钢筋S钩
石材
C20细石混凝土
分层灌实每层≤200
ф6钢筋与预埋筋绑牢
预埋ф6钢筋钩长300横向@300竖向
中距按铺贴高度定钩住钢筋网纵横筋并焊牢

双股18#铜丝与钢筋网绑牢
C20细石混凝土
分层灌实每层≤200
ф6不锈钢筋S钩
用1:2水泥砂浆填实
石材
板边钻ф8孔
ф6钢筋与预埋筋绑牢
预埋ф6钢筋钩长300横向@300竖向
中距按铺贴高度定钩住钢筋网纵横筋并焊牢

图2-5-4　墙面石材灌挂固定法构造

4. 干挂法

干挂法又称螺栓和卡具固定法，是在基层的适当部位放置5#角钢，用金属膨胀螺栓和墙体固定，竖向主龙骨采用8#槽钢，横向次龙骨采用5#角钢，安装前打好孔，用于安装与石材板相连接的不锈钢干挂件。在饰面石材的底侧面上开槽钻孔，然后用干挂件和石材固定，另外也可用金属型材卡紧固定，最后进行勾缝和压缝处理。如图2-5-6所示。

不锈钢干挂件

石材的干挂结构

图2-5-5

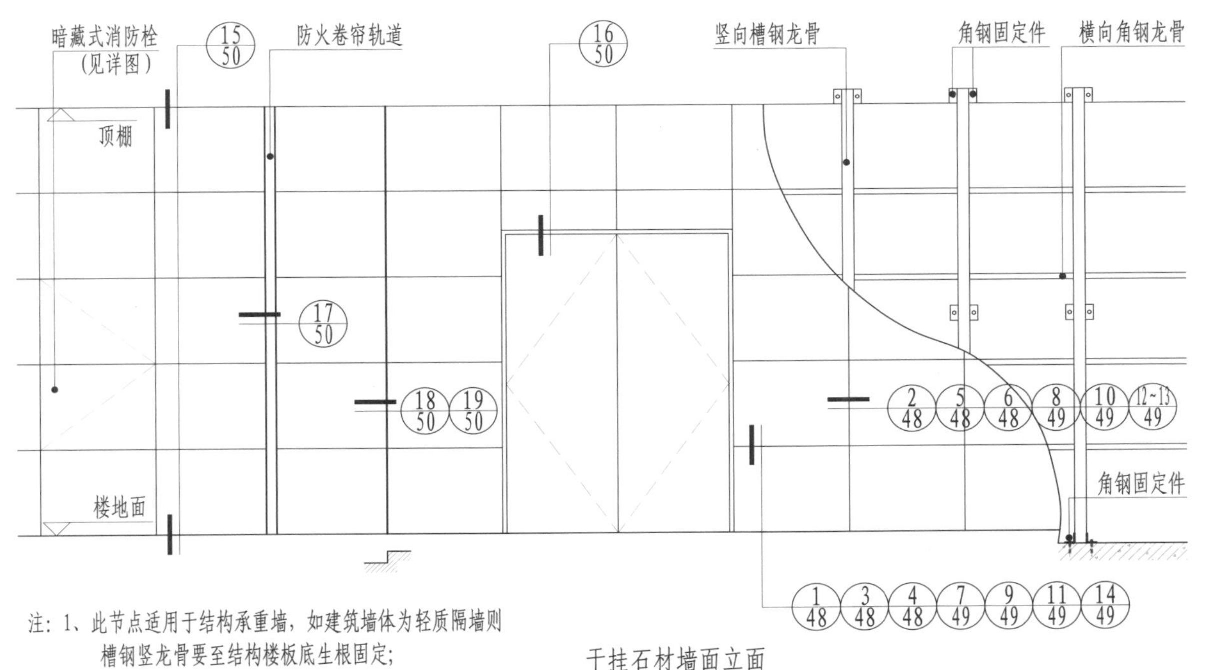

干挂石材墙面立面

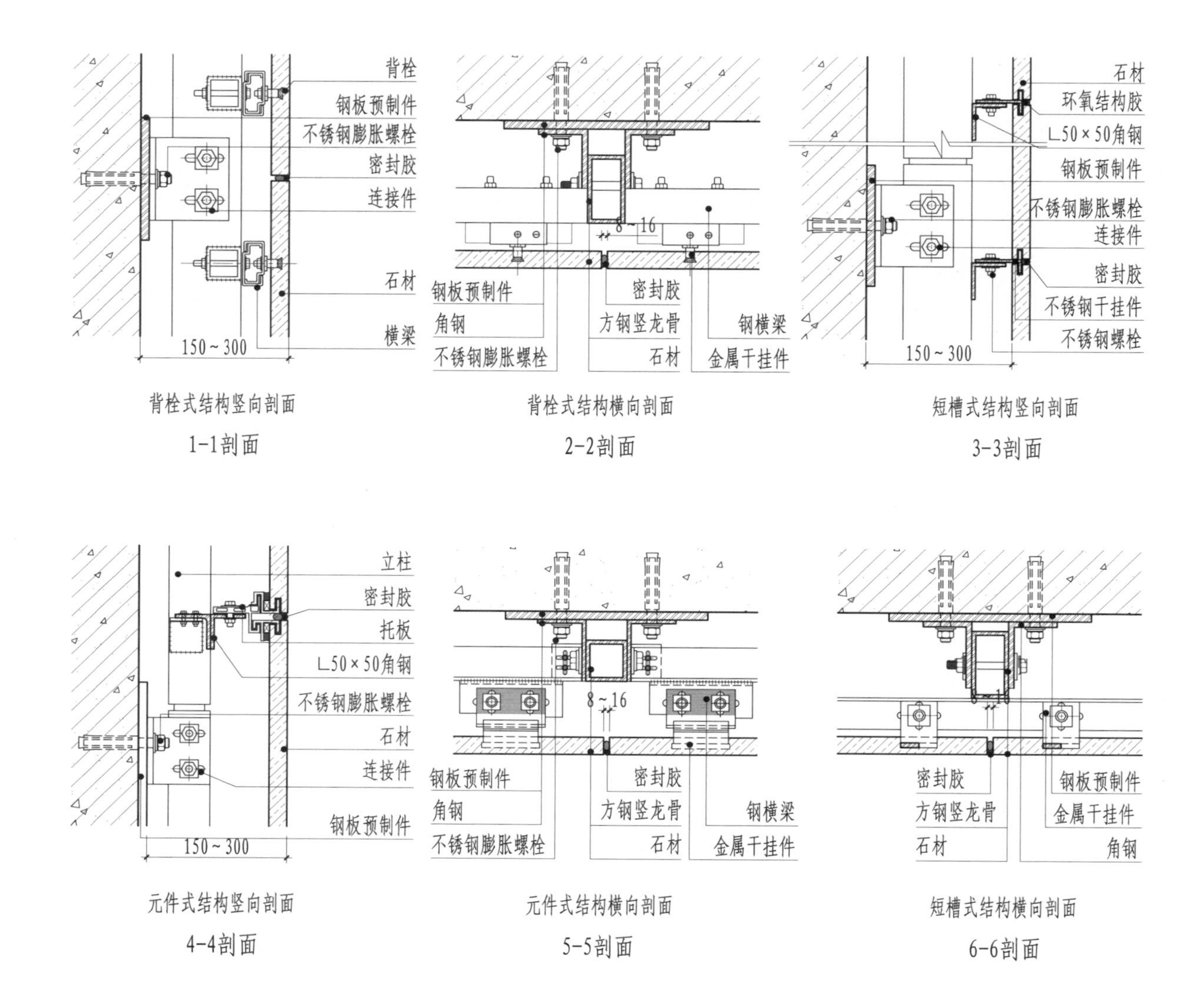

图2-5-6 石材饰面干挂构造

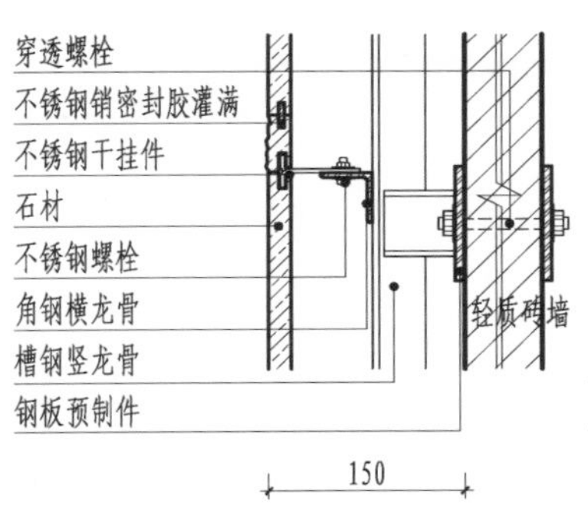

注：轻质砌体墙石材竖向剖面；
石材饰面距墙150左右。

7-7剖面

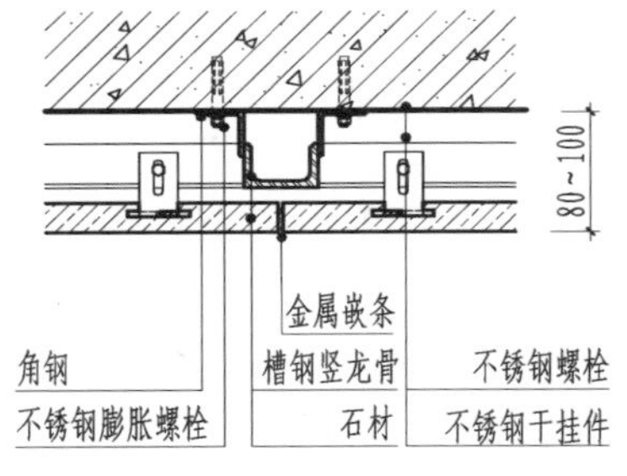

注：混凝土墙石材横向剖面；
石材饰面距墙100左右。

8-8剖面

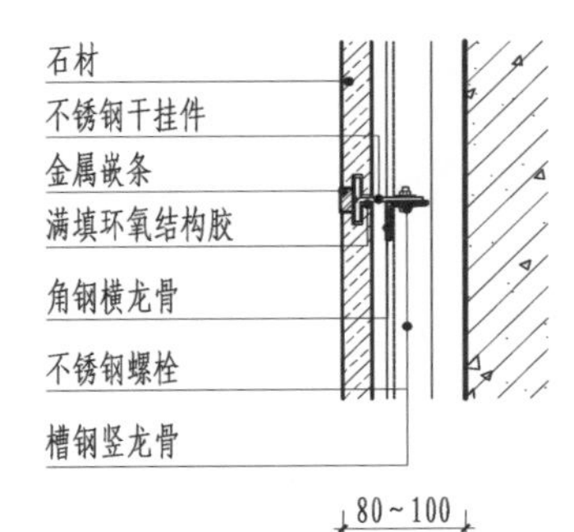

注：混凝土墙石材竖向剖面；
石材饰面距墙100左右。

9-9剖面

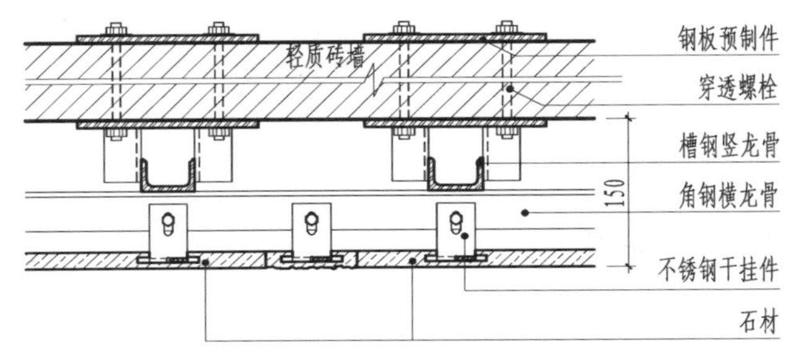

注：轻质砌体墙石材横向剖面；
石材饰面距墙150左右。

10-10剖面

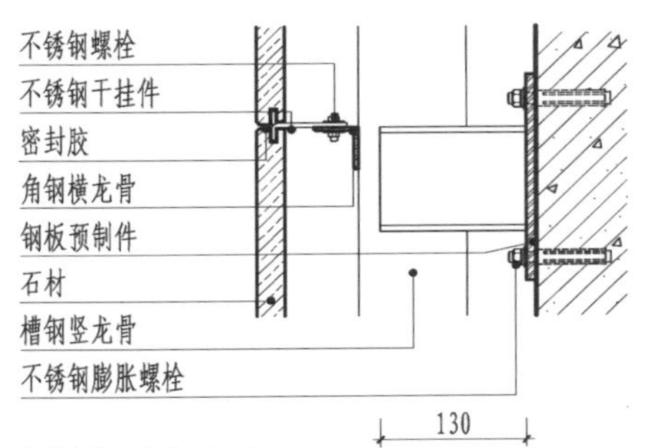

注：混凝土墙石材竖向剖面；
石材饰面突出墙面距离较大。

11-11剖面

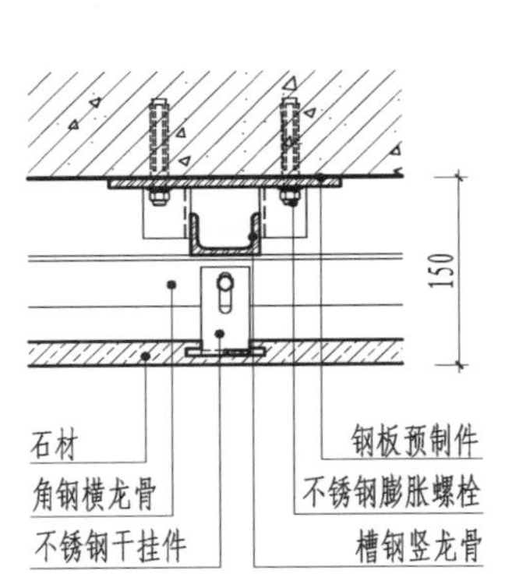

注：混凝土墙石材横向剖面；
石材饰面距墙150左右。

12-12剖面

50
130
100
50
石材
槽钢竖龙骨
不锈钢干挂件
钢板预制件
不锈钢膨胀螺栓
角钢横龙骨

注：混凝土墙石材竖向剖面；
石材饰面突出墙面距离较大。

13-13剖面

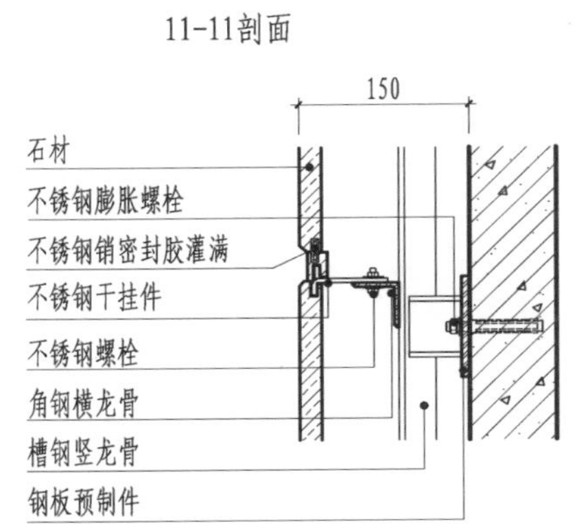

注：混凝土墙石材竖向剖面；
石材饰面距墙150左右。

14-14剖面

续图2-5-6

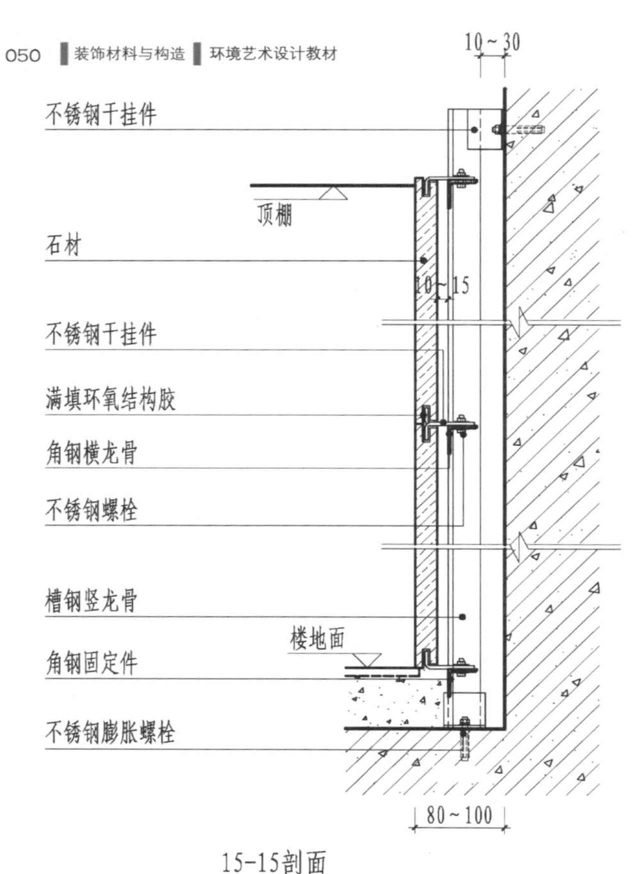

15-15剖面

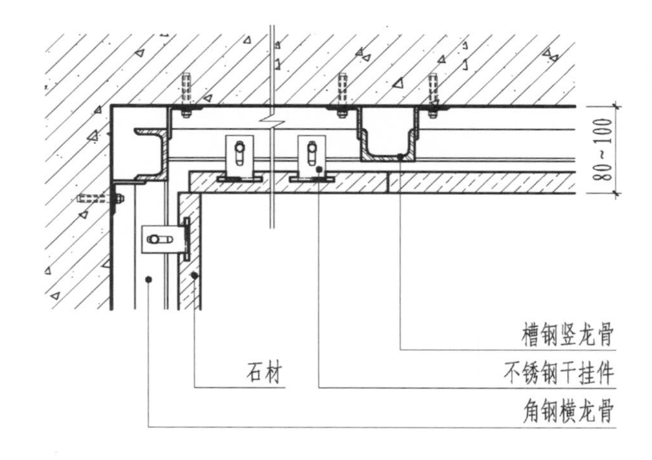

18-18剖面

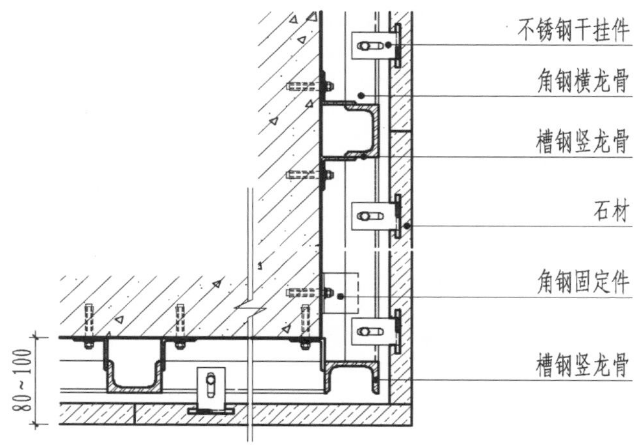

19-19剖面

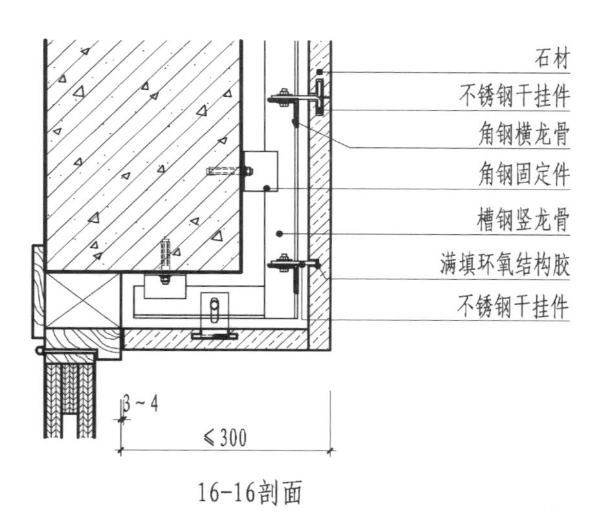

16-16剖面

注：1、干挂石材钢骨架未表示；
2、防火卷帘与结构墙体之间的空隙应用耐火发泡胶或其他耐火材料填实，耐火等级应不低于该处防火卷帘；
3、高等级装修部位防火卷帘轨道的材料和表面处理应在个体设计中说明。

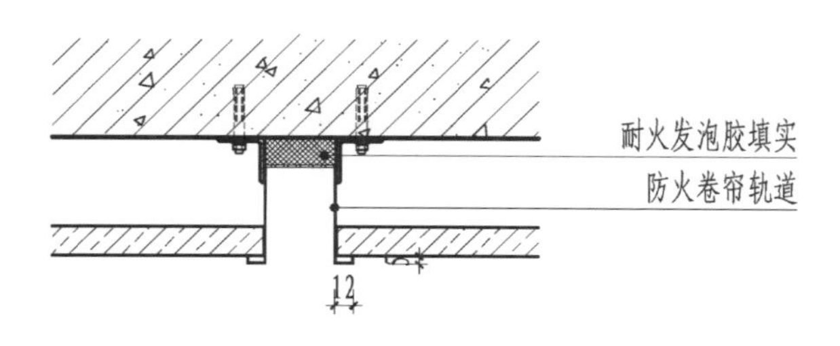

17-17剖面

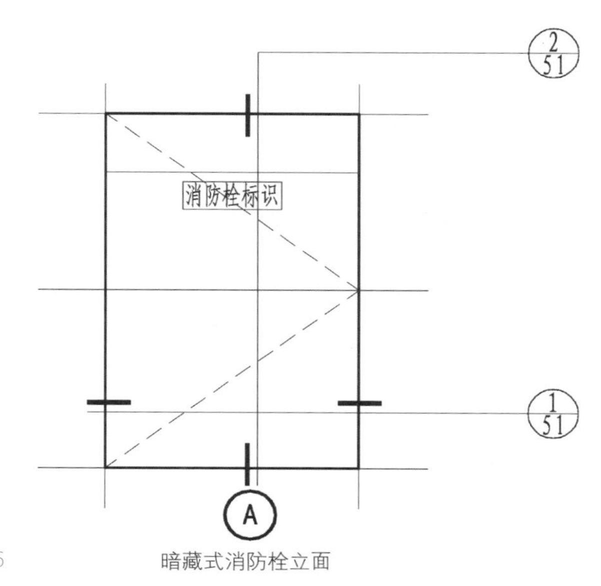

暗藏式消防栓立面

续图2-5-6

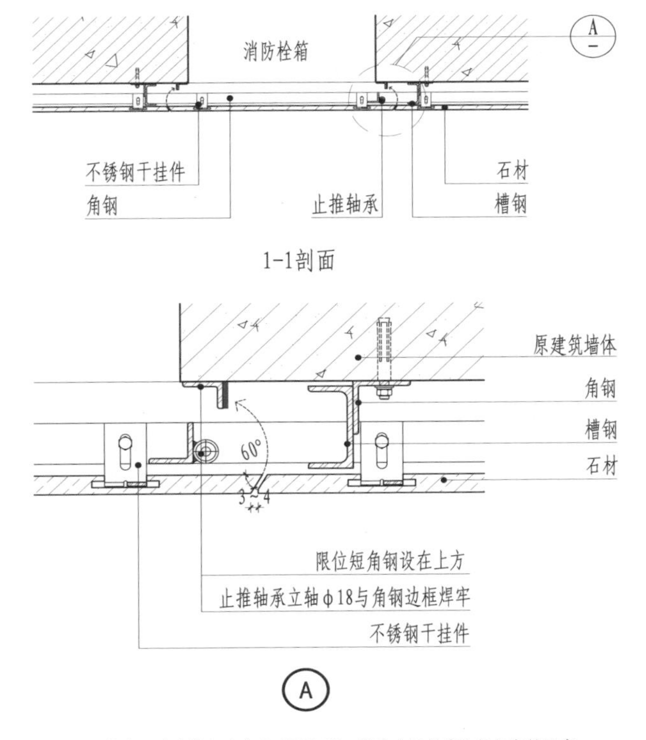

不锈钢干挂件
满填环氧结构胶
角钢固定件
轴承(轴承立轴与侧边焊牢)
石材
角钢
不锈钢干挂件
10 15
角钢
轴承
角钢固定件

2-2剖面

注：1. 石材饰面消防栓门上应有明显标识，设计应征得消防部门审批同意；
2. 石材饰面消防栓门为立柱门，仅能开启90°，门扇开启后门洞净尺寸应大于消防栓尺寸；
3. 门扇立轴用止推轴承固定，立轴位置宜尽量靠外靠边；
4. 门扇上的石材应统一安排工厂加工，尤其有明显纹理的石材，更应注意对纹。

石材背栓干挂

210 30 100 50 30
150 150
分格尺寸 分格尺寸
30mm厚花岗石材
不锈钢背栓
铝合金F形挂件
∟50×50角钢
预埋件
∟90×56角钢
M12不锈钢螺栓
50×5钢角码

① 石材背栓干挂墙体横向剖面

石材背栓干挂墙体横向剖面①

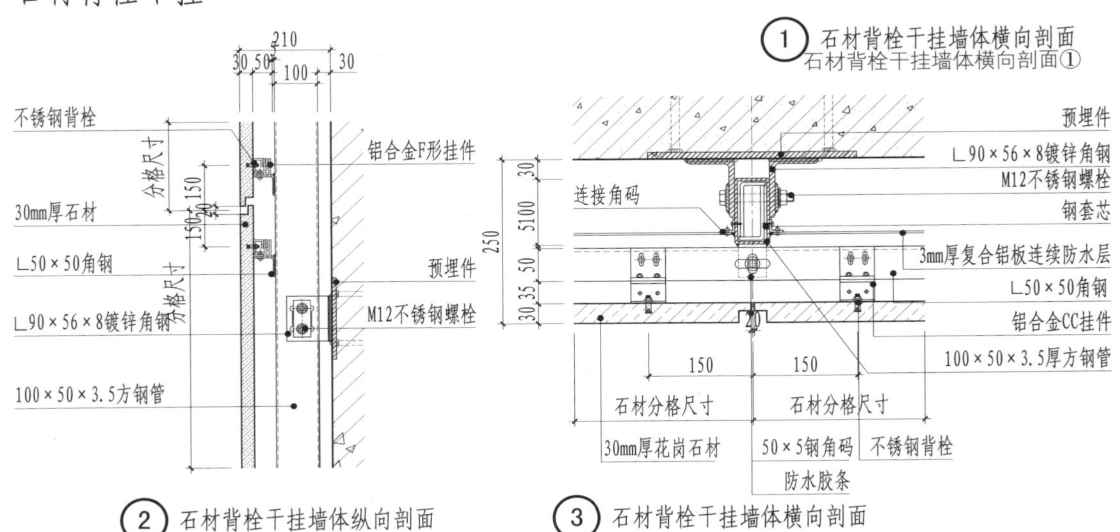

② 石材背栓干挂墙体纵向剖面

③ 石材背栓干挂墙体横向剖面

石材背栓干挂墙体纵向剖面

石材背栓干挂墙体横向剖面②

续图2-5-6

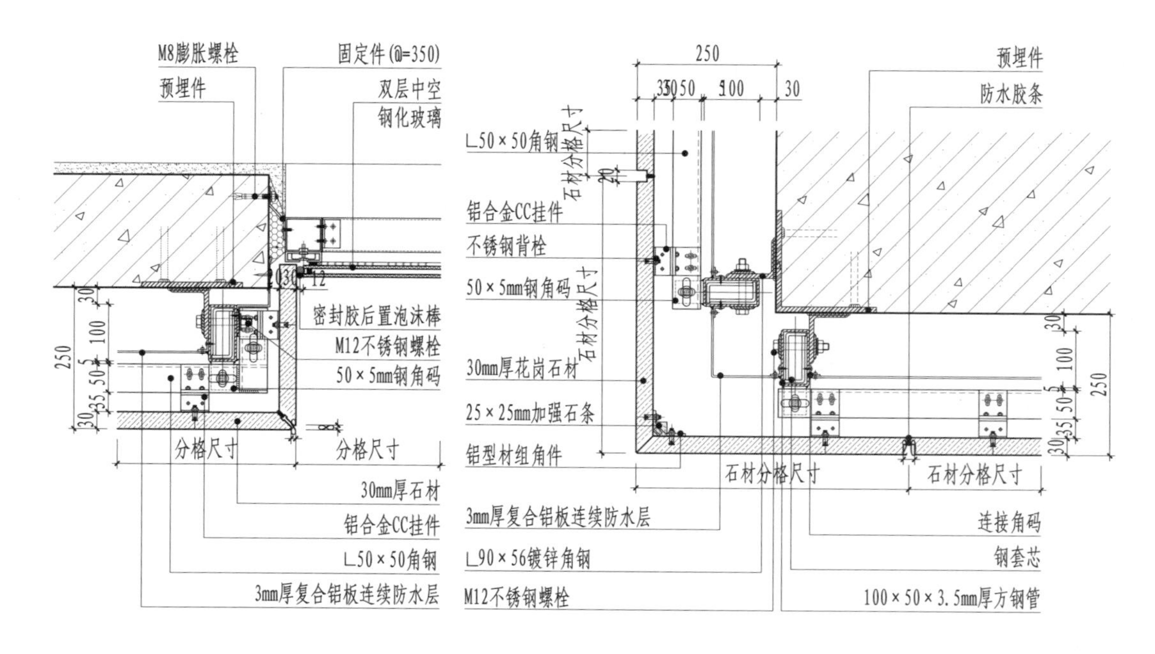

石材背栓干挂墙体窗横向安装剖面

石材背栓干挂墙体阳角剖面

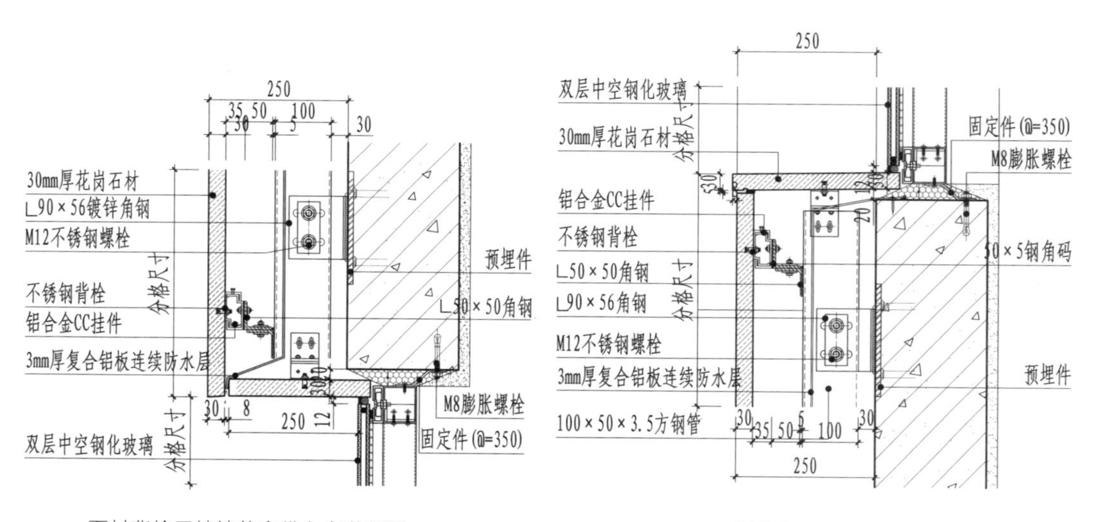

石材背栓干挂墙体窗纵向安装剖面

石材背栓干挂墙体纵向安装剖面

续图2-5-6

二、石材的柱面饰面构造

石材柱面的饰面构造与墙面构造基本一致，但柱面面积相对较小，因此除采用干挂、粘贴法之外，亦可采用钢筋网绑扎法。钢筋网绑扎法施工较为简便，是一种较传统的铺贴石材的施工方法。缺点是易在接缝处产生泛碱问题。钢筋网绑扎的施工程序大体如下：设置钢筋网→试拼编号→板材背面开槽→绑扎板材→找平吊直并临时固定→灌浆→养护→嵌缝。如图2-5-7所示。

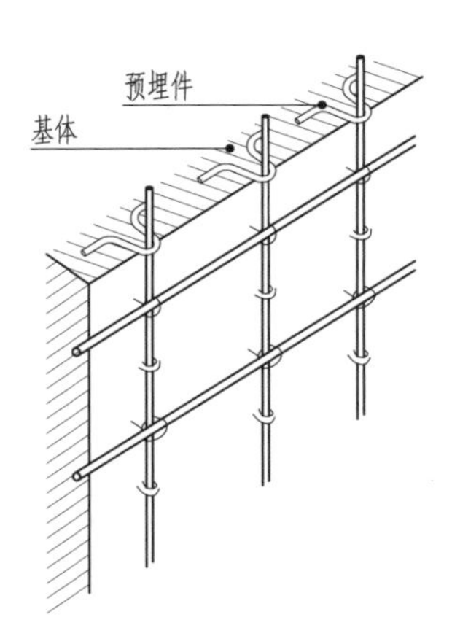

图2-5-7　钢筋网的设置形式

1. 钢筋网绑扎法

（1）设置钢筋网。如柱面上设有预埋件时，用铜丝或不锈钢丝按施工图大样将钢筋制成钢筋骨架，固定于基体上。当柱面没有预埋件时，可用电锤在柱面上钻孔，并于孔内安放膨胀螺栓，再用电焊将钢筋与螺栓焊牢。

（2）绑扎板材。用切割机在板材背面分别在四角开槽（图2-5-8），穿插和固定好铜丝或不锈钢丝。

（3）安装板材。安装时可按顺时针，从正面开始由下向上逐层安装，并用靠尺板找垂直，用水平尺找平整，用方尺找好阴阳角，紧固钢（铜）丝。板缝用石膏填塞，以防止板材移位和发生泌浆。灌浆时应根据板材颜色调制水泥砂浆，如浅色石材灌浆时应采用白水泥，以使板材底色不受影响。

（4）嵌缝。安装完毕后，应清除板缝间多余的粉尘，用与板材底色相近的水泥浆进行嵌缝。对于镜面石材，如面层光泽受到影响，应重新打蜡上光。

2. 干挂法

干挂法就是用特制的不锈钢挂件，将石材固定在基体上的一种施工方法。这种方法不需要用水泥砂浆灌注或水泥镶贴，方便简捷。方法是直接在石板上打孔、开槽，然后用不锈钢连接件、角钢与埋在柱体内的膨胀螺栓直接相连而成。如图2-5-9所示。石材包方、圆柱的干挂构造如图2-5-10所示。

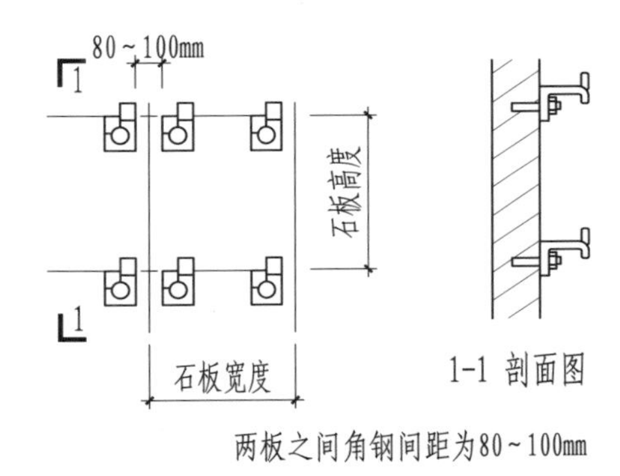

图2-5-9　不锈钢挂件的布置

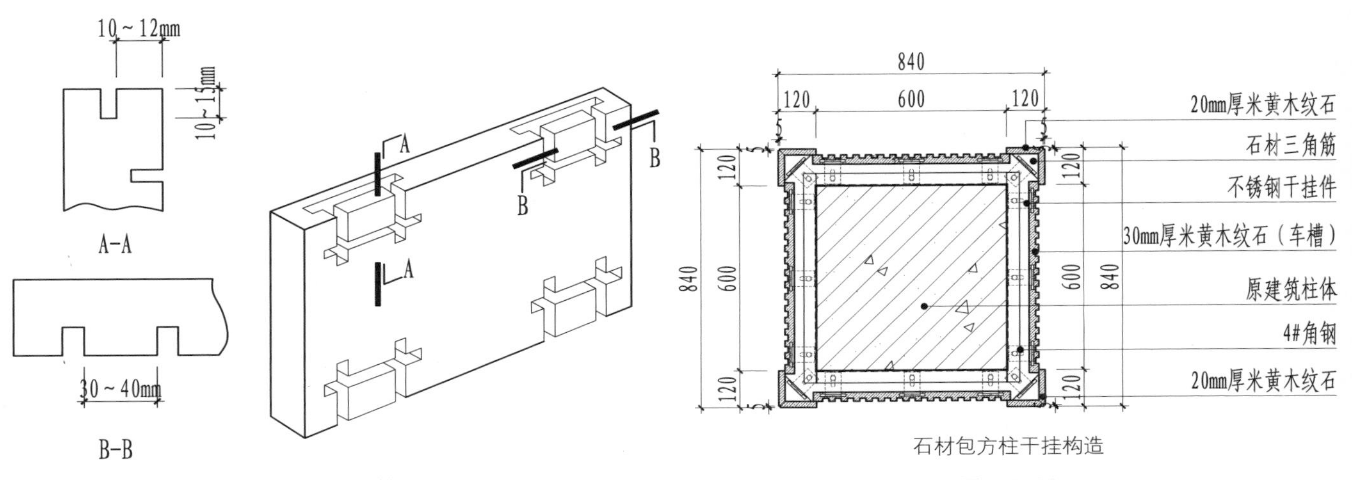

图2-5-8　板材背面槽口形式

图2-5-10

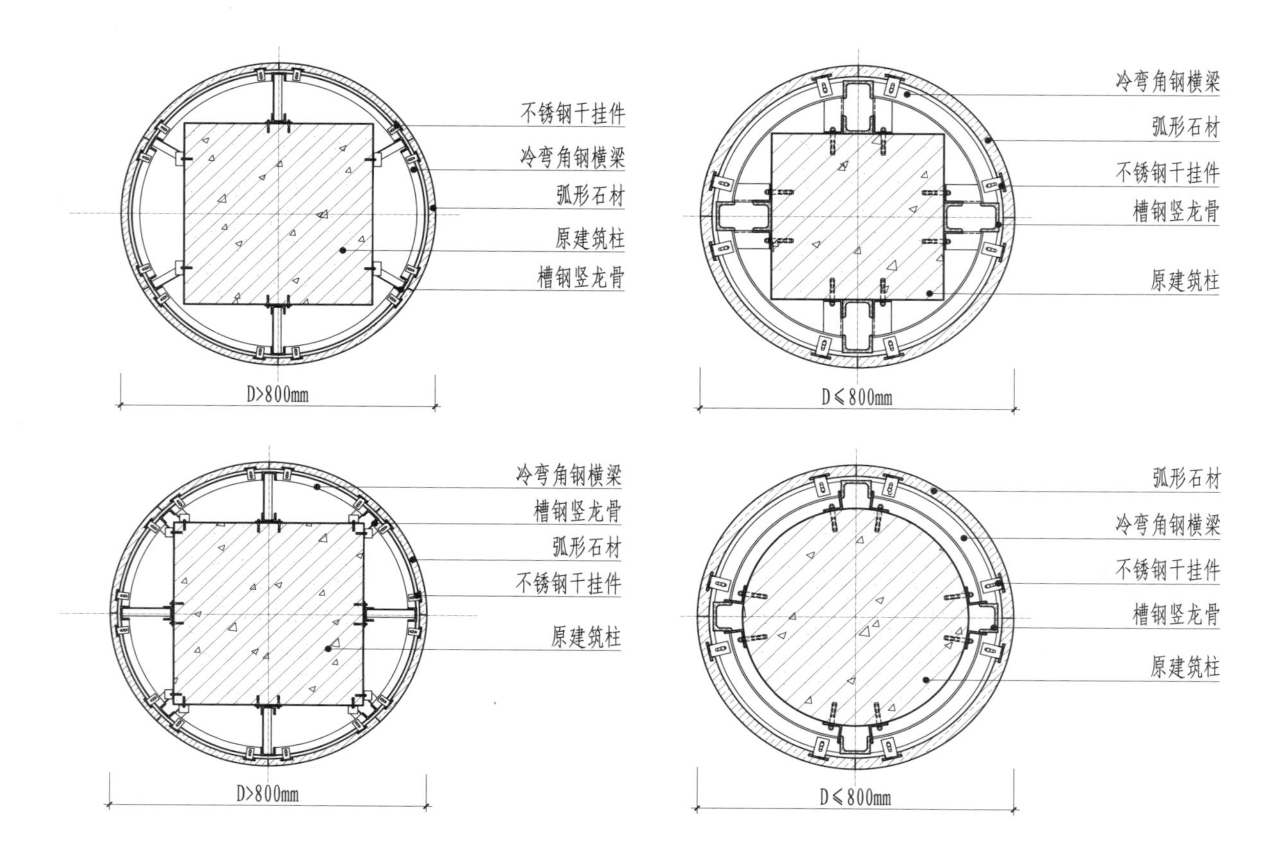

石材包圆柱干挂构造

续图2-5-10

3. 粘贴法

粘贴法就是将板材用聚合物水泥砂浆或胶粘剂粘贴到基体表面的一种施工工艺。方法是用水泥砂浆在柱体上抹灰找平，将聚合物水泥砂浆或胶粘剂在找平层的表面和板材的背面铺摊饱满，再按施工图纸要求将板材就位，并用临时工具将其进行顶卡固定。如图2-5-11所示。

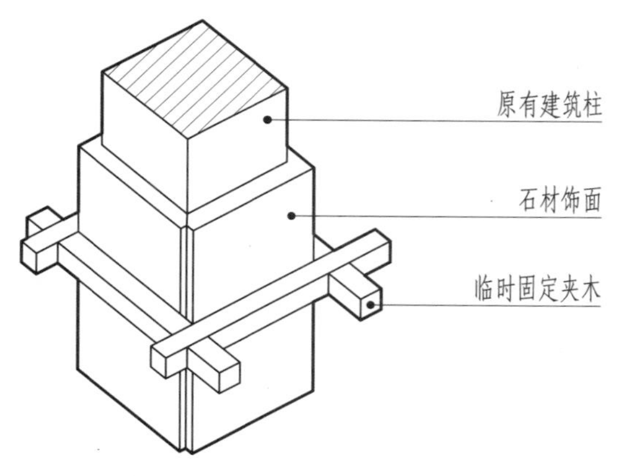

图2-5-11　柱面板材的临时固定

三、石材的地面饰面构造

石材地面铺设的基本构造方法是在混凝土基层表面刷素水泥一道，随即铺15～20 mm厚的1∶3干性水泥砂浆找平层，然后按定位线铺石材，待干硬后再用白水泥稠浆填缝嵌实。如图2-5-12所示。

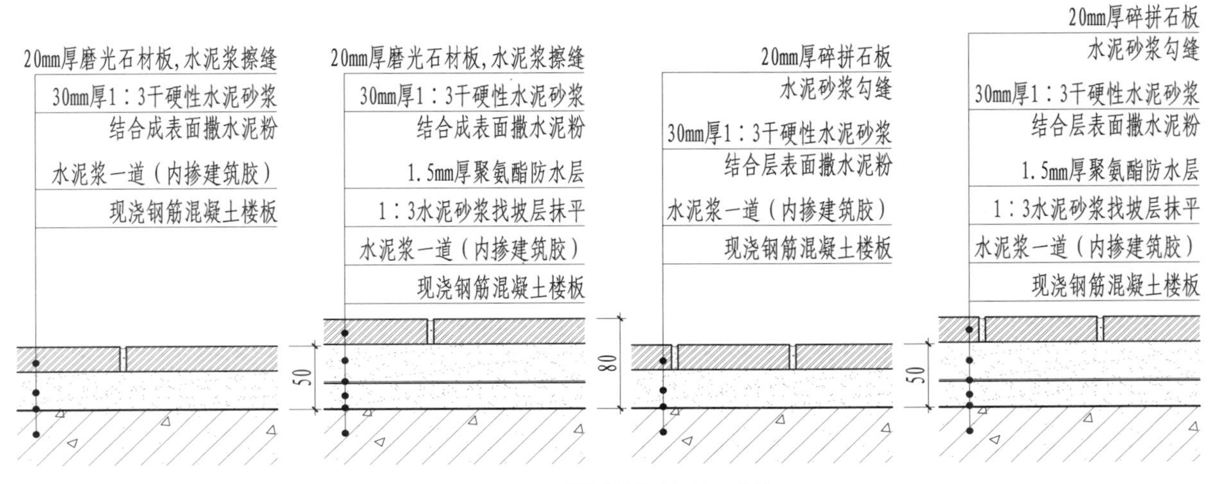

图2-5-12 石材地面装饰施工构造

复习参考题

1. 装饰装修中使用的石材有哪两类？简述各自的特点。

2. 简述天然石材的五种表面加工方式。

3. 试区分天然大理石与天然花岗岩在装饰装修应用中的不同之处。

4. 试列举3种常用人造石材饰面制品，并简述其各自特点。

5. 常见石材的墙面饰面构造的方法有哪几种？试述各自使用情况。

6. 简述石材灌挂固定法的构造方法。

7. 简述石材干挂法的构造方法，并绘出石材干挂法结构图。

装饰材料与构造

第三章 装修陶瓷

【学习目标】

了解装修陶瓷的基本特性及其优缺点。

熟悉陶瓷制品装修构造的原理及要求。

重点掌握陶瓷制品在室内墙面、地面和柱体上的主要构造方法，

以利于在室内设计中恰当地选择陶瓷制品，

准确地设计陶瓷制品的构造。

【建议学时】

3学时

陶瓷，又称烧土制品，是以黏土为主要原料，经过配料、制坯、干燥、焙烧等工艺制成。成品的陶瓷制品具有强度高、耐火、耐久、耐酸碱腐蚀、耐水、耐磨、易于清洗等优点。

陶瓷制品主要有装修陶瓷砖瓦和卫生陶瓷两大类，它们被广泛应用于室内装饰装修工程中。

第一节　陶瓷的种类及加工

一、 陶瓷的种类与特点

陶瓷可以分为陶器、瓷器和炻器三类。陶器吸水率较大，断面粗糙无光泽，不透明，可施釉或不施釉；瓷器基本不吸水，强度高，坯体致密，耐磨，半透明，通常施釉；炻器也称半瓷，是介于陶器与瓷器之间的产品。与陶器相比，炻器坯体较密实，孔隙率低，与瓷器相比，炻器多带颜色且无透明性，成本低，热稳定性好（图3-1-1）。

陶器分粗陶和精陶两种。粗陶的坯料由砂粘土组成，含较多的杂质，建筑装饰中的砖、瓦及陶管等属于粗陶类产品（图3-1-2）。精陶多以塑性粘土、高岭土、长石和石英等原料组成，装修中的釉面砖等属于精陶类产品（图3-1-3）。

炻器分粗炻器（图3-1-4）和细炻器（图3-1-5）两大类，外墙砖、地砖等多属于粗炻器。

陶质制品

陶土砖

瓷质制品

瓷砖

炻质制品

炻质仿古砖

图3-1-1

图3-1-2　粗陶(常用砖)

图3-1-3　精陶(釉面砖)

图3-1-4 粗炻器(外墙砖)

图3-1-5 细炻器(宜兴紫砂陶)

二、陶瓷的加工

陶瓷是将高岭土、石英、长石和腐植酸钠等原料经过筛选、搅拌、压制、高温烧结和冷却等多道工序加工而成。石英在高温下会产生体积膨胀，可部分抵消坯体烧成时产生的收缩，同时，石英还可提高釉面的耐磨性、硬度、透明度及化学稳定性。长石可作为助熔剂，在生产过程中降低陶瓷制品的烧成温度。另外，长石与石英等一起经高温熔化后形成的玻璃态物质，即陶瓷釉彩层的主要成分。近年来滑石、硅灰石也被渐渐作为陶瓷的原料来应用。滑石可以改善陶瓷釉层的弹性、热稳定性，并可在坯体中形成含镁玻璃，防止后期龟裂。硅灰石的作用是改善坯体收缩，提高强度，降低烧结温度，且使釉面不会因气体析出而产生气孔和釉泡。

陶瓷坯体的表面粗糙、易沾污、装饰效果差，因此，大多数陶瓷制品表面均需进行艺术性的装饰加工。陶瓷表面装饰的方式主要通过改变坯体颜色或在坯体表面施釉两种方式，前者多用于无釉陶瓷制品，如陶瓷锦砖、无釉地面砖等;后者是陶瓷表面装饰最常用的方法。

釉可使陶瓷制品具有表面平滑光亮的效果，增加美感，同时还可增强耐腐蚀性、抗沾污性和易洁性等。

第二节 陶瓷装修制品

在室内装饰装修工程中，陶瓷制品主要分为陶瓷面砖、琉璃制品和卫生陶瓷制品三大类。

一、陶瓷面砖

陶瓷面砖是当前室内装饰装修工程中应用非常广泛的材料，主要有釉面内墙砖、墙地砖。

1. 釉面内墙砖

釉面内墙砖又名釉面砖、瓷砖、瓷片、釉面陶土砖，它属于精陶制品，具有颜色丰富典雅、表面光滑、耐急冷热、防火、耐腐蚀、防潮、不透水、抗污染且易清洁等优点，主要用于厨房、浴室、卫生间、实验室、手术室、精密仪器车间等室内墙面。

釉面砖正面施釉，背面有凹凸纹，便于粘贴。釉面砖易冻融，并导致剥落，不适宜用在室外。由于釉面砖吸水率较大（通常大于10%），内部多孔，强度不高，因此亦不适合用于地面装饰。

釉面砖按形状分，有正方形砖、长方形砖和异形配件砖等。按色彩图案分，有单色砖、花色砖、图案砖等（图3-2-1）。

釉面内墙砖的具体种类和特点见表3-1。

根据国标GB/4100.5-1999规定，釉面砖分为优等品、合格品两个质量等级。

关于釉面砖放射性的控制使用标准，则依据GB6566-2001标准执行。

单色砖

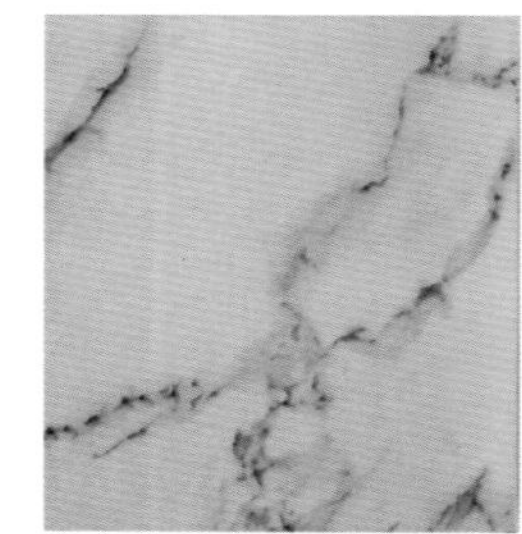
花色砖

图案砖

单色砖的应用

花色砖的应用

图案砖的应用

图3-2-1

表3-1　釉面内墙砖的种类和特点

种类		特点
白色釉面砖		色纯白、釉面光亮，贴于墙面，清洁大方
彩色釉面砖	有光彩色釉面砖	釉面光亮晶莹，色彩丰富雅致
	无光彩色釉面砖	釉面无光（亚光），不晃眼，色泽一致，色调柔和
	花釉面砖	同一砖上施以多种彩釉，烧制后色泽相互渗透，花纹千姿百态
	结晶釉面砖	晶花辉映，纹理多姿
	斑纹釉面砖	斑纹丰富多彩，别具一格
	理石釉面砖	仿真天然大理石花纹，颜色丰富逼真，美观大方
	微晶玻璃釉面砖	结晶细微，具有耐风化、耐酸碱、外观平滑光亮、色泽鲜艳的特点
	荧光釉面砖	荧光颜料经高温焙烤固定在釉面上，在紫外线下发光显色
装饰釉面砖	金属釉面砖	使用丝网印刷使釉面具有金属光泽，或呈现铜墙铁壁的压重感，或与其他釉面砖组合成图案，呈现与众不同的特色
图案砖	白底图案砖	在白色釉面砖上装饰彩色图案，经高温烧成，色彩明朗，清洁优美
	色底图案砖	在有光或无光彩色釉面砖上装饰各种图案，经高温烧成，装饰效果别具一格
字画釉面砖	瓷砖画	以各种釉面砖拼成瓷砖画，或将画稿烧制在釉面砖上再拼成瓷砖画
	色釉陶瓷字	以各种色釉、瓷土烧制成陶瓷字，色彩丰富，光亮美观，永不褪色
生态保健釉面砖	抗菌釉面砖	面釉中利用银离子及其化合物的抗菌性（银系抗菌剂）制成，具有抗菌性
	光催化抗菌釉面砖	面釉中含有二氧化钛和金属离子，在微弱紫外光激发下产生催化作用，可以杀菌、防霉、分解有机物及臭味，净化空间
	稀土复合无机抗菌釉面砖	釉面抗菌剂与水、空气组分发生催化反应，产生活性氧自由基，损伤细菌细胞膜，达到抑制细菌繁殖和杀死细菌的目的

2. 墙地砖

墙地砖是以优质陶土或瓷土为主要原料，经高温焙烧而成，可用于建筑室内外墙面、地面等，适用范围广泛（图3-2-2）。具有结构致密、孔隙率低、吸水率低、强度高、硬度高、耐冲击、防水、防火、抗冻、耐急冷急热、不易起尘、易清洁、色彩图案丰富、装饰效果好等特点。

图3-2-2　墙地砖作卫生间的饰面

墙地砖按表面装饰分有无釉墙地砖、有釉墙地砖。按材质分有炻质砖、炻瓷砖、瓷质砖。按表面质感分有平面、麻面、毛面、磨光面、抛光面、纹点面、耐磨面、玻化瓷质面、金属光泽面、仿真大理石面等（图3-2-3）。

常用墙地砖有以下一些种类：

1）**玻化砖**

玻化砖又称金瓷玻化砖、玻化瓷砖，属于瓷质砖，采用优质瓷土经高温焙烧而成，结构非常致密，吸水率小（≤0.5%）。玻化砖质地坚硬，具有高光度、高硬度、高耐磨、吸水率低、色差少、规格多等优点。表面不上釉，具有玻璃光

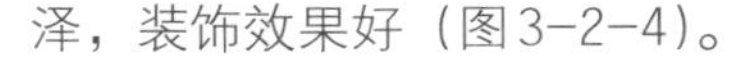

泽，装饰效果好（图3-2-4）。

玻化砖有优等品、合格品两个质量等级。

玻化砖主要用于室内外墙面、地面、窗台板、台面及背栓式幕墙等装饰。

常用规格有400×400 mm、500×500 mm、600×600 mm、800×800 mm、900×900 mm、1000×1000 mm。

2）**彩釉砖**

彩釉砖是指有釉墙地砖，又称釉面外墙砖或釉面陶瓷墙地砖。其表面与釉面内墙砖相似，表面均施釉，具有色彩丰富、光洁明亮、装饰效果好的特性；与釉面砖不同之处在于，釉面砖是多孔结构，而彩釉砖结构致密、抗压强度高、坚固耐用、易清洁、吸水率低（＜10%）。利用配料和制作工艺的不同可制成多种具有不同表面质感的品种。彩釉砖属于炻质砖和细炻砖范围，具有较高的防滑性能（图3-2-5）。

常见彩釉砖品种有仿古砖（图3-2-6）、渗花砖、金属光泽彩釉砖等，可用于各类建筑的室内外墙面及地面装饰（图3-2-7）。

图3-2-4　玻化砖作地面饰面

图3-2-3

图3-2-5 瓷土烧制的彩釉砖

图3-2-7 彩釉砖装饰效果

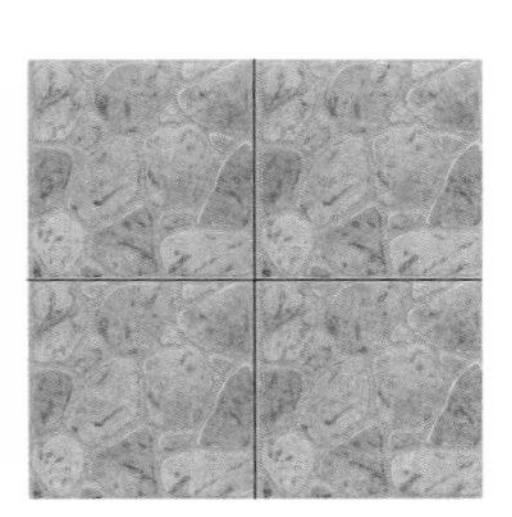
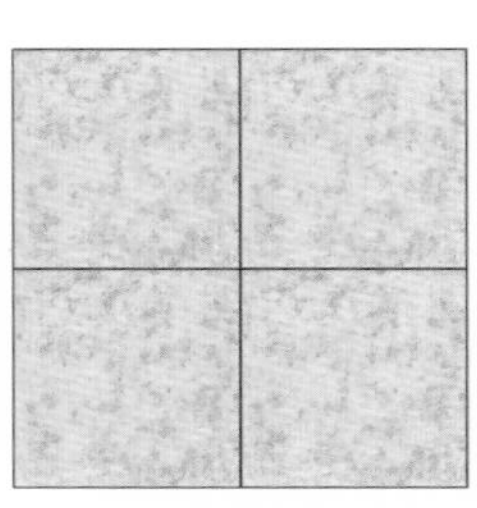

图3-2-6 仿古砖

3）**麻面砖**

麻面砖（图3-2-8）是采用仿天然岩石色彩配料，压制成表面凹凸不平的麻面坯体，干燥后经一次烧成的炻瓷砖。砖的表面酷似人工修凿过的天然岩石面，纹理自然，粗犷雅朴，有白、黄、红、灰、黑等多种色调，吸水率＜1%，抗折强度大于20 Mpa，防滑耐磨。

薄型麻面砖适用于建筑物外墙饰面，厚型麻面砖适用于广场、停车场、码头、人行道等地面铺设。

4）**陶瓷锦砖**

陶瓷锦砖又称陶瓷马赛克，以优质瓷土烧制而成，分有釉、无釉两种。陶瓷锦砖一般做成边长不大于40 mm的小块（图3-2-9），可用于各类

图3-2-8 麻面砖

图3-2-9 普通马赛克及利用马赛克拼成的图案

建筑的室内外墙面及地面装饰，按设计可拼成各式图案，具有独特的装饰效果。

(1) 特点。质地坚硬、吸水率低、强度高、耐磨、耐腐、耐水、易清洗、不褪色、抗火、抗冻、形状色彩多，可按设计拼图形成独特装饰效果。

(2) 用途。可用于门厅、走廊、卫生间、餐厅、花园、浴室、游泳池及居室的内墙和地面装修（图3-2-10），也可用于外墙地面。

在建筑装修中，墙地砖用途非常广泛，除了上述应用之外，墙地砖还广泛用作腰线砖（图3-2-11）、踢角线砖。

图3-2-10 马赛克大多用在有防水要求的空间

图3-2-11 腰线砖

3. 劈裂砖

劈裂砖又称劈离砖、双合砖，是将黏土、页岩、耐火土等原料按一定配比，经粉碎、炼泥、成型、高温焙烧等工序制成。由于成型时是双砖背联的坯体，焙烧后再劈离成两块砖，故称为劈裂砖（图3-3-12）。

劈裂砖色彩丰富，坯体密实，具有自然断口，装饰效果好。分彩釉和无釉两种，表面上釉的光泽晶莹；无釉的，质朴大方。

(1) 特点。质感强、吸水率低(≤6%)、强度高、防潮、防腐、耐急冷急热、耐酸、耐碱、防滑抗冻。

(2) 用途。可用于建筑外墙面和室内外地面装修，如广场、停车场、人行道地面以及浴室、池岸的铺装。

劈裂砖块

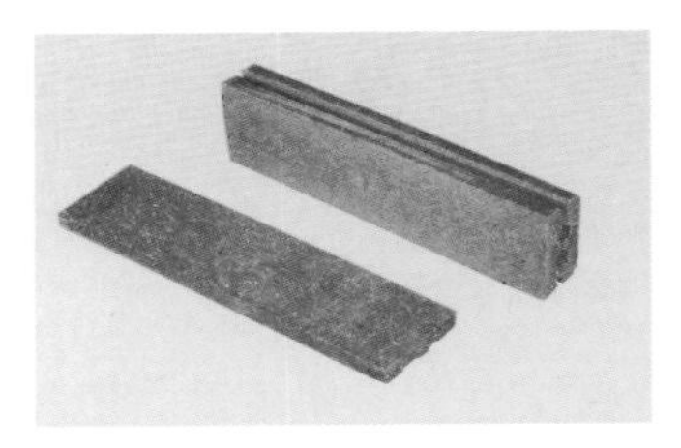

劈裂砖(条砖)

劈裂砖(围墙)

图3-2-12

二、建筑琉璃制品

建筑琉璃制品属于精陶制品，是以难熔黏土为原料，经配料、成型、干燥、素烧、表面施琉璃釉、烧结等工序制作而成。琉璃制品具有质地致密、表面光滑、不易沾污、经久耐用、色彩丰富、极具中国传统建筑构作的特征。

琉璃制品的品种很多，主要有琉璃瓦、琉璃砖、琉璃兽、琉璃花窗、栏杆等装饰制品以及琉璃桌、绣墩、花盆、花瓶等陈设用工艺品，另外还有琉璃壁画等。

按用途可分为传统建筑琉璃制品和现代建筑琉璃制品，前者多用于我国古典建筑中构件和屋面，后者主要用于现代建筑中室内外立面的装饰装修。

三、卫生陶瓷制品

卫生陶瓷是指由黏土、石英粉、长石粉等原料经注浆成型至烧制施釉一系列过程制作而成的卫生洁具及配件（图3-2-13）。它具有结构致密、气孔率小、吸水率小、耐腐、易清洁、热稳定性好等特点，多用于厨房、卫生间、实验室等空间。

我国生产的卫生陶瓷制品多属半瓷和瓷质的。近年来卫生洁具所使用的材料开始由传统陶瓷发展到玻璃钢、亚克力、玻璃、金属等多种材料，为人们提供了更多的选择。

常用的陶瓷洁具有洗面器、便器、洗涤器、浴缸等。

1. 洗面器

洗面器的造型多样，有圆形、椭圆形、方形、长方形、多边形、三角形、艺术型及深盆型等。

按安装方式可分有挂式、立柱式、台式三种。目前室内装修中大多采用台式安装。按材质可分为釉陶瓷、人造大理石、人造玛瑙、亚克力、玻璃、不锈钢、搪瓷等。按台盆位置分为台上盆、台下盆、一体式台盆等。

2. 便器

便器包括大便器、小便器、洗涤器等。

3. 浴缸

浴缸的类型多样。

按结构分有裙板浴缸、自立式浴缸、半角式浴缸、配淋浴屏浴缸。

按底部结构分有带防滑层式、平面底式、弧形底式浴缸等。

按材质分有钢板搪瓷、铸铁搪瓷、亚克力、人造大理石、人造玛瑙、不锈钢、玻璃钢浴缸等。

按浴缸的造型分有方形、长方形、三角形、圆形、多边形浴缸。按同时使用人数有单人、双人、多人型浴缸。按安装位置分有搁量式浴缸、埋入式浴缸等。

按功能分有坐式浴缸、卧室浴缸、按摩浴缸、带花洒浴缸、带扶手浴缸。

图3-2-13　卫生间陶瓷洁具组合效果

第三节　装修陶瓷的构造

陶瓷种类十分多样，各品种之间各有特色和优点，应用范围亦有所差别。但由于其组成原料基本相似，所以在其安装构造方法上也基本相同。大致分为湿贴和干挂两大类别。

1. 墙面砖湿贴工艺

（1）基层抹底灰。底灰为1：3的水泥砂浆，厚度15 mm，分两遍抹平。

（2）铺贴面砖。先做粘结砂浆层，厚度应不小于10 mm。砂浆可用1：2.5水泥砂浆，也可用1：0.2：2.5的水泥石灰混合砂浆。如在1：2.5水泥砂浆中加入5%～10%的107胶，粘贴效果则更好。

（3）做面层细部处理。在瓷砖贴好后，用1：1水泥细砂浆填缝，再用白水泥勾缝，最后清理面砖的表面。

具体构造见图3-3-1至图3-3-3所示。

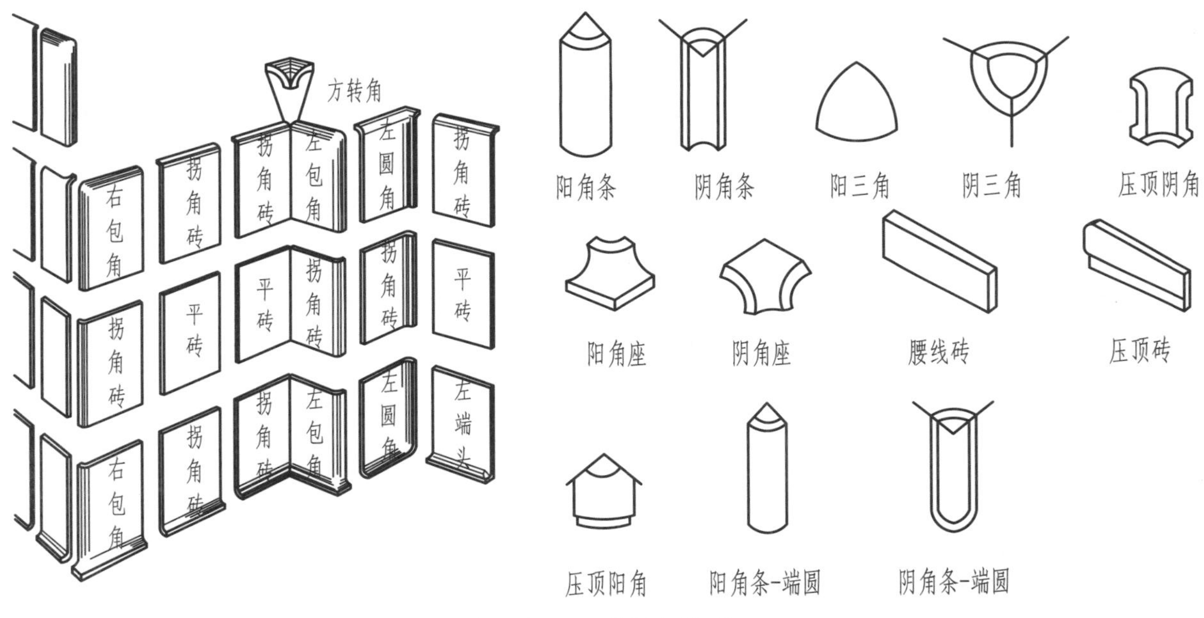

图3-3-1　内墙瓷砖纵贴法

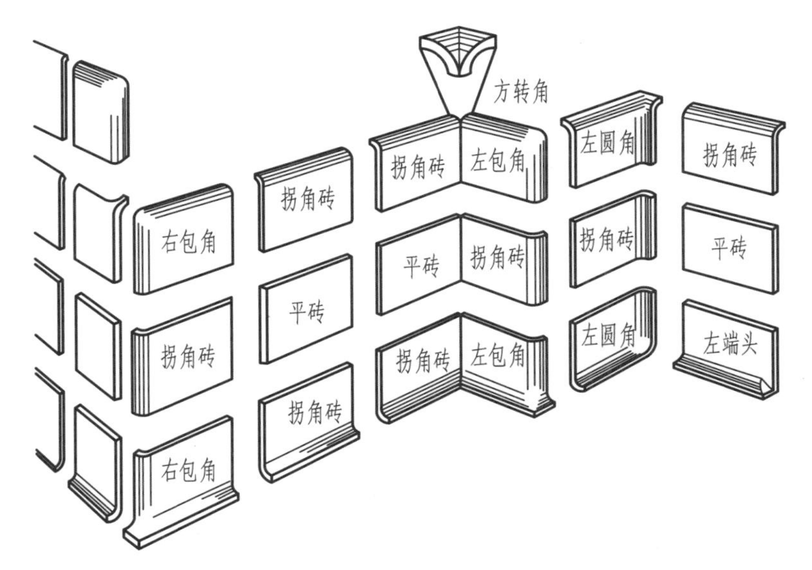

图3-3-2　内墙瓷砖横贴法

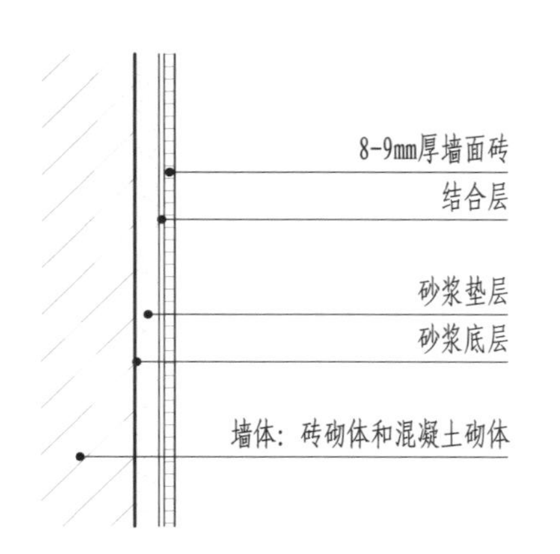

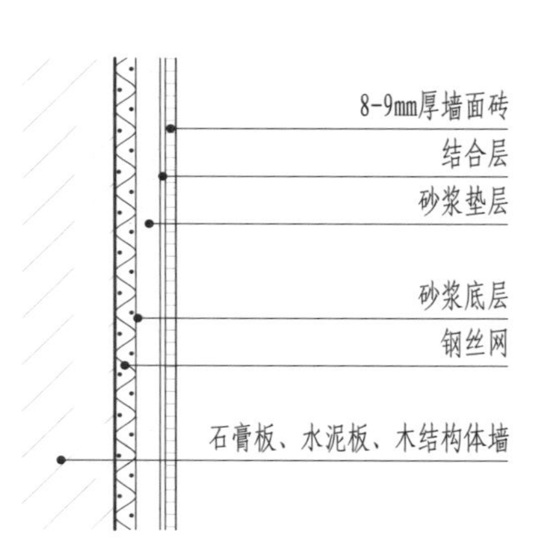

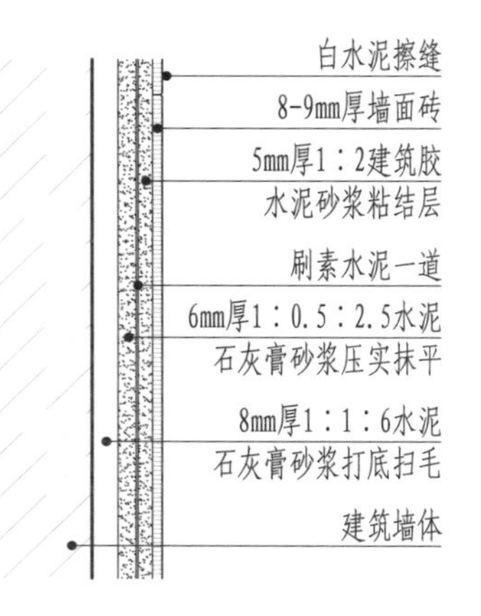

图3-3-3 墙面砖的湿贴法构造

2. 墙面砖干挂工艺（又称螺栓和卡具固定工艺）

墙面砖采用干挂法进行安装时，需要在基层的适当部位放置4#角钢连接件，用M10金属膨胀螺栓与墙体固定，竖向主龙骨采用6#槽钢，横向次龙骨采用4#角钢，安装前打好孔，用于安装与墙砖相连接的不锈钢背栓干挂件。在饰面墙砖的底面上开槽钻孔，然后用背栓干挂件和墙砖膨胀固定，最后进行勾缝和压缝处理。具体见图3-3-4至图3-3-7所示。

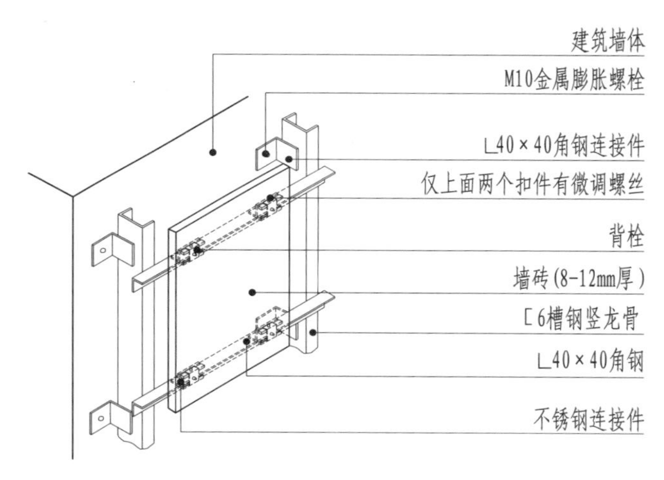

图3-3-4 墙面砖背栓挂件装配示意

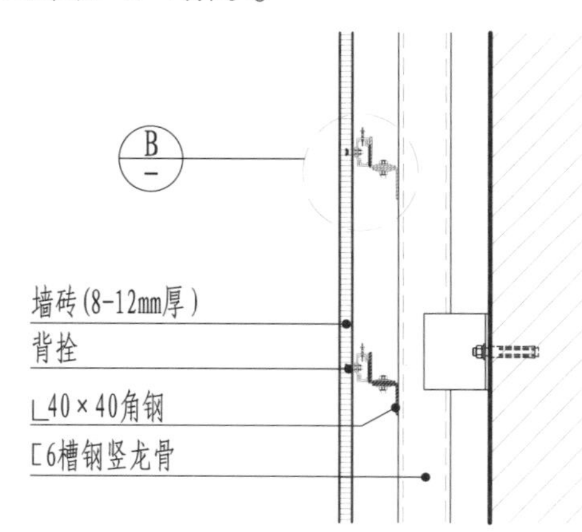

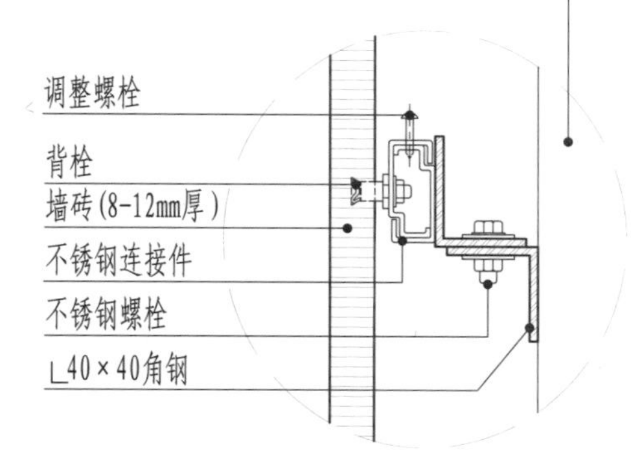

墙面砖背栓干挂构造（纵剖）

图3-3-5 墙面砖背栓干挂构造

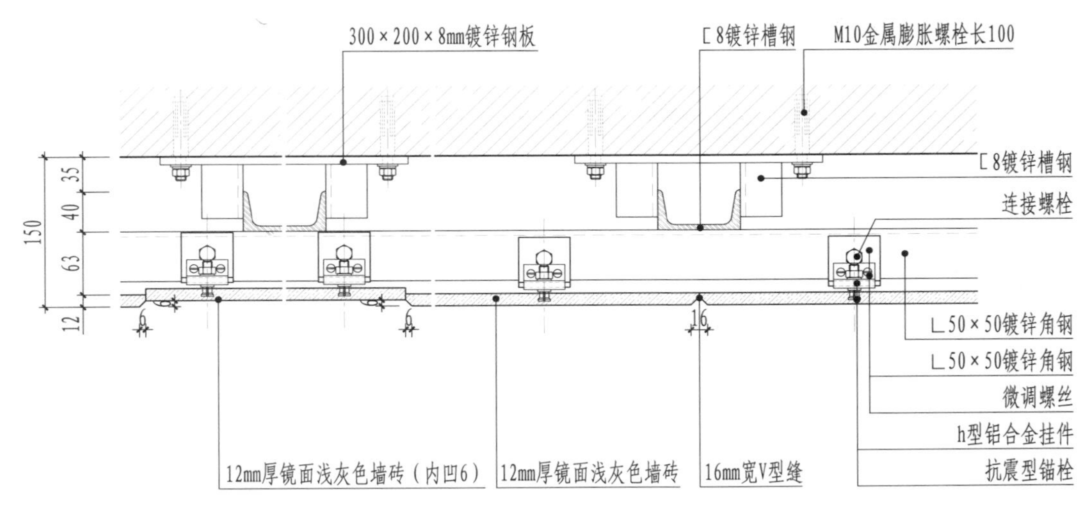

墙面砖背栓干挂构造(横剖)

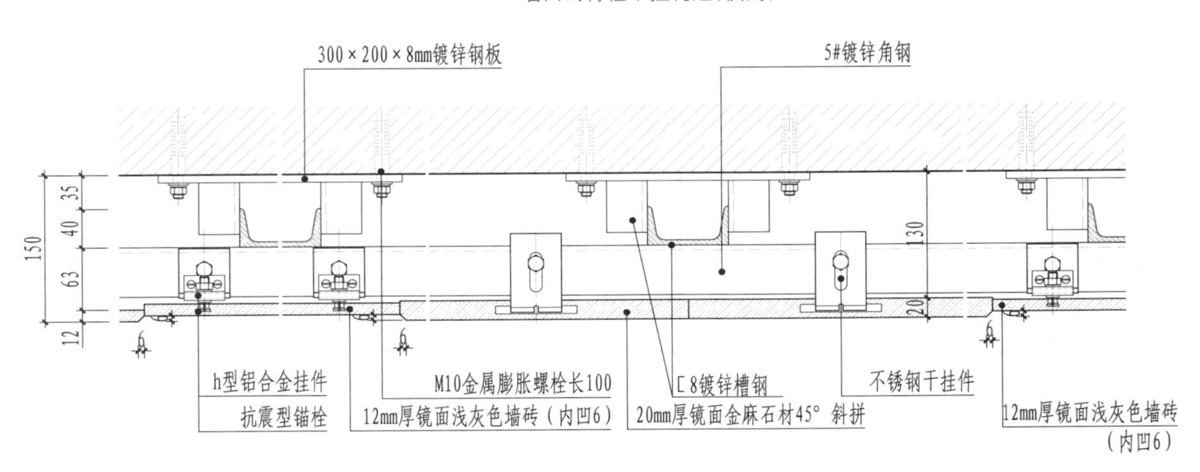

图3-3-6 墙面砖干挂装饰构造横剖图

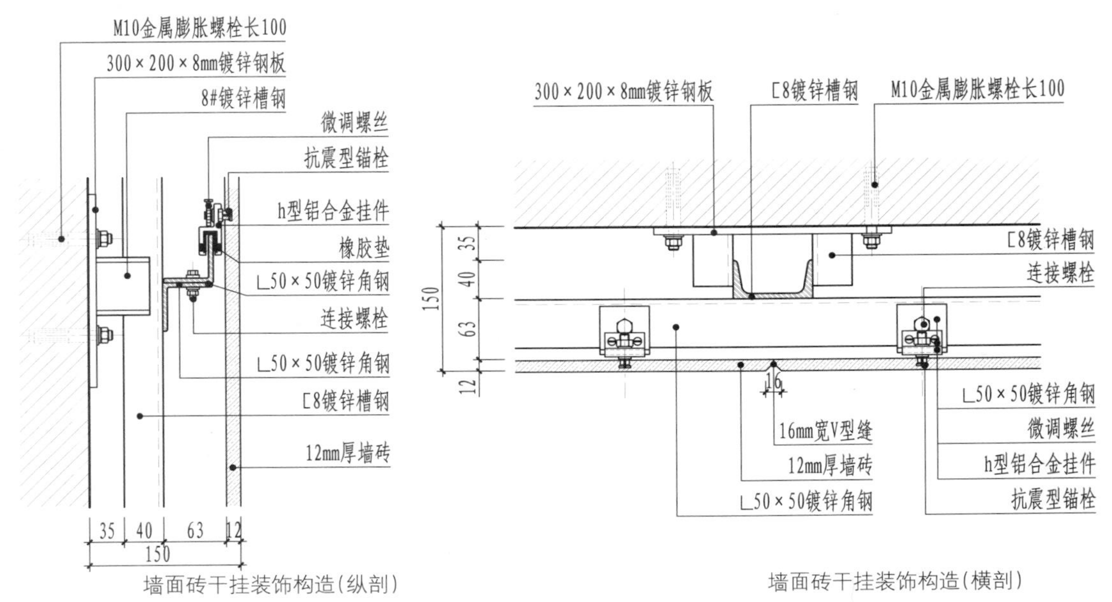

墙面砖干挂装饰构造(纵剖)

墙面砖干挂装饰构造(横剖)

图3-3-7 墙砖干挂装饰构造

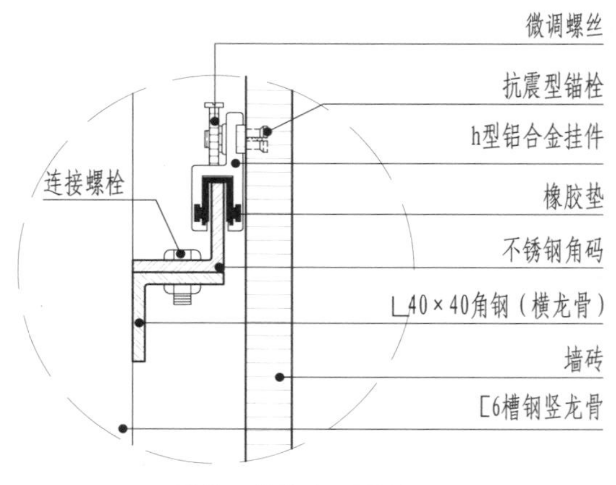

h型背栓干挂构造图(纵剖)

续图3-3-7

复习参考题

1. 简述陶瓷的主要类别及各自特点。

2. 陶瓷装饰制品主要有哪几类，简述各自在装修中的应用。

3. 简述两种常见陶瓷墙地砖的特点、用途及常见规格。

4. 简述劈裂砖的特点及应用范围。

5. 按位置不同，陶瓷洗面器可分为哪几种类型？

6. 装修陶瓷面砖的主要构造方法有哪两类？并简述各自的施工方法。

7. 绘制一例墙面砖干挂构造图。

装饰材料与构造

第四章 装修玻璃

【学习目标】

了解装修玻璃的基本特性和各自的优缺点，

在熟悉装饰构造一般要求和基本方法的基础上，

重点掌握顶棚、墙面、楼地面、柱体和门窗的基本构造方法，

以利于更好地完成材料选择和构造设计等工作。

【建议学时】

3学时

第一节　装修玻璃的特点及加工

一、装修玻璃的特点

玻璃是现代室内装修中常用的材料之一。玻璃的组成主要有石英砂、纯碱、石灰石等无机氧化物，这些材料经过高温与某些辅助性原料熔融，成型后冷却而形成的固体即为玻璃。玻璃的主要化学成分包括SiO_2、Na_2O和CaO，属于无定型的均质材料。建筑玻璃特点如下：

① 玻璃的密度高达2450~2550 kg/m²，孔隙率接近零，可称得上是绝对密实的一种材料。

② 玻璃具有极佳的光学性质，可透光，同时又能吸收和反射光，适用于采光、照明与装饰。

③ 玻璃的抗压强度高，抗拉强度低，属于脆性材料，导热系数小，仅为铜的1/100，可作为保温绝热材料；化学稳定性好，对大多数酸碱（FH酸除外）具有抗腐蚀性能。

④ 玻璃具有一定的隔音性能，其隔音性能的高低主要取决于化学成分、生产工艺及结构造型。

由于具有以上种种优良性能，玻璃在现代室内装饰装修中得到广泛使用，且随着各种需求的增加和制作工艺的提高，如今的玻璃向着多品种、多种功能方向发展。如从单纯的采光、装饰逐渐发展到可控制光线、调节热量、控制噪音、降低建筑自重、节约能源、改善室内的环境。越来越多的新型玻璃为其在室内装饰装修工程中的应用提供了更大的可能性。

二、装修玻璃的加工

玻璃的成型因制品的种类而异，但其过程基本上可分为配料、熔化和成型三个阶段，一般采用连续性的工艺过程，如图4-1-1所示。

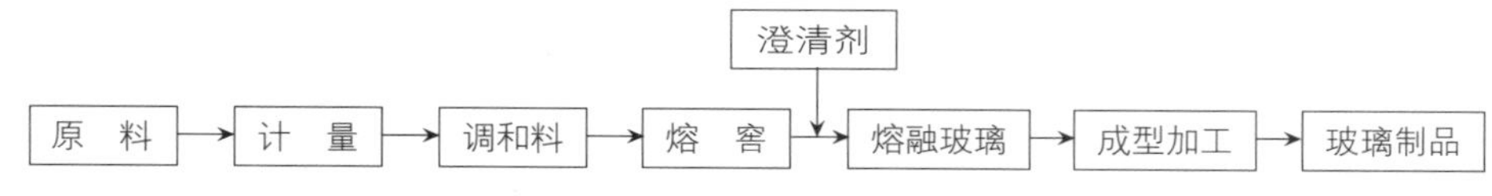

图4-1-1　玻璃成型过程

1. 玻璃的熔制

玻璃的熔制是玻璃生产中很重要的环节，包括一系列物理的、化学的现象和反应，将配料经过高温熔融，形成均匀无气泡、符合成形要求的玻璃液的过程。

从工艺角度而论，大致可以分为硅酸盐的形成、玻璃的形成、澄清、均化和冷却五个阶段。常规玻璃熔制过程以及所产生的反应、生成物和工艺条件的说明如表4-1所示。

表4-1　常见玻璃熔制的过程

阶　段	反　应	生成物	熔制温度
1. 硅酸盐的形成	石英结晶的转化，Na_2O和CaO的生成，各组成分互相反应	硅酸盐和SiO_2组成的烧结物	800 ℃~900 ℃
2. 玻璃的形成	烧结物熔化，同时硅酸盐与SiO_2互相溶解	带有大量气泡和不均匀条缕的透明玻璃液	1200 ℃
3. 澄清	玻璃液粘度降低，开始放出气态混杂物（加澄清剂）	去除可见气泡的玻璃液	1400 ℃~1500 ℃
4. 均化	玻璃液长期保持高温，其化学成分趋向均一，扩散均化	消除条缕的均匀玻璃液	低于澄清温度
5. 冷却		玻璃液达到可成型的黏度	200 ℃~300 ℃

2. 玻璃的成型

玻璃的成型是将熔融的玻璃液加工成具有一定形状和尺寸的玻璃制品的工艺过程。

常见的玻璃成型方法有压制成型、吹制成型、拉制成型和压延成型。

（1）压制成型。压制成型是在模具中加入玻璃熔料加压成型，多用于玻璃盘碟、玻璃砖等。

（2）吹制成型。吹制成型是将玻璃粘料压制成雏形型块，然后将压缩气体吹入处于热熔态的玻璃型块中，使其吹胀成中空制品。吹制成型可通过机械吹制成型或人工吹制成型，用来制造瓶、罐、器皿、灯泡等。

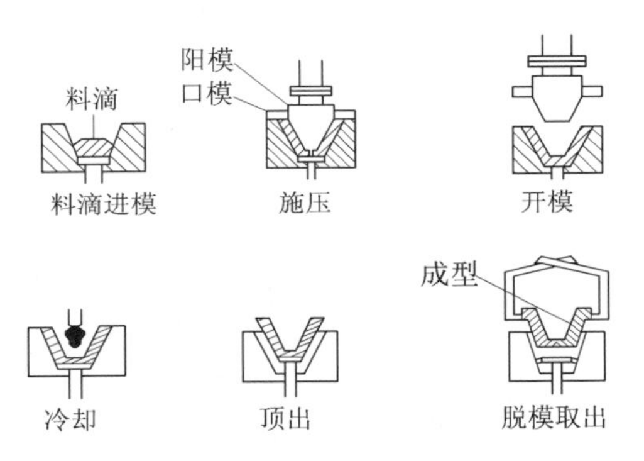

图4-1-2 压制成型工艺

（3）拉制成型。拉制成型是利用机械拉引力将玻璃熔体制成制品，分为垂直拉制和水平拉制两种，主要用来生产平板玻璃、玻璃管、玻璃纤维等。

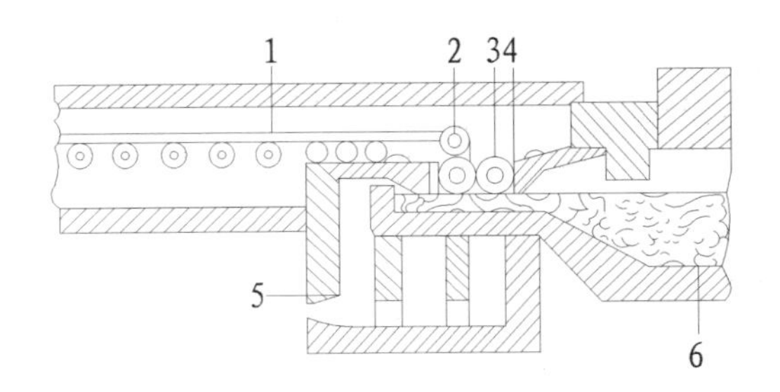

1. 玻璃板 2. 转动辊 3. 成型辊 4. 水冷挡板
5. 燃烧器 6. 熔融玻璃

图4-1-3 拉制成型工艺

（4）压延成型。压延成型是用金属辊将玻璃熔体压成板状制品，分为平面压延成型与辊间压延成型，主要用来生产压花玻璃、夹丝玻璃等。

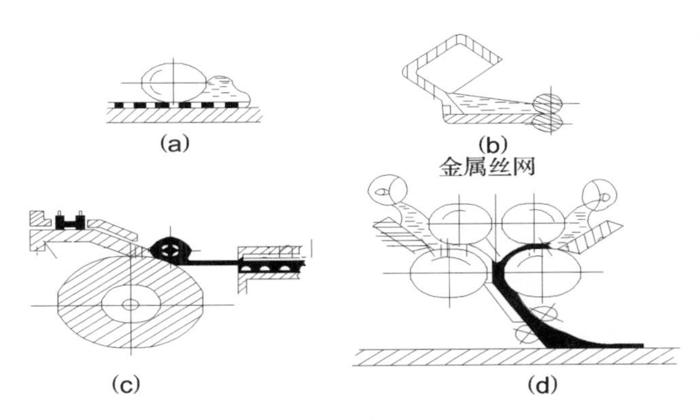

(a) 压延成型 (b) 辊间压延 (c) 延续压延 (d) 加丝压延

图4-1-4 压延成型工艺

3. 玻璃的热处理

玻璃制品在生产中受到温度和结构的变化会降低其强度和热稳定性，导致在冷却、存放和机械加工过程中破裂或者造成玻璃制品光学性质的不均匀。因此，玻璃制品成型后都要经过热处理。

玻璃制品的热处理，一般包括退火和淬火两种工艺。退火是减小或消除玻璃制品中热应力的热处理过程，对光学玻璃和某些特种玻璃制品，通过退火可使内部结构均匀，以达到要求的光学性能。淬火是使玻璃表面形成一个均匀分布的压力层，提高玻璃制品的机械强度和热稳定性。淬火后的玻璃，俗称“钢化玻璃”。

4. 玻璃制品的二次加工

成型后的玻璃制品，除极少数能符合要求外(如瓶罐等)，大多数须作进一步加工。玻璃制品的二次加工可分为冷加工、热加工和表面处理三大类。

玻璃制品的冷加工，是指在常温下通过机械方法来改变玻璃制品外形和表面状态所进行的工艺过程。冷加工的基本方法包括研磨、抛光、切割、喷砂、钻孔和车刻等。

（1）研磨。研磨是为了去除玻璃制品的表面缺陷或成形后残存的凸出部分，使制品获得所要求的形状、尺寸和平整度（图4-1-5）。

图4-1-5 玻璃研磨

（2）抛光。抛光是通过使用抛光材料，以消除玻璃表面在研磨后仍残存的凹凸层和裂纹，从而获得平整光滑的表面（图4-1-6）。

图4-1-6 玻璃抛光

（3）切割。切割是利用金刚石或硬质合金刀具，对玻璃表面进行划割，使之在划割处断开的加工过程（图4-1-7）。

图4-1-7 玻璃切割

（4）磨边。磨边是为磨除玻璃边缘棱角和粗糙截面（图4-1-8）。

（5）喷砂。喷砂是通过使用喷枪，以压缩空气为动力，将相关材料喷射到玻璃表面，以形成各种图案花纹或者文字的加工方法（图4-1-9）。

（6）钻孔。钻孔是利用硬质合金钻头、钻石钻头或超声波等方法对玻璃制品进行打孔。

（7）车刻。车刻又称刻花，是用砂轮在玻璃制品表面刻磨图案的加工方法（图4-1-10）。

玻璃磨边机　　玻璃磨边后效果

图4-1-8

4-1-9 玻璃喷砂后效果

图4-1-10 玻璃刻花工艺

第二节 装修玻璃制品

玻璃在建筑装饰上的功能较多，主要可分为普通玻璃、安全玻璃和特种玻璃三大类。

一、普通玻璃

普通玻璃是室内装饰装修中最基础的玻璃材料，安全玻璃和特种玻璃多是以其为基础进行深加工而成。普通玻璃是普通无机类玻璃的总称，主要分为平板玻璃和装饰玻璃两大类。

（一）普通平板玻璃

普通平板玻璃是指用引上法、平拉法、压延法和浮法等生产工艺生产的板状玻璃。

（1）特性。普通平板玻璃具有良好的透光透视性能，透光率达到85％左右，紫外线透光率较低，具有一定程度的机械强度，材性较脆。

（2）应用。平板玻璃是玻璃中产量最大、使用最多的一种，主要用于门窗，起采光、围护、保温、隔声等作用。可二次深加工制造成钢化玻璃、夹丝玻璃、夹层玻璃、中空玻璃和特种玻璃。用作高级建筑、火车、汽车、船舶的门窗挡风采光玻璃，以及制作电器设备的屏幕等。

普通平板玻璃的常见品种有引拉法玻璃和浮法玻璃。

1. 引拉法玻璃

引拉法玻璃是将玻璃液通过特定机关设备制成玻璃带，并向上或水平指引，经退火、冷却等工艺生产出的一种平板玻璃。

引拉法玻璃按厚度不同，分为2 mm、3 mm、4 mm、5 mm、6 mm五类。一般引拉法玻璃的长宽比不应大于2.5，其中2 mm、3 mm厚玻璃尺寸不得小于400×300 mm，4 mm 、5 mm、6 mm厚玻璃的尺寸不得小于600×400 mm。

2. 浮法玻璃

浮法玻璃是将玻璃液漂浮在金属液面上，控制成不同厚度的玻璃带，经退火、冷却而制成的一种平板玻璃。

浮法玻璃表面光滑、厚度均匀，且操作成型简易、质量好，易于实现自动化，所以是目前生产量较大、应用面较广的一种玻璃。

浮法玻璃按厚度不同分为3 mm、4 mm、5 mm、6 mm、8 mm、10 mm、12 mm。按国家标准规定，浮法玻璃尺寸一般不小于1000 ×1200 mm，不大于2500 ×3000 mm。

（二）装饰平板玻璃

装饰平板玻璃的表面具有一定的色彩、图案和质感，与其他类型玻璃相比更具装饰效果。目前较为常见的装饰平板玻璃的品种有毛玻璃、彩色玻璃、花纹玻璃和镭射玻璃等。这些品种的玻璃由于均是由普通平板玻璃加工而成，因此其规格亦与平板玻璃相同。

1. 毛玻璃

毛玻璃又称磨砂玻璃，是通过手工研磨、机械喷砂或氢氟酸腐蚀的方法，将普通平板玻璃的表面处理成不同程度的粗糙面。由于表面粗糙，因此当光照射到毛玻璃上时会产生漫反射，从而具有透光而不透视的效果（图4-2-1）。

图4-2-1 透明玻璃局部磨砂的装饰效果

（1）特性。光线透过毛玻璃时不眩目、不刺眼。

（2）应用。毛玻璃主要用于有遮挡视线要求的装饰部位，如卫生间、浴室和办公室的门窗上，也可作为黑板或室内灯箱的面层板。毛玻璃在安装时应将毛面朝向室内。

2. 彩色玻璃

彩色玻璃又称有色玻璃，具有丰富的色彩。在室内应用彩色玻璃，不仅玻璃本身具有装饰性，而且能改变光线的色彩，同时在装饰装修工程中，还可用不同色彩的彩色玻璃拼成图案花纹取得独特的艺术效果。由于制作工艺的不同，彩色玻璃可呈现出不同的透明程度，包括透明、半透明和不透明三种。

（1）特性。透明彩色玻璃是在普通平板玻璃的制作原料中加入氧化钴、氧化铜、氧化铬、氧化铁或氧化锰等金属氧化物，使玻璃呈现不同色彩。调整加入金属氧化物的量，可使玻璃表面的颜色产生不同的深浅度。彩色玻璃的装饰性好，具有耐腐蚀、易清洁的特点。

半透明的彩色玻璃是在透明彩色玻璃表面进行喷砂处理，使其既具有透光不透视的性能，又有不同色彩的装饰效果。

不透明玻璃又称彩釉玻璃，是利用滚筒印刷或丝网印刷的方法，将无机或有机釉料印制在玻璃的表面。采用无机釉料时要高温烧结，采用有机釉料时则是用烘干炉将釉料固化在玻璃的表面上，因而前者耐久性、耐温性等优于后者，但有机釉料的成本低、工艺简单。

（2）应用。在建筑装饰中，彩色玻璃不仅有各种颜色，而且还可以用不同颜色的彩色玻璃拼成一定的图案花纹，以取得某种艺术效果。彩色玻璃主要用于建筑物的门窗、内外墙面和对光线有色彩要求的建筑部位，如教堂的门窗和采光屋顶、幼儿园的活动室内门窗等处（图4-2-2）。

3. 花纹玻璃

花纹玻璃是在玻璃表面用各种不同的制作方法使其具有花纹图案，从而产生特殊的装饰效果。花纹玻璃的品种主要有压花玻璃、雕花玻璃、印刷玻璃、冰花玻璃和镭射玻璃等。

1）**压花玻璃**

压花玻璃是将熔融的玻璃液在冷却的过程中用带有花纹图案的辊轴压延而成的。

压花玻璃可制成单面压花和双面压花两种。由于具有透光不透视的特点，因此能够起到一定的遮挡视线的作用，可用于卫生间门窗、办公空间的隔断等处（图4-2-3）。

图4-2-2 彩色玻璃的应用效果

图4-2-3 压花玻璃

由于压花玻璃的花形图案和沾水程度会影响其透光透视性能，如菱形和方形花纹的压花玻璃在人靠近玻璃时，能够看清楚玻璃内侧的情况，因而在安装时应根据使用场所的具体情况而定。

2）**雕花玻璃**

雕花玻璃是采用机械加工或经化学制剂腐蚀，使普通平板玻璃的表面呈现出各种花形图案的一种装饰性玻璃。

雕花玻璃图案丰富、立体感强，有很强的装饰效果，可用在商业、娱乐、休闲场所的隔断及吊顶等部位（图4-2-4）。花形图案可根据设计要求制定。

雕花玻璃的常见厚度有5 mm、6 mm、8 mm、10 mm。

图4-2-4 雕花玻璃的应用效果

3）**印刷玻璃**

印刷玻璃是利用印刷技术将特殊的材料印制在普通平板玻璃上的一种装饰玻璃（图4-2-5）。其特点是，在印刷处不透光，而露空处透光，有特殊的装饰效果。可用于商业、娱乐、休闲场所的门窗及隔断部位。

图4-2-5
印刷玻璃的应用效果

4）**冰花玻璃**

冰花玻璃的表面具有天然冰花纹理，其花纹自然、装饰感强，且有透光不透视的特点，犹如蒙上一层薄纱，令光线柔和，可避免产生眩光，具有温馨典雅之感（图4-2-6）。因此，冰花玻璃常用来制造柔美浪漫的室内环境，多用于宾馆、酒店、茶楼、餐厅和家庭居室等场所的门窗、隔断处。

图4-2-6
冰花玻璃

5）**镭射玻璃**

镭射玻璃是经过特殊工艺处理后，使普通玻璃的表面构成全息或其他几何光栅，在光线照射下能产生彩光的装饰效果的一种玻璃。

镭射玻璃经照射所产生的艳丽的色彩和图案可因光线的变化而变化(图4-2-7)。因此具有特殊的装饰效果。适用于休闲场，所如商场的装饰部位。

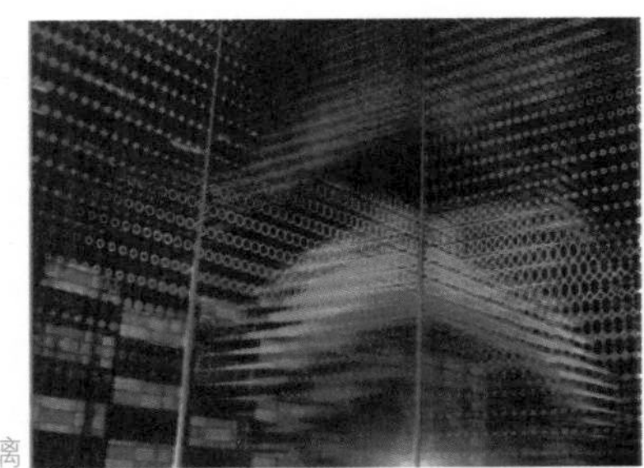

图4-2-7 镭射玻璃

二、安全玻璃

安全玻璃是具有特殊用途的一类玻璃，其在遭到破坏时不易破碎或破碎时不易伤人，能起到一定的安全防护作用。安全玻璃包括钢化玻璃、夹层玻璃、夹丝玻璃等。

1. 钢化玻璃

钢化玻璃是将普通平板玻璃均匀加热至600 ℃~650 ℃后，喷射压缩空气使玻璃表面迅速冷却制成的一种玻璃。

（1）特性。与普通玻璃相比，钢化玻璃具有很高的物理力学性能，抗折强度是同等厚度普通玻璃的4.5倍。钢化玻璃破碎后呈颗粒状，不易伤人，安全性较高。同时钢化玻璃还具有弹性好、热稳定性能强等优点。

应注意的是钢化玻璃不能切割、磨削，边角不能碰击挤压，需按现成的尺寸规格选用或根据具体设计图纸进行加工定制。用于大面积的玻璃幕墙的玻璃在钢化程度上要予以控制，以避免受风荷载引起震动而自爆。

（2）应用。由于钢化玻璃具有较好的机械性能和热稳定性，所以在建筑工程、交通工具及其他领域内得到了广泛的应用，具体包括建筑室内外玻璃幕墙、室内玻璃隔断以及门窗、栏杆、橱窗等要求安全的场所及部位（图4-2-8）。需要在玻璃上开孔、裁切就必须在钢化前确定，钢化后无法再进行机械加工。另外，钢化玻璃因撞击后破碎呈颗粒粉碎状，故有被撞击可能的玻璃必须钢化。

（3）规格。最大宽度2.0~2.5 m，最大长度4.0~6.0 m，厚度为2 mm~19 mm不等。

钢化玻璃装饰柜

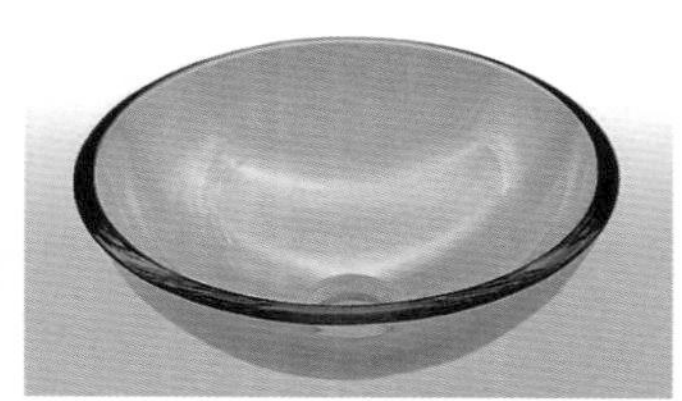

钢化玻璃台盆

图4-2-8

2. 夹丝玻璃

夹丝玻璃又称防碎玻璃或钢丝玻璃，是当普通玻璃加热至软化状态时，将预热处理好的金属网或金属丝压入而制成的玻璃（图4-2-9）。

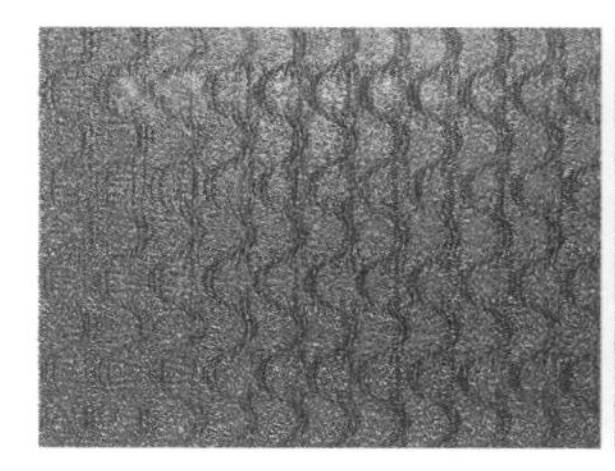

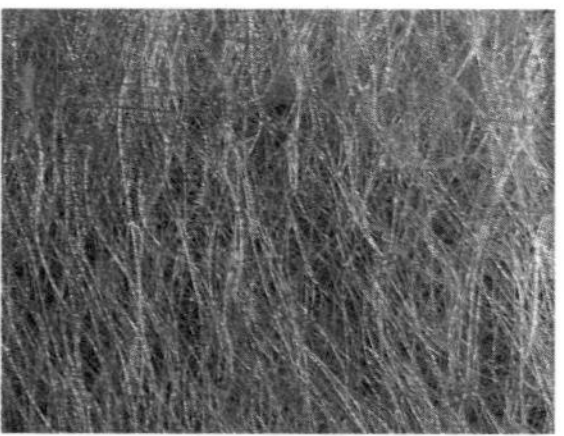

图4-2-10 夹丝玻璃

（1）特性。由于金属丝与玻璃粘结在一起，起到骨架作用，可提高玻璃的抗折强度。在玻璃受到冲击或温度巨变时，内部钢丝能使玻璃裂而不散，避免了玻璃碎片飞溅伤人，同时还可起到隔绝火势的作用。因而夹丝玻璃又称防火玻璃。

（2）应用。主要应用于天窗、天棚、阳台、楼梯、电梯井、防火门窗以及易受震动的门窗等处。

当夹丝玻璃被裁切后，其切口边缘处的强度较低，应在安装时注意对切口处进行防锈处理，填入缓冲材料以防止变形开裂。

夹丝玻璃的基板可以是普通玻璃，也可以是彩色玻璃或花纹玻璃等。采用不同基板可产生不同的装饰效果。

（3）规格。常用的长度和宽度的尺寸有1000×800 mm、1200×900 mm、2000×900 mm、1200×1000 mm和2000×1000 mm等。常用厚度有6 mm、7 mm、10 mm。

3. 夹层玻璃

夹层玻璃是在两张或多张平板玻璃之间夹入一层透明的PVB薄膜材料，经热压粘合而成的一种安全玻璃（图4-2-10）。

（1）特性。当夹层玻璃破碎时，碎片仍粘在薄膜上，玻璃表面保持一个整体而没有碎落的玻璃片，因而十分安全。同时夹层玻璃具有极强的抗震、防爆、防盗能力，且能隔音、防水、防紫外线。

图4-2-10 夹层玻璃

（2）应用。夹层玻璃广泛应用于商业空间、银行门窗、陈列架、天窗、隔墙等安全性能要求高的场所或节点部位。水下用玻璃应选0用钢化夹层玻璃，屋面玻璃最高点离地面大于5 m时，也必须使用夹层玻璃。

（3）规格。夹层玻璃的常见规格为2 mm+3 mm、3 mm+ 3 mm、5 mm+5 mm 等。

夹层玻璃的基板和夹丝玻璃一样，也可有多种选择。按玻璃层数的不同还可分为二层夹层玻璃和多层夹层玻璃，常用层数有2、3、5、7层，最大层数可达9层。

夹层玻璃极难裁割，因此其尺寸是根据要求向厂家预先订制的。

三、特种玻璃

特种玻璃有中空玻璃、吸热玻璃、热反射玻璃、变色玻璃、电热玻璃、泡沫玻璃、热弯玻璃、异形玻璃、复合防火玻璃等类型。

1. 中空玻璃

中空玻璃是在两片或多片平板玻璃中间夹有干燥空气层或惰性气体层，边部以有机密封剂密封而制成的一种玻璃（图4-2-11）。密闭的干燥气体层具有良好的保温、隔热、防霜露性能，同时亦能起到较好的隔音效果。

根据所采用的玻璃基片不同，中空玻璃可分为普通中空、吸热中空、钢化中空、夹层中空、热反射中空玻璃等。其光学性能与玻璃原片的性能有很大关系，可见光透视范围为10%～80%，光反射率为25%～80%。

中空玻璃主要应用于需要采暖、有保温要求以及要求隔热、隔音、防止冷凝露水的地方，如住宅、宾馆、商场、医院、办公楼等。

中空玻璃一般不能切割，可按要求向厂家订制。

图4-2-11 中空玻璃

2. 吸热玻璃

吸热玻璃是既能吸收阳光中大量的红外线辐射热，同时又能使可见光透过，保持良好透视性的玻璃（图4-2-12）。吸热玻璃可采用两种方法制得：本体着色法和表面喷涂法。本体着色法是在普通玻璃中加入一定量的具有吸热性能的着色氧化物(如氧化亚铁、氧化镍等)；而表面喷涂法则是在玻璃表面喷涂一层具有吸热性能的物质，使玻璃着色并具有吸热特性。

吸热玻璃主要用于建筑外墙的门窗，特别适合用于炎热地区的建筑中。

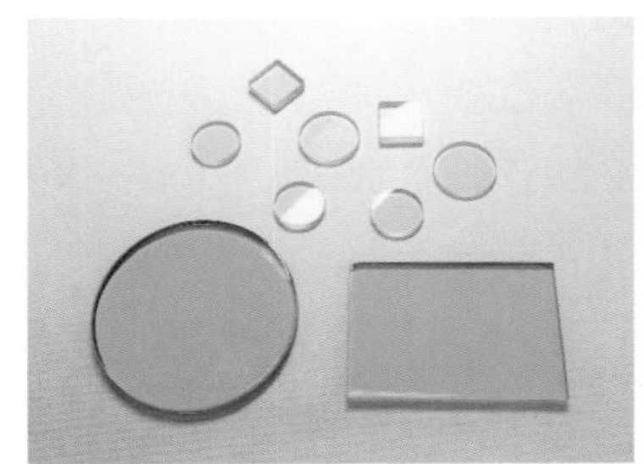

图4-2-12 吸热玻璃

3. 热反射玻璃

热反射玻璃是在平板玻璃的表面用物理或化学方法涂覆一层金属或金属薄膜而制成的玻璃。其表面膜层对太阳有较高的反射能力，反射率在30%~60%之间，并能使玻璃具有良好的隔热性能，使人感到清凉舒适。热反射玻璃的迎光面具有镜子的映像功能，而其背面又有透视性，因此具有良好的单向透视性(图4-2-13)。

图4-2-13 镀膜玻璃

单面镀膜的热反射玻璃应在安装时将膜层面向室内，可提高膜层的使用寿命并取得较好的节能效果。

热反射玻璃主要应用于炎热地区的建筑门窗、玻璃幕墙以及需私密隔音的部位，也用作高性能中空玻璃的玻璃原片。

热反射玻璃的规格为1600×2100 mm、1800×2000 mm、2100×3600 mm等。常用的厚度规格有3 mm、6 mm等。

4. 变色玻璃

变色玻璃主要分为光致变色玻璃和电致玻璃两种。光致变色玻璃是一种会随光线增强而改变颜色的玻璃。当受到光照时，玻璃体内分离出卤化银的微小晶体，产生色素；当光照停止时，又恢复玻璃原来的颜色深浅。此种玻璃由于光线强弱而变化颜色，可以自动调节室内的光线，起到隔热保温的作用。光致变色玻璃没有明确的规格，主要是按照需要进行加工。

电致变色玻璃是指玻璃的光学属性（反光率、透射率、吸收率等）在外加电场的作用下，发生稳定、可逆的颜色变化的现象，在外观上表现为颜色和透明度的可逆变化（图4-2-14）。

由于制作变色玻璃耗银量大，成本高，因此其使用也受到一定限制。

电源开启时效果

电源关闭后效果

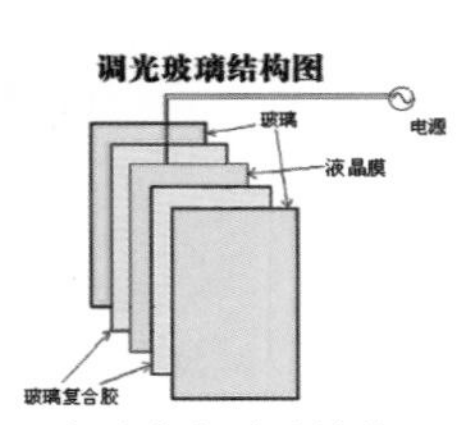

电致变色玻璃结构

图4-2-14 电致变色玻璃

5. 电热玻璃(防霜玻璃)

电热玻璃有电阻丝加热和导电膜加热两种，可以通过接通电源很快融化凝结在玻璃上的霜雪结雾(图4-2-15)。它能自动控制温度，透光度好，不易破碎，安全可靠。

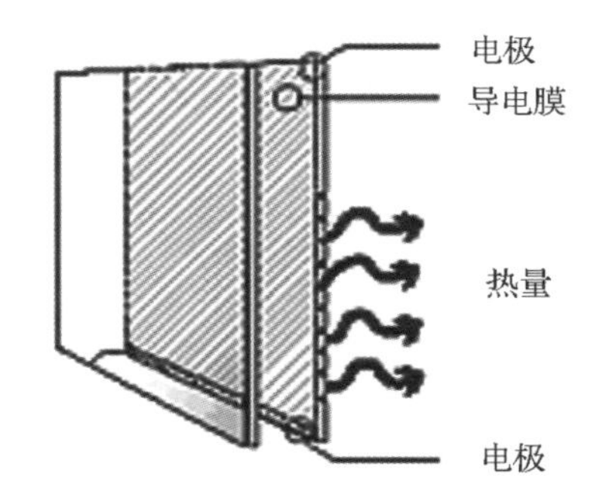

图4-2-15 电热玻璃结构

电热玻璃适用于严寒地区的建筑门窗、瞭望塔窗、调度指挥室及工业建筑的特殊门窗和车、船的挡风玻璃。

规格（长×宽×厚）：电阻丝加热玻璃的最大尺寸为1300×900×（10~30）mm，导电膜加热玻璃的最大尺寸为900×600×（10~30）mm。

6. 泡沫玻璃(多孔玻璃)

泡沫玻璃是利用废玻璃、碎玻璃，经球磨机磨细后加入发泡剂混拌均匀，再经烧结、退火、冷却加工而成，是一种多孔轻质玻璃（图4-2-16）。它具有不透水、不透气、防火防冻性能和隔热、吸音、不燃的特点，可锯、钻、钉，施工方便，经久耐用，是具有多种优异功能的装饰材料。

泡沫玻璃的用途很广，可作为影剧院、音乐厅和大礼堂墙面与顶棚的吸声材料、冷库的绝热材料以及建筑楼地面和屋面的保温材料等。

规格（长×宽×厚）为120×300×400 mm。

图4-2-16 泡沫玻璃

7. 热弯玻璃

热弯玻璃是将玻璃加热至软化点，然后在模具中成型的建筑装饰材料，一般采用真空磁溅射镀膜玻璃和热反射镀膜玻璃制成。它具有较高的热反射性能，且又能保持良好的透光性，造型大方，外形美观。

热弯玻璃主要用于建造采光避雨的露天阳台、安全走道、停车亭、露天餐厅、花房、温室、家具和弧形艺术造型等（图4-2-17）。

图4-2-17 用热弯玻璃制成的弧形茶几

热弯玻璃的最大尺寸长×宽×厚为2500×3500×（3~12）mm。

8. 异形玻璃

异形玻璃一般采用压延法、浇注法和辊压法制成。主要有槽形、波形、肋形、三角形、Z形和V形等品种。有无色的和彩色的，表面带花纹和不带花纹的，夹丝的和不夹丝的等。它有良好的透光、安全、隔热等性能，可节约能源、金属、木材和减轻建筑物自重等。

异形玻璃主要用作建筑物外部竖向非承重的围护结构、内隔墙、天窗、透明屋面、阳台和走廊的围护屏蔽以及月台、遮雨棚等（图4-2-18）。

异形玻璃没有明确的规格，主要是按照需要进行加工。

图4-2-18 异形玻璃

9. 复合防火玻璃

复合防火玻璃是用透明耐火粘结剂将两层或两层以上的平板玻璃粘合而成的一种夹层玻璃。在发生火灾时，玻璃夹层受热膨胀起泡，逐渐由透明物质转变为不透明的多孔物质，形成很厚的防火隔热层，起到保护作用。它具有一定的抗冲击强度，还有存放稳定性好以及适用环境、温度范围广等优点。

复合防火玻璃广泛适用于宾馆、影剧院、机场、车站、展览馆、医院及有防火要求的工业和民用建筑的室内防火门、窗和救火隔墙等（图4-2-20）。

规格（长×宽×厚）：防火门用玻璃的尺寸为200~700 mm×400~1600 mm。

防火门玻璃的尺寸为290~480 mm×680~1580 mm×10~18 mm。

防火隔墙用玻璃的尺寸为800~1200 mm×2000 mm。

图4-2-19 复合防火玻璃

10. 新型智能玻璃

随着新技术、新工艺、新材料的不断发展，近年来出现了越来越多的新型智能玻璃。

“冬暖夏凉的玻璃”是在玻璃的表面涂抹有超薄层的二氧化钒和钨的混合物，可以选择性地吸收和反射红外线，天气寒冷时能吸收红外线以提高室温，天气炎热时能反射红外线以降低室温、保持室内凉爽。

“不沾水的玻璃”是指在表面涂有薄层的纳米二氧化硅、磷酸钛化合物、氧化锡这三种物质，具有超亲水、防静电、防雾、防结露等特性。其中的超亲水特性是使水始终紧贴玻璃表面流动，遇到尘埃则会把尘埃也一起带走，使得整个玻璃面滴水不沾。

“可代替窗帘的玻璃”，这种玻璃的奥秘在于，它是两块普通玻璃中间加了层通电的液晶分子膜。当没有电流通过薄膜时，液晶分子在自由状态下呈无规律排列，入射光被散射，玻璃变暗；当通电施加磁场后，液晶分子呈垂直排列，允许入射光通过，玻璃便透明起来。也就是说，人们只需通过调整电压的高低即可调节玻璃的透光率，从而替代窗帘的开合。

这些新型智能玻璃虽然还因部分原因未能得到广泛的应用，但其优异的性能必将给建筑装饰装修带来无限的发展前景。

四、其他装修玻璃制品

1. 空心玻璃砖

空心玻璃砖是把两块经模压成型的玻璃周边密封成一个空心砖，中间充有干燥空气的一种玻璃制品。空心玻璃砖具有抗击打、保温绝热、不结露、防水、不燃、耐磨、透光不透视、装饰效果好等优点。其加工过程中主要采用有色玻璃或在腔内侧涂饰透明着色材料，以增加装饰性。

空心玻璃砖主要用于商场、公共建筑空间或居室空间的非承重墙、隔墙、天棚、地面、门窗等部位，使用时不得切割、不能承重。

空心玻璃砖的规格有190×190×80 mm、240× 240× 80 mm、240× 115× 80 mm、190 ×190×95 mm、145×145×95(80) mm、115×115×80 mm。

2. 玻璃马赛克

玻璃马赛克也称玻璃锦砖，是一种小规格的彩色饰面玻璃，生产工艺一般采用熔融法和烧结法两种。其品种多样，有透明、半透明、不透明的，有带金色、银色斑点或条纹的。它具有颜色绚丽、耐热、耐酸、耐碱等特性，不褪色，不受污染，历久常新。与水泥粘结性好，便于施工。

由于玻璃马赛克的良好性能，其广泛用作建筑物内外饰面材料或艺术镶嵌材料（图4-2-20至图4-2-22）。

规格：20×20 mm，30×30 mm，40×40 mm，厚度为4~6 mm。

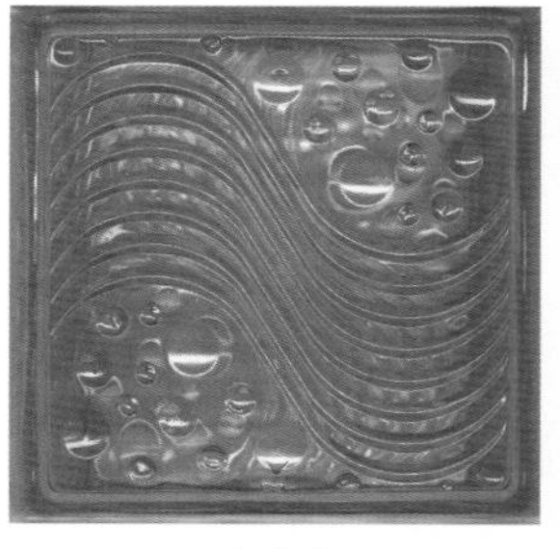

玻璃砖

玻璃砖隔断效果

图4-2-20

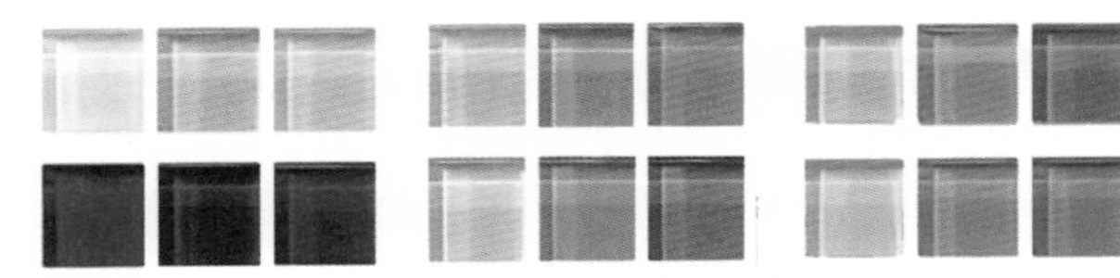

图4-2-21 玻璃马赛克

图4-2-22 用玻璃马赛克拼成的图案

第三节 装修玻璃在装饰装修中的构造类型及做法

一、玻璃的各种连接方式（图4-3-1）

二、钢化玻璃的常见施工工艺

1. 钢化玻璃隔断墙(图4-3-2至图4-3-4)

1）玻璃隔断下部固定方法

将50～100 mm长的4#角钢短料焊接在5#槽钢的两侧，然后用M10金属膨胀螺栓与地面固定。

2）玻璃隔断上部固定方法

5#槽钢和4#角钢组合钢架单片(间隔900 mm)，与顶面楼板用M10金属膨胀螺栓固定。

3）安装玻璃

在上下的5#槽钢内安装12 mm厚钢化玻璃，玻璃下面需加牛筋垫块，最后用泡沫条和玻璃胶将间隙密封。

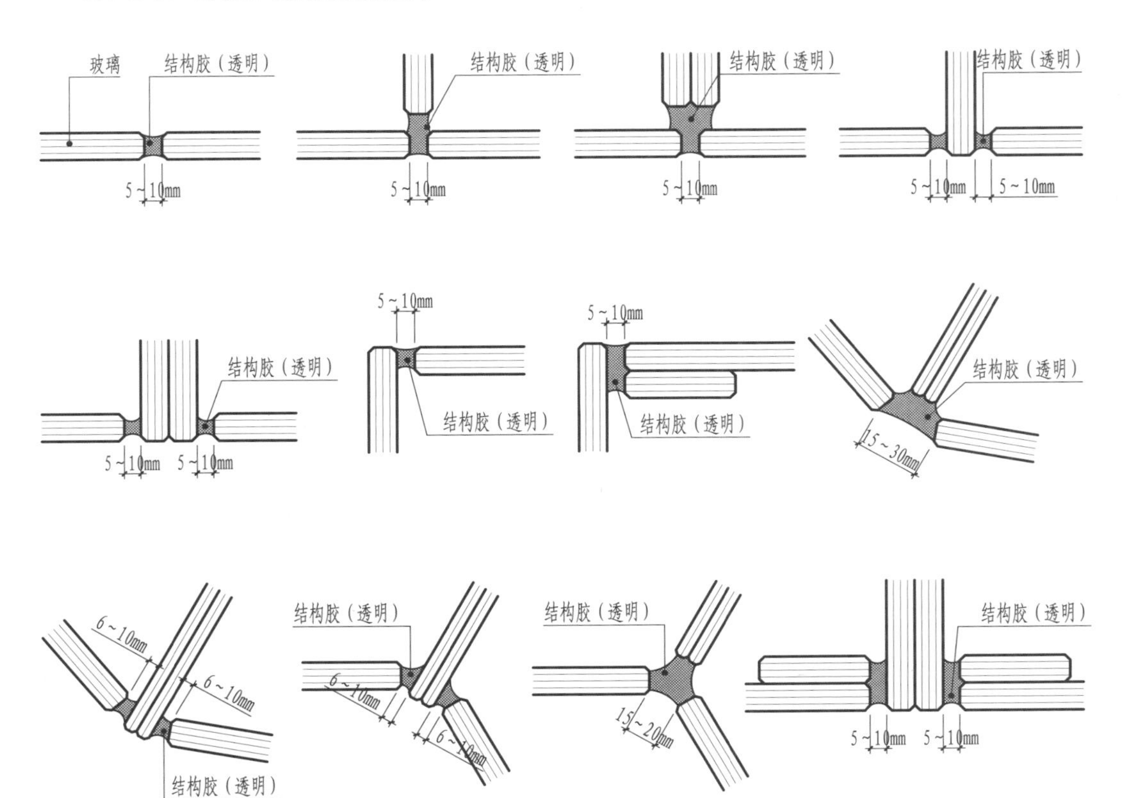

图4-3-1 玻璃连接构造

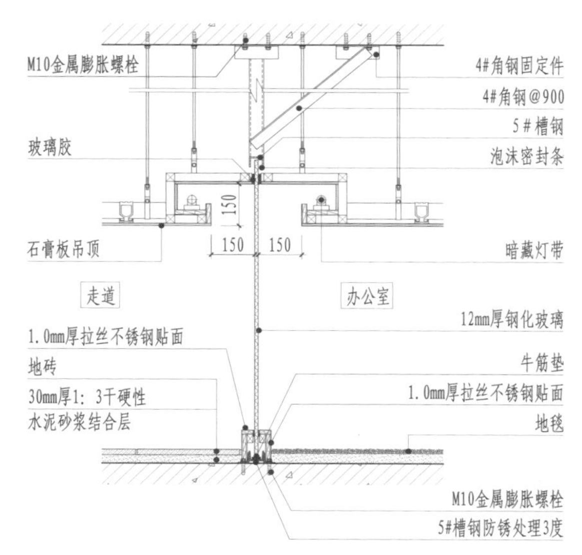

图4-3-2　钢化玻璃隔断墙构造

玻璃隔断上部固定方法

玻璃隔断下部固定方法

图4-3-3　玻璃隔断固定方法

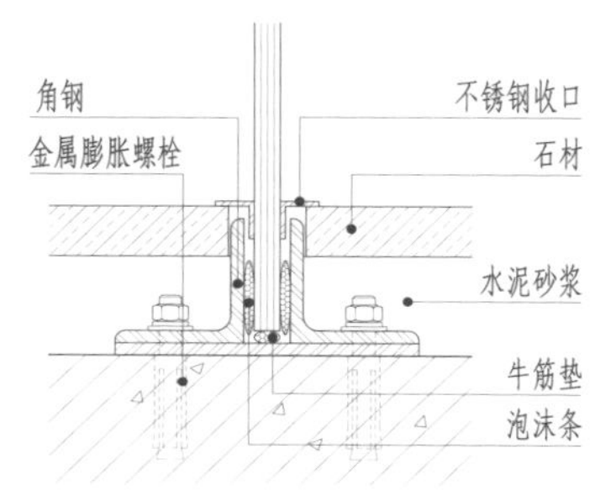

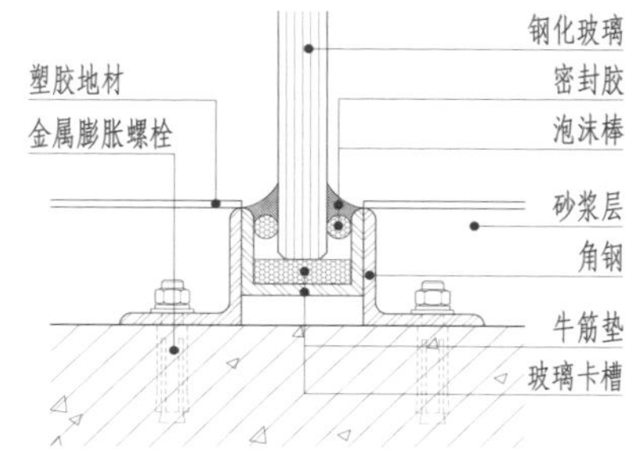

图4-3-4　玻璃隔断其他类型构造

2. 灯光玻璃顶（或墙面）的装饰造型

首先在顶面（或墙面）用木龙骨制作找平层，然后按设计要求用木工板（或角钢）制作框架基层，在内腔中安装日光灯。最后将玻璃（或亚克力板）覆于装饰表面，再用实木线条和钢制型材收口。具体见图4-3-5所示。

3. 装饰玻璃粘贴法

将钢化玻璃（一般用烤漆玻璃、焗漆玻璃和镜面玻璃等）用粘贴剂胶贴在墙体或基层板上（图4-3-6）。

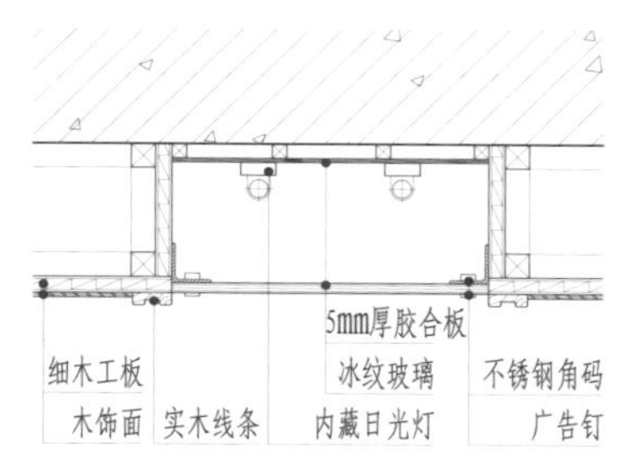

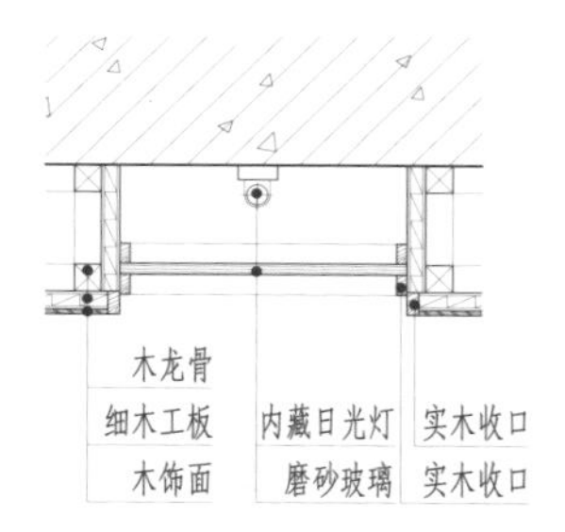

灯光顶的装饰造型构造

图4-3-5

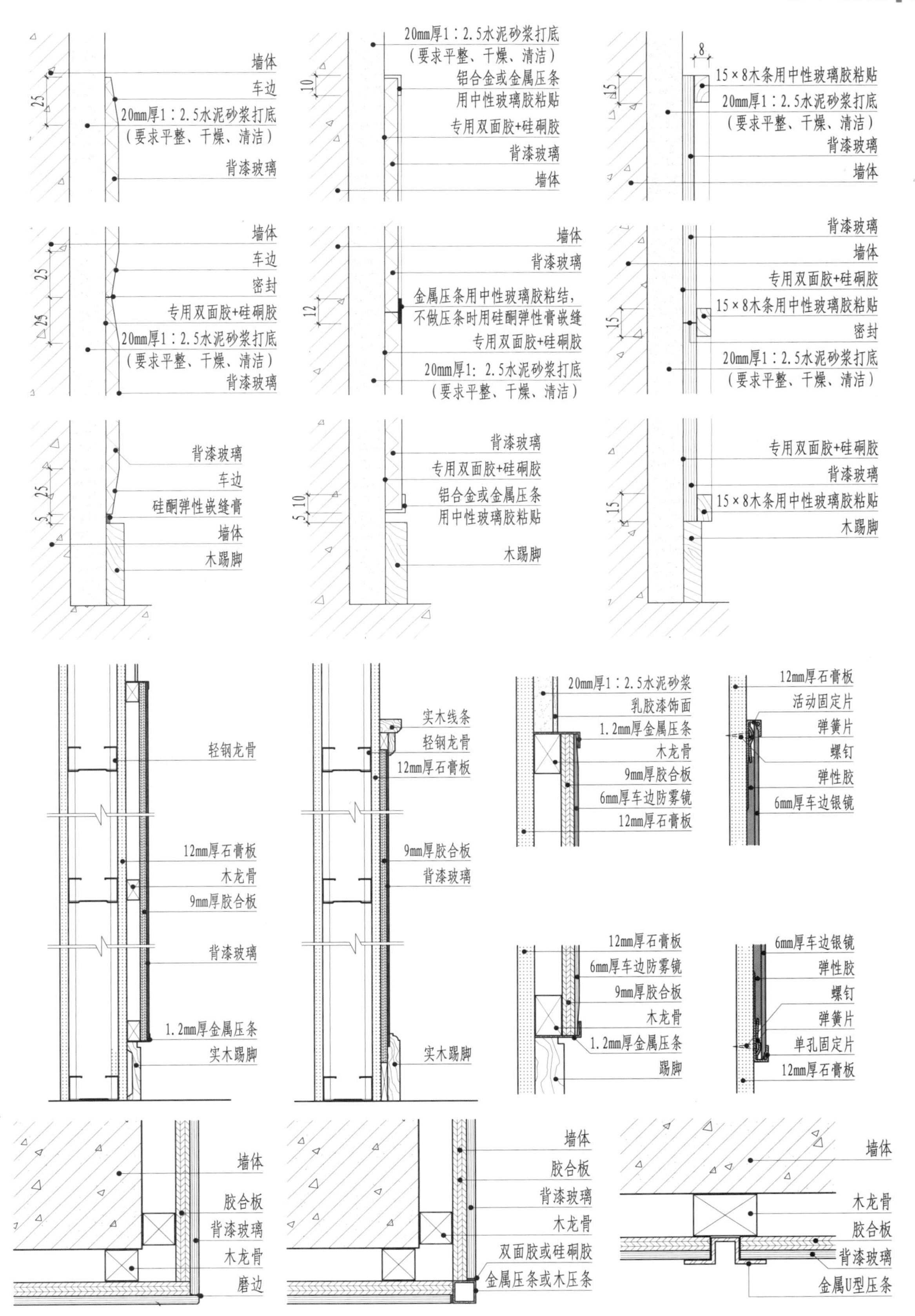
墙体
车边
25
20mm厚1：2.5水泥砂浆打底
（要求平整、干燥、清洁）
背漆玻璃
20mm厚1：2.5水泥砂浆打底
（要求平整、干燥、清洁）
10
铝合金或金属压条
用中性玻璃胶粘贴
专用双面胶+硅硐胶
背漆玻璃
墙体
8
15×8木条用中性玻璃胶粘贴
15
20mm厚1：2.5水泥砂浆打底
（要求平整、干燥、清洁）
背漆玻璃
墙体
墙体
车边
密封
专用双面胶+硅硐胶
20mm厚1：2.5水泥砂浆打底
（要求平整、干燥、清洁）
背漆玻璃
墙体
背漆玻璃
12
金属压条用中性玻璃胶粘结，
不做压条时用硅酮弹性膏嵌缝
专用双面胶+硅硐胶
20mm厚1：2.5水泥砂浆打底
（要求平整、干燥、清洁）
背漆玻璃
墙体
专用双面胶+硅硐胶
15×8木条用中性玻璃胶粘贴
密封
20mm厚1：2.5水泥砂浆打底
（要求平整、干燥、清洁）
背漆玻璃
车边
硅酮弹性嵌缝膏
墙体
木踢脚
背漆玻璃
专用双面胶+硅硐胶
铝合金或金属压条
用中性玻璃胶粘贴
木踢脚
专用双面胶+硅硐胶
背漆玻璃
15×8木条用中性玻璃胶粘贴
木踢脚
轻钢龙骨
12mm厚石膏板
木龙骨
9mm厚胶合板
背漆玻璃
1.2mm厚金属压条
实木踢脚
实木线条
轻钢龙骨
12mm厚石膏板
9mm厚胶合板
背漆玻璃
实木踢脚
20mm厚1：2.5水泥砂浆
乳胶漆饰面
1.2mm厚金属压条
木龙骨
9mm厚胶合板
6mm厚车边防雾镜
12mm厚石膏板
12mm厚石膏板
活动固定片
弹簧片
螺钉
弹性胶
6mm厚车边银镜
12mm厚石膏板
6mm厚车边防雾镜
9mm厚胶合板
木龙骨
1.2mm厚金属压条
踢脚
6mm厚车边银镜
弹性胶
螺钉
弹簧片
单孔固定片
12mm厚石膏板
墙体
胶合板
背漆玻璃
木龙骨
磨边
墙体
胶合板
背漆玻璃
木龙骨
双面胶或硅硐胶
金属压条或木压条
墙体
木龙骨
胶合板
背漆玻璃
金属U型压条

图4-3-6 玻璃的粘贴法

续图4-3-6

4. 上部夹固法

用成品钢爪夹住钢化玻璃的上部，一般应用于大型商业空间的门面玻璃隔断造型（图4-3-7）。

5. 钢件铆接法

钢化玻璃在钢化前钻孔，施工现场用不锈钢构件安装。一般应用在玻璃栏杆等装饰空间（图4-3-8、图4-3-9）。

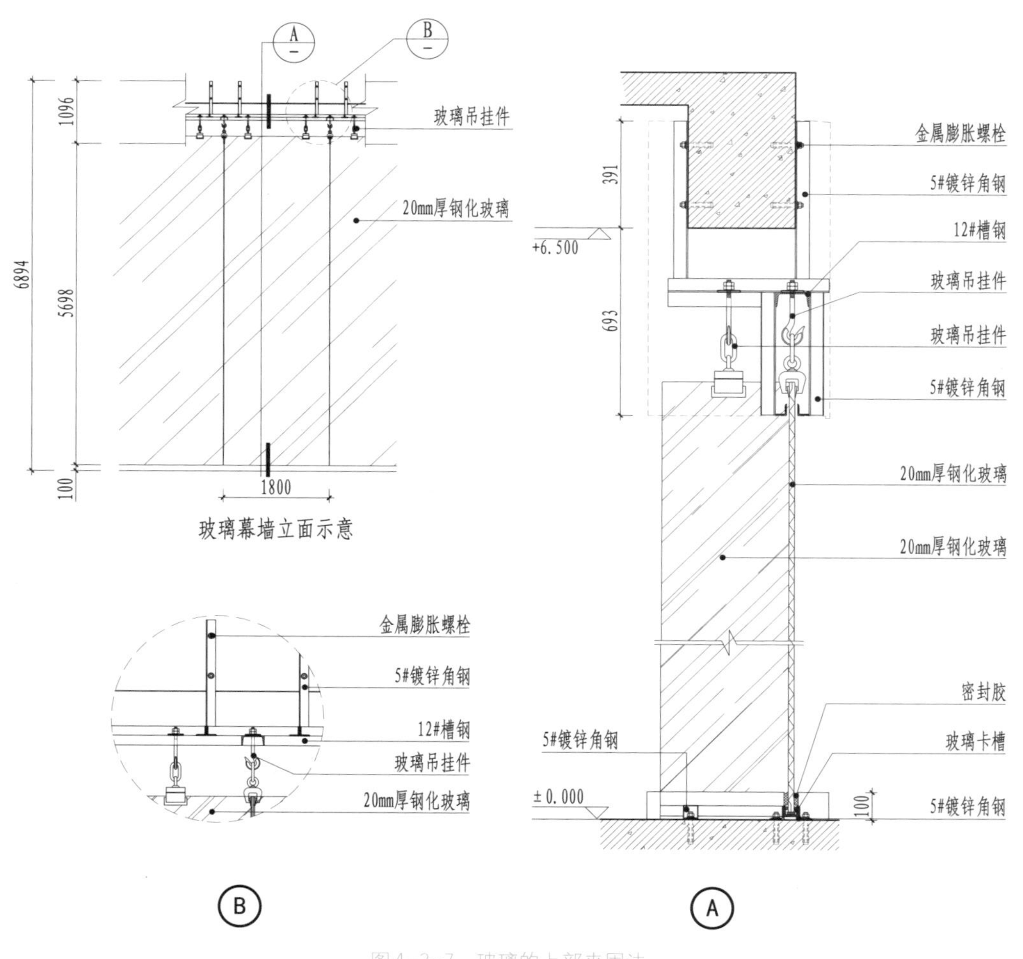

图4-3-7 玻璃的上部夹固法

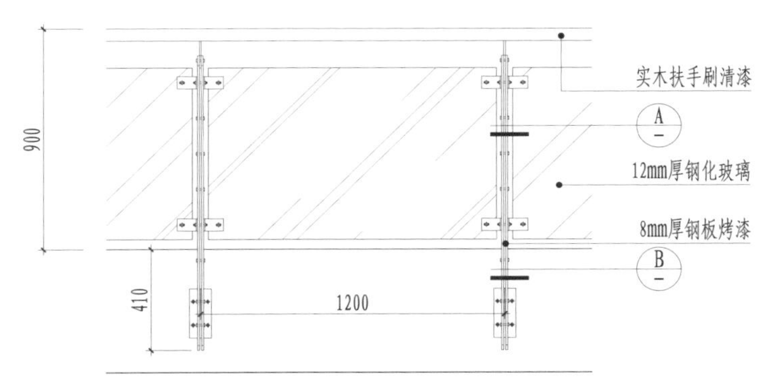

图4-3-8　玻璃栏杆立面构造

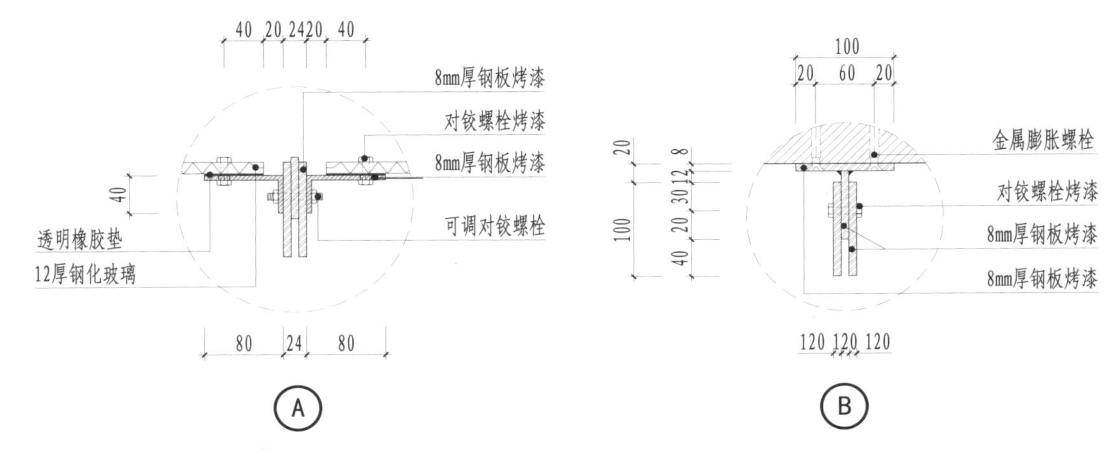

图4-3-9　玻璃栏杆构造节点

6. 成品玻璃隔断

在办公空间，用成品的玻璃隔断非常方便，既容易安装，又容易拆卸，可以充分满足现代化办公环境的需求（图4-3-10）。隔断墙产品是现代工业技术与传统的手工技巧相结合的典范，优质的隔断材料造就的隔断墙产品，能够同时满足建筑物理学在防火、隔音、稳定性、环保等方面的所有要求。成品玻璃隔断等室内隔断、办公隔断产品可广泛用于办公空间、商业空间、工业建筑等领域。

玻璃隔断构造方法如图4-3-11所示。

图4-3-10　成品玻璃隔断

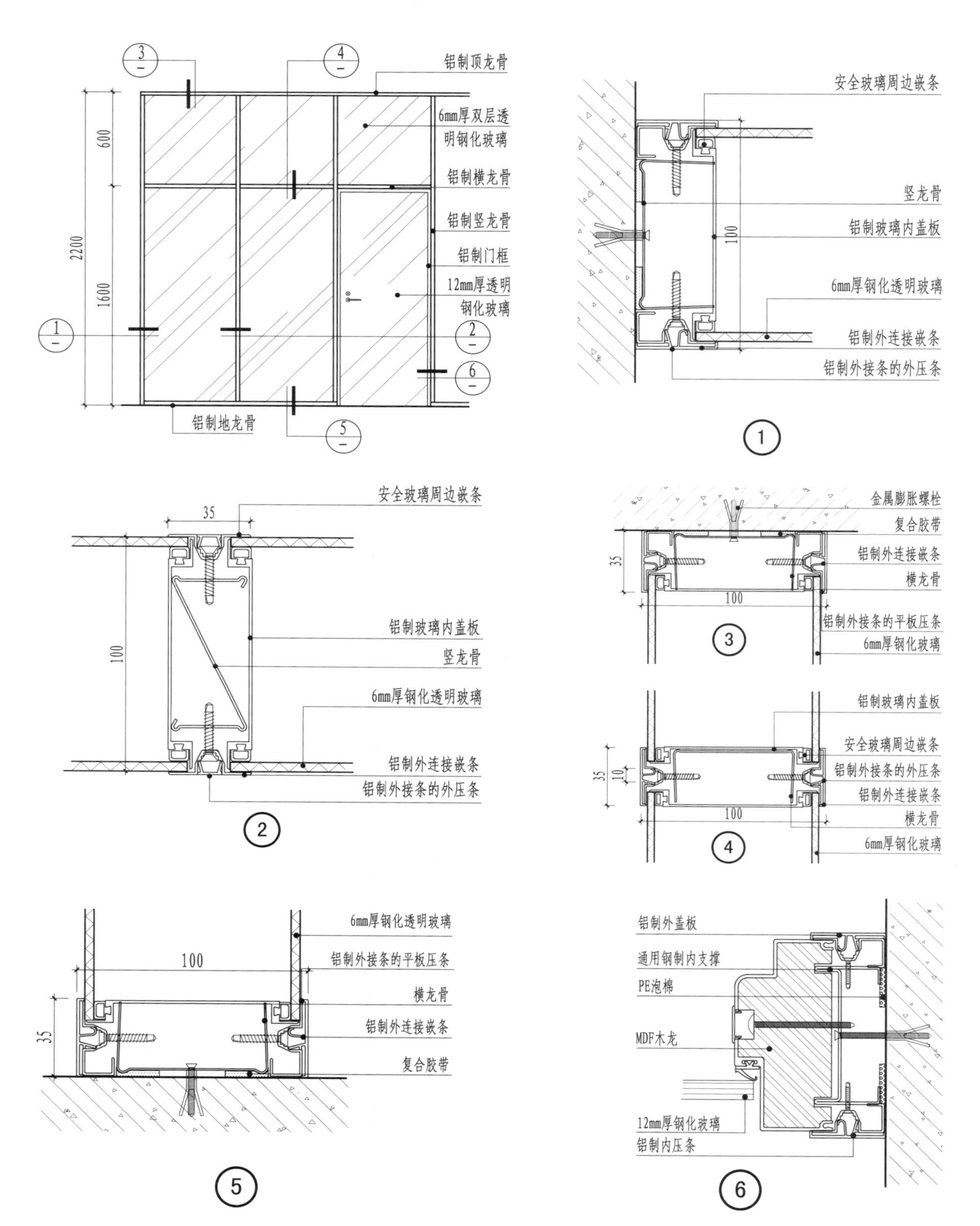

图4-3-11　成品玻璃隔断节点构造

三、玻璃砖的施工工艺

（1）测量放线。玻璃砖墙体施工前，将基础面或楼层结构面按标高找平，依据施工图纸放出墙体定位线、边线和洞口线。

（2）玻璃砖排列。按弹好的玻璃砖墙位置线，核对排列图进行现场排砖，核对玻璃砖墙长度尺寸是否符合排砖模数，如不符合，应适当调整砖墙两侧的槽钢或木框的厚度及砖缝的厚度，墙两侧调整的宽度要一致，同时也要与砖墙上部槽钢调整后的宽度尽量保持一致。

（3）布置横竖钢筋。墙脚、侧边条和上边条，每个用两根钢筋。所有钢筋都直通到边条为止。

（4）砌筑。用砌筑灰浆砌筑空心玻璃砖。

（5）勾缝。用勾缝灰浆勾缝。

（6）密封胶嵌缝。玻璃砖墙的连接缝和型材的接缝用塑性密封材料或外墙涂料密封。

具体的施工构造见图4-3-12至图4-3-14所示。

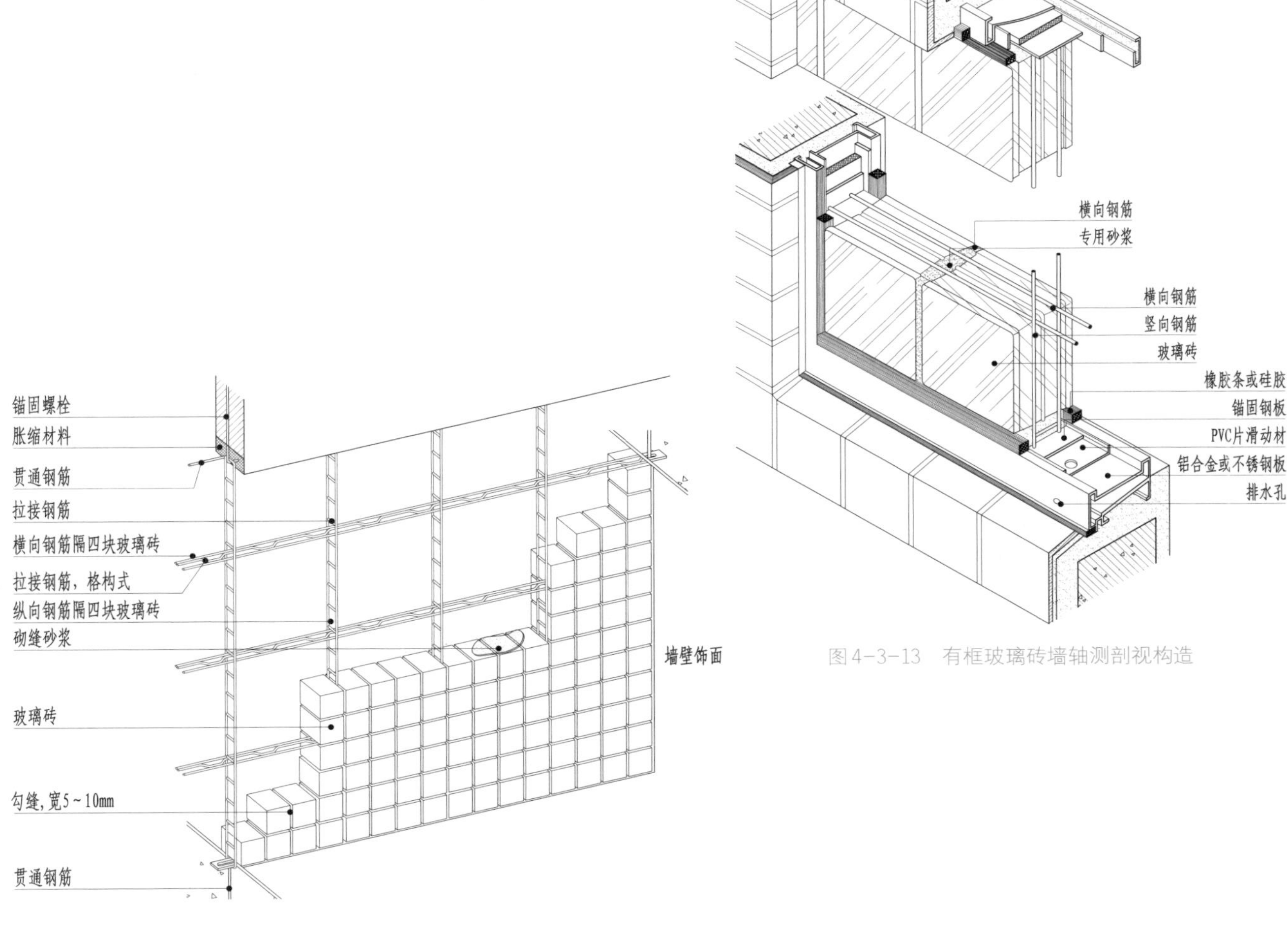

图4-3-13　有框玻璃砖墙轴测剖视构造

图4-3-12　空心玻璃砖施工构造

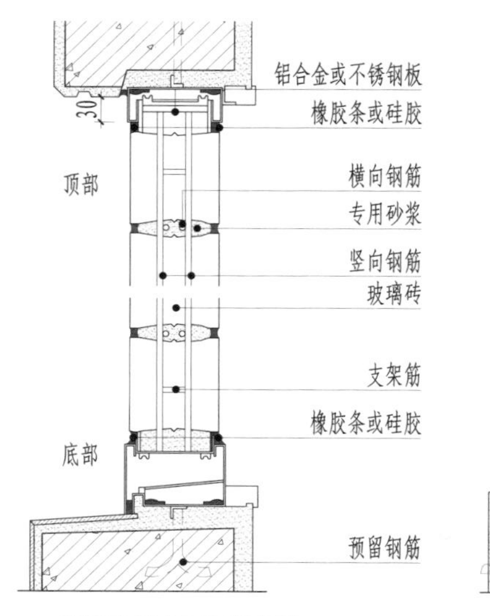

玻璃砖墙金属框架构造

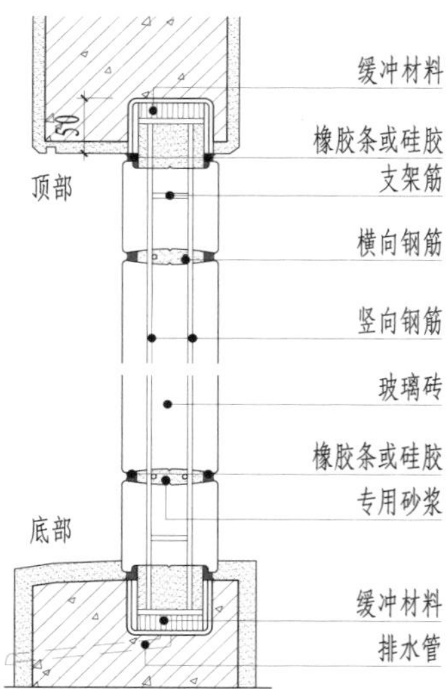

玻璃砖墙无框架构造

图 4-3-14

复习参考题

1. 简述浮法玻璃的特点及主要规格。

2. 常见的装饰平板玻璃有哪些？简述各自特点。

3. 简述安全玻璃的主要作用。

4. 列举两种以上安全玻璃，并简述其主要特点及在装修中的应用。

5. 列举两种以上特种玻璃，并简述其特点及在装修中的应用。

6. 绘制玻璃隔断的构造图。

7. 绘制以钢件铆接法安装玻璃的构造图。

装饰材料与构造

第五章 装修塑料

【学习目标】

了解装修塑料的基本特性和各自的优缺点。

在熟悉装饰构造的一般要求和基本方法的基础上，

重点掌握顶棚、墙面、楼地面、柱体和门窗的基本构造方法。

【建议学时】

3学时

塑料作为一种装饰材料，由于其质轻、价廉、防腐、防蛀、绝缘、装饰性好等优点，早在20世纪30年代就得以应用。在当今的装饰领域内，它已经成为不可或缺的一种材料，并出现越来越多的新型塑料制品。

第一节　装修塑料的组成和特性

一、装修塑料的组成及分类

1. 组成

装修塑料由树脂、填料、着色剂、增塑剂及其他助剂组成。

① 树脂。树脂是塑料的主要成分，作用是将各组成成分粘接成一个整体。树脂有天然树脂和合成树脂两种，目前大多采用合成树脂制作塑料。使用不同品种的树脂，塑料会体现不同的性能。

② 填料。又称填充剂，能增强塑料性能。

③ 着色剂。分染料和颜料两类，起到着色美化作用。

④ 增塑剂。提高塑料加工时的可塑性及流动性，使塑料制品具有柔韧性。

⑤ 其他助剂。如稳定剂、固化剂、偶联剂、抗静电剂、发泡剂、阻燃剂、防霉剂等，根据塑料使用及加工需要加入，可优化塑料制品的性能。

2. 分类

塑料按热性能不同可分为热塑性塑料和热固性塑料。热塑性塑料是具有加热软化、冷却硬化特性的塑料（图5-1-1）。加热时变软而流动，冷却变硬，这个过程是可逆的，可以反复进行。

热固性塑料是指仅在第一次加热或加入固化剂之前能软化、熔融，并在此条件下能固化，以后再加热不会软化或熔融，也不会被溶解的塑料（图5-1-2）。若温度过高，此种塑料的分子结构会被破坏。

图5-1-1　热塑性塑料的制品

热固性塑料(外壳式断路器)　热固性塑料(电器插座面板)

图5-1-2

二、特性

塑料的特性是自重轻、强度高、导热系数小、加工性能好、耐腐蚀、防潮性好、绝缘、有装饰功能，但耐热性差、易燃、易老化。

第二节　装修塑料制品的加工

热塑性塑料制品在成型前需将主要原料与辅助原料进行均匀混合，制成颗粒、粉状或其他状态，再根据需要采用不同的工艺及设备使其成型。热固性塑料制品则一般采用涂覆、浸渍、拌和、热压等方式成型。

塑料成型的方法主要有模压成型、注射成型、挤出成型、延压成型、层压成型、浇注成型等。

1. 模压成型

模压成型又称压塑法，是热固性塑料的主要成型方法之一，有时也用于热塑性塑料。主要过程是将颗粒状、粉状或片状的塑料置于金属模具内加热，在一定压力下注满模具内，在压制过程中冷却、固化、脱模而成。

2. 注射成型

注射成型又称注塑法，是热塑性塑料的主要成型方法之一。它是将塑料颗粒在注射机内加热融化，再以压力注入模具成型。

3. 挤出成型

挤出成型又称挤压法或挤塑法，是将原料在加压筒内软化后挤压，通过不同型号的孔连续挤出不同形状的型材。

4. 延压成型

延压成型是将混炼出的片状塑料经辊压逐级延展压制成一定厚度的片材。

5. 层压成型

层压成型是将层状填料如纸、布、木片等浸渍或涂覆热固性树脂溶液，干燥后重叠或卷成棒材和管材，在层压机上加热、加压后固化成型。

6. 浇注成型

浇注成型又称浇塑法，是将加热的热固性树脂或热塑性树脂注入模型，在常压或低压下加热固化或冷却凝固成型。

第三节　装修塑料制品

装修塑料制品按形态可分为管材、薄板、型材、薄膜、模制品、复合板材、溶液或乳液等，常用于建筑及室内的各界面、门窗等部位的装饰装修。

一、建筑塑料管道

1. 硬聚氯乙烯(PVC-U)管道

此种管道是以聚氯乙烯树脂为主要原料，加入稳定剂、改性剂后，以挤塑法加工而成的管材（图5-3-1）。

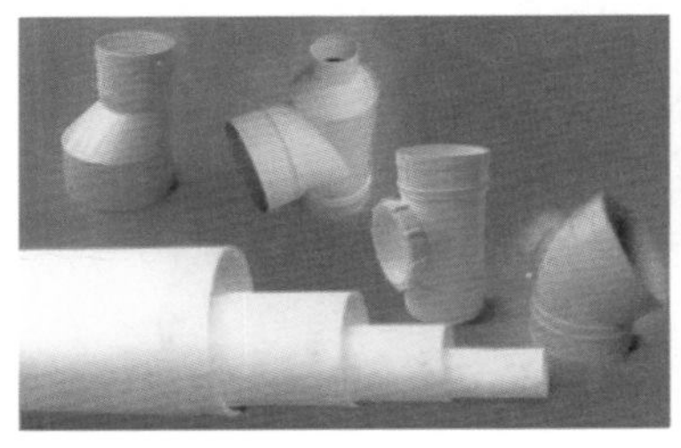

图5-3-1　PVC-U雨落水管道

（1）特性。内壁光滑、阻力小、无毒、无污染、耐腐蚀、抗老化性能好，可输送介质的温度在40 ℃内。直径通常为φ20～φ1000 mm。

（2）应用。可作为室内冷水管、雨水管等。

2. 氯化聚氯乙烯(PVC-C)管材

与聚氯乙烯管材相比，此种管材保持其所有特性外，显著提高了耐热性，可输送介质的温度为90 ℃左右。具有优良的抗燃性、机械强度较高，但使用的胶水有毒，常用作非饮水管（图5-3-2）。

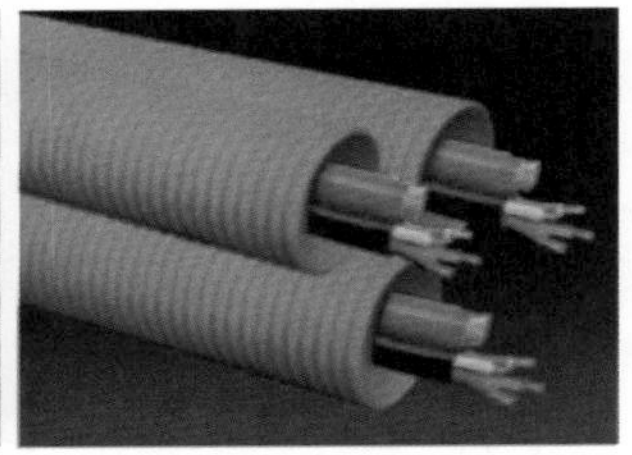

图5-3-2　氯化聚氯乙烯(PVC-C)管

3. PP-R管材

（1）特性。质轻、加工方便、无毒、耐腐蚀、内壁光滑、阻力小、导热系数小，保温绝热性能好。压力不超过0.6 Mpa时，长期使用温度应在70 ℃左右，短时间内温度不高于95 ℃左右。采用热熔方式连接为整体，牢固不渗漏。

（2）应用。可作为饮用水管及冷热水管。其韧性以及抗紫外线性能较差，且属可塑材料，故不可作消防管道（图5-3-3）。

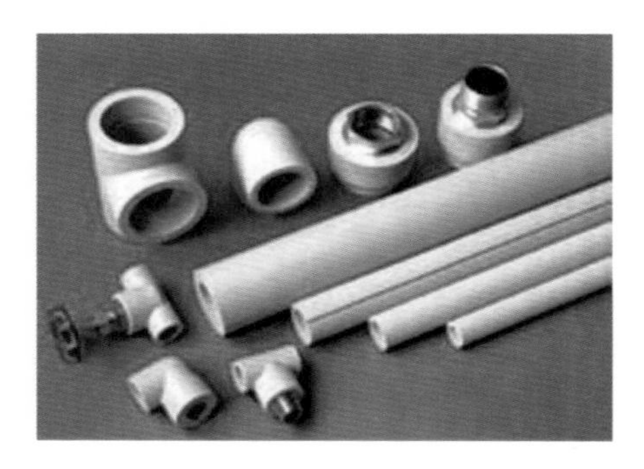

图5-3-3 PP-R管

4. 丁烯管(PB管)

（1）特性。丁烯管具有强度高、韧性好、无毒的特点，耐温可达到110 ℃，若长期使用温度应保持在90 ℃左右。其缺点是易燃、热膨胀系数大，价格较高。

（2）应用。适用于饮用水及冷热水输送，可用于地板辐射采暖系统的盘管（图5-3-4）。

图5-3-4 丁烯管(PB管)

二、塑料门窗

塑料门窗采用PVC树脂为基料，加其他填料、稳定剂、润滑剂等助剂，经混炼、挤塑而成为内部带有空腔的异型材，以此为框材，经切割、组装而成门窗。

在塑料门窗框内嵌入铝合金型材或轻钢型材，可以增强塑料门窗的刚性，称为塑钢门窗（图5-3-5）。

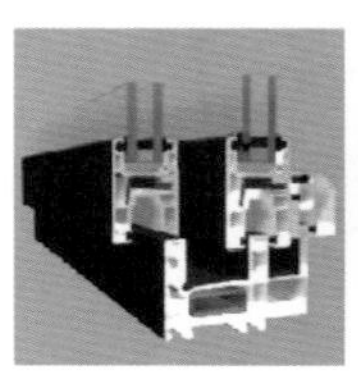

图5-3-5 塑钢门窗型材构造

塑钢门按开启方式有平开门（向内开启、向外开启）、推拉门、弹簧门。按结构形式分有镶板门、框板门、折叠门。

塑钢窗按开启方式分有固定窗、平开窗（向外平开、向内平开）、悬转窗(上悬外翻、下悬内翻)、内平开下悬窗、中旋窗、推拉窗（分水平推拉、垂直提拉）。

（1）特性。绝热保温性能、气密性、水密性、隔声性等性能好，耐腐、耐老化、抗震、防火，且外表美观，防虫蛀、能耗低。

（2）规格。

平开门：80系列；弹簧门：108系列。

推拉窗：60、77、80、95系列。

平开窗：50、60系列。

三、塑料装饰板

塑料装饰板主要以聚氯乙烯装饰板(PVC板)为主，是以 PVC树脂为基料，加入稳定剂、填料、着色剂、润滑剂等其他助剂，经混炼、挤压等工序加工而成。

1. 硬PVC板

其特点是表面光滑、色泽鲜艳、防水耐腐、化学稳定性好、强度较高，且耐用性、抗老性能好，同时具有易于加工、施工简便的特点。品种有硬质PVC平板、波纹板和波形板、格子板和异型板等。硬质PVC平板多用于内墙罩面板、护墙板，波形板用于外墙装饰，透明平板和波形板可用作采光顶棚、采光屋面、室内隔断、广告牌、灯箱、橱窗等。

规格有1220×2440 mm，厚度为2～20 mm。

2. PVC装饰塑料扣板

（1）特点。质轻、防水防潮、阻燃隔热，但耐高温性不好，在较热的环境中容易变形。

（2）应用。适用于写字楼、店铺、餐厅和住宅厨卫空间的顶棚装饰（图5-3-6）。

图5-3-6　塑料扣板的应用

（3）规格。宽度为150 mm、200 mm、250 mm和300 mm，厚度为5～12 mm，长度为4000 mm、5000 mm和6000 mm。

（4）施工要点。

① 选用龙骨，一般PVC扣板配用专用龙骨，龙骨为镀锌钢板和烤漆钢板，标准长度为3000 mm。

② 根据同一水平高度装好收边角系列。

③ 按合适的间距吊装轻钢龙骨（38或50的龙骨），一般间距为1～1.2 m，吊杆距离按轻钢龙骨的施工规定分布。

④ 把预装在PVC扣板龙骨上的吊件连同PVC扣板龙骨紧贴轻钢龙骨，并与轻钢龙骨成垂直方向扣在轻钢龙骨下面。PVC扣板龙骨间距一般为1000 mm，全部装完后必须调整水平（当建筑物与所要吊装的PVC扣板的垂直距离不超过600 mm时，不需要中间加38龙骨或50龙骨，而用龙骨吊件和吊杆直接连接）。

⑤ 将条状PVC扣板按顺序并列平行扣在配套龙骨上，条状PVC扣板连接时用专用龙骨系列连接件接驳。

⑥ 板面安装时必须戴手套，以保证饰面清洁。PVC扣板吊顶构造见图5-3-7所示。

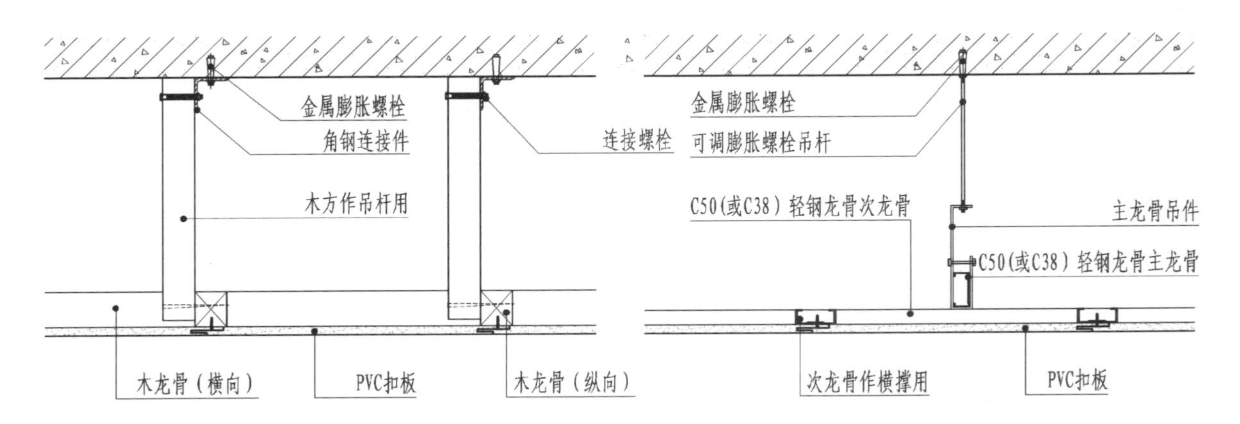

图5-3-7　PVC装饰塑料扣板吊顶构造

3. 软质PVC板

适用于建筑物内墙、吊顶、家具台面等部位的装饰和铺设。

其规格最大幅宽1300 mm，厚度1～10 mm。

四、张拉膜

张拉膜又称软膜天花和柔性天花。张拉膜采用特殊的聚氯乙烯材料制成，厚0.15 mm左右，防火级别为B1级。

（1）特性。软膜天花造型美观大方、安装方便、光感独特，具有防霉抗菌防污染、防水抗静电等特点。使用寿命在15年以上。

（2）应用。适用于酒店、宾馆、洗浴中心、会议室、医院、大型卖场、展览会场以及居室装饰（图5-3-8）。

五、波音装饰软片

波音装饰软片是用云母珍珠粉及PVC为主要原料加工而成的装饰材料。

（1）特性。具有良好的弯曲性能，耐磨耐湿，耐冲击性为木材的40倍，耐腐耐污、抗酸碱，有良好的阻燃性，色泽艳丽、色彩丰富，经久耐用，不易褪色。厚度在0.6～0.8 mm之间。

（2）应用。适用于各种壁材、石膏板、人造板、金属板等基材上的装饰（图5-3-9）。

六、聚乙烯塑料装饰板（PE塑料装饰板）

这种装饰板是以聚乙烯树脂为基料，加入其他材料及助剂，经混炼、挤压定型而成的装饰板材（图5-3-10）。

（1）特性。表面光洁，具有绝缘、隔音、防水、阻燃、耐腐等特点，装饰性好。

（2）规格。2000×1000 mm，厚度在1～100 mm之间。

图5-3-8　用张拉膜作顶棚发光材料

波音装饰软片

波音片贴面的家具

图5-3-9

图5-3-10　PE塑料装饰板

七、有机玻璃板（PS板）

有机玻璃板是一种具有极好透光度的热塑性塑料。有机玻璃可分为无色透明有机玻璃、有色透明有机玻璃、有色半透明有机玻璃、有色非透明有机玻璃等（图5-3-11）。

无色有机玻璃板透明板

有色有机玻璃半透明板

图5-3-11

（1）特性。透光率较好，机械强度较高，耐腐蚀、耐热、耐寒、耐候性及绝缘性均较好，但质地较脆，并易溶于有机溶剂中。

（2）应用。适用于广告灯箱片（图5-3-12）、指示灯罩、装饰灯罩、隔板、吸顶灯罩、亚克力浴缸等，是室内常用的装饰材料。

（3）规格。1220×1830 mm、1220×2440 mm、1220×3050 mm，厚度为1.3～12 mm。

图5-3-12 用有机玻璃板作商场广告灯箱

八、玻璃卡普隆板(PC板)

卡普隆板(PC板)有中空板(蜂窝板)、实心板和波纹板三大系列。

（1）特性。卡普隆板（PC板）具有质轻、安全、不易碎、阻燃、耐候性、耐冲击、弯曲性好、隔热、隔音、抗紫外线等特点（图5-3-13）。特别是单层卡普隆板(PC板)的耐冲击能力是普通玻璃的200倍以上，是有机玻璃的30倍。

图5-3-13 玻璃卡普隆板(PC板)

（2）应用。应用于办公楼、娱乐休闲场所、商场等公共环境的顶棚、采光棚，车站、凉亭等建筑的雨篷、廊道以及广告牌、隔断等部位。

（3）规格。平板厚度为3～6 mm，波纹板厚度为0.8～1.2 mm，中空板厚度为4 mm、6 mm、8 mm、10 mm，尺寸为800×2100 mm。

九、千思板

千思板是由热固性树脂与植物纤维混合而成的，面层由特殊树脂经EBC双电子束曲线加工而成（图5-3-14）。

图5-3-14 千思板样品

（1）特性。千思板的抗冲击性极高，具有防静电特点，并有易清洁、防潮、抗紫外线、阻燃、耐腐及加工安装简便等特点。其稳定性和耐用性相当于硬木。

（2）应用。千思板适用于通道、电梯厅、电话间、家具面、隔断及其他湿度较大部位的装饰装修。也能够适用于计算机房内墙装修，以及各种化学、物理及生物实验室的面板、台板等要求很高的场所（图5-3-15）。

图5-3-15 千思板A(内用型)卫生间隔断

第四节 装修塑料制品的构造

一、塑料门窗的构造

塑钢窗与窗套节点构造如图5-4-1所示。

二、张拉膜的构造

张拉膜（软膜天花）吊顶的构造方法如图5-4-2所示。

三、有机玻璃的构造

有机玻璃灯箱的构造方法如图5-4-3所示。

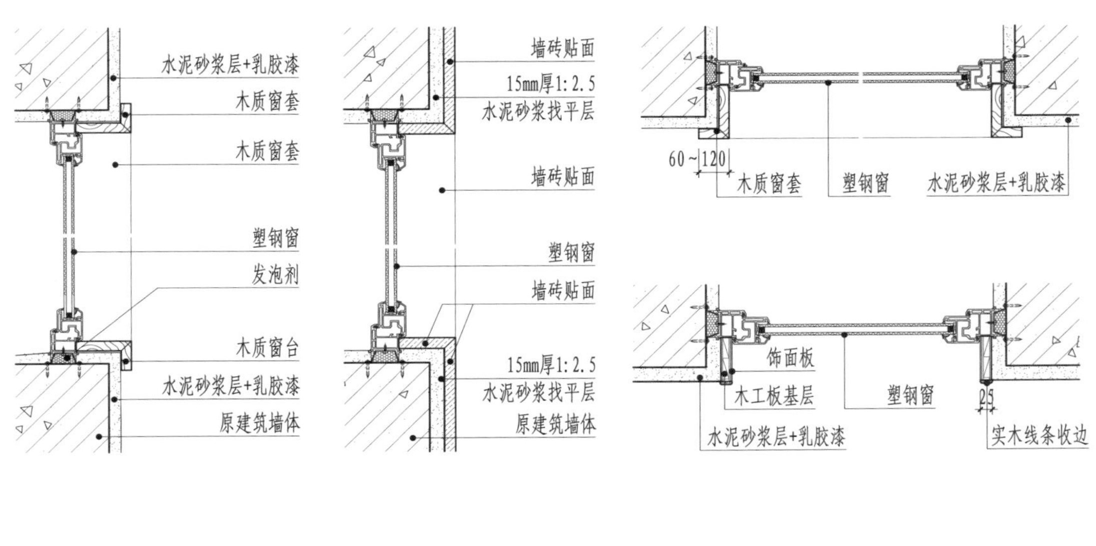

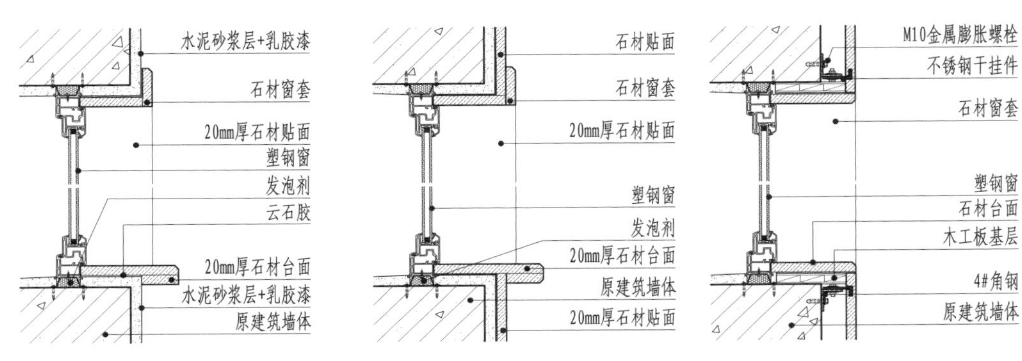

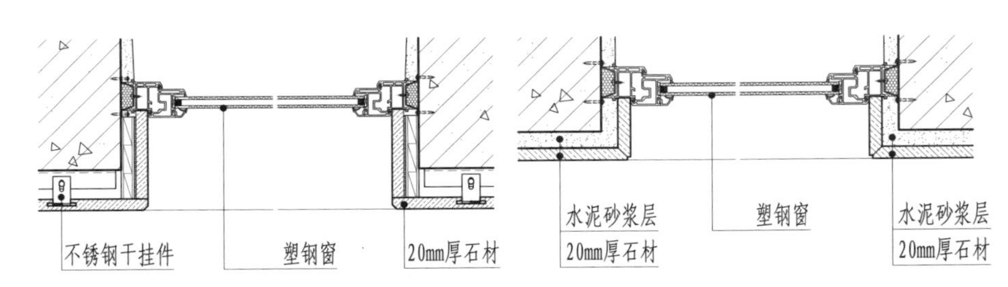

图5-4-1　塑钢窗与窗套节点构造

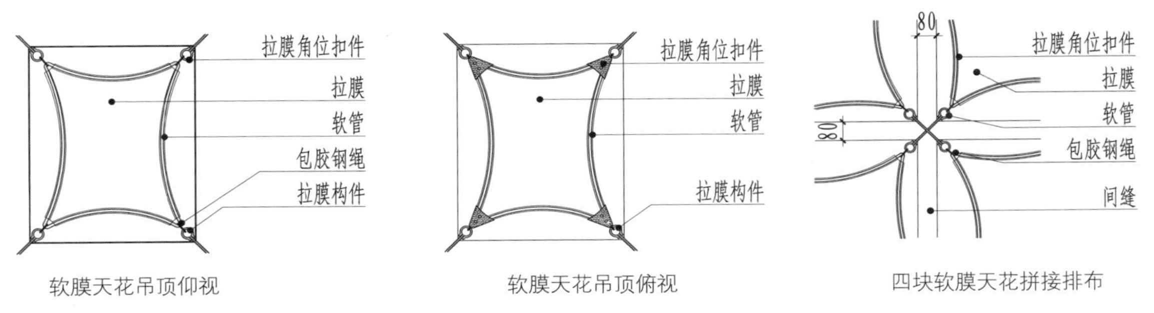

图5-4-2　软膜天花吊顶节点构造(综合)

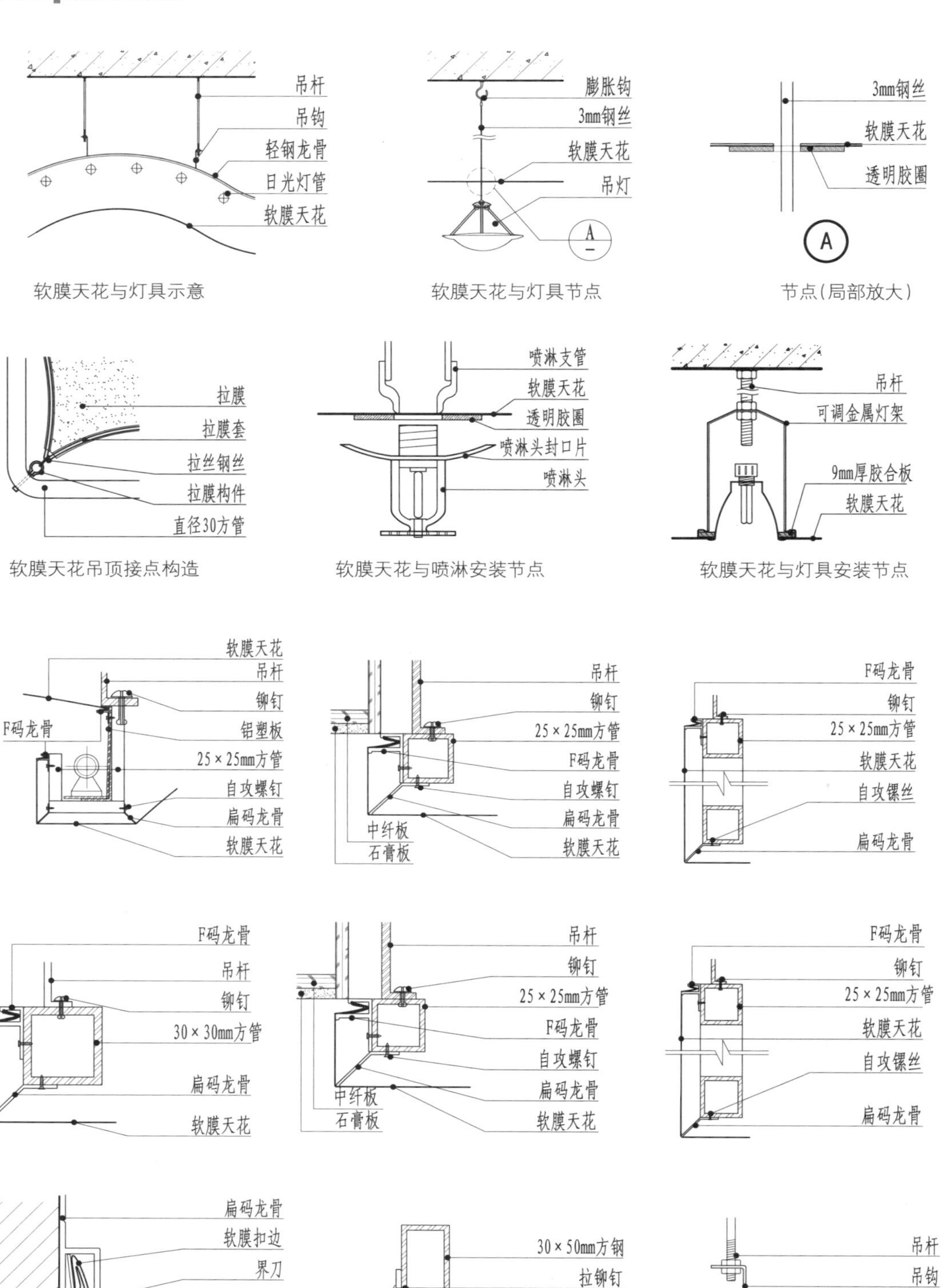
吊杆
吊钩
轻钢龙骨
日光灯管
软膜天花
软膜天花与灯具示意
膨胀钩
3mm钢丝
软膜天花
吊灯
A
软膜天花与灯具节点
3mm钢丝
软膜天花
透明胶圈
A
节点(局部放大)
拉膜
拉膜套
拉丝钢丝
拉膜构件
直径30方管
软膜天花吊顶接点构造
喷淋支管
软膜天花
透明胶圈
喷淋头封口片
喷淋头
软膜天花与喷淋安装节点
吊杆
可调金属灯架
9mm厚胶合板
软膜天花
软膜天花与灯具安装节点
软膜天花
吊杆
铆钉
F码龙骨
铝塑板
25 × 25mm方管
自攻螺钉
扁码龙骨
软膜天花
吊杆
铆钉
25 × 25mm方管
F码龙骨
自攻螺钉
扁码龙骨
软膜天花
中纤板
石膏板
F码龙骨
铆钉
25 × 25mm方管
软膜天花
自攻镙丝
扁码龙骨
F码龙骨
吊杆
铆钉
30 × 30mm方管
扁码龙骨
软膜天花
吊杆
铆钉
25 × 25mm方管
F码龙骨
自攻螺钉
扁码龙骨
软膜天花
中纤板
石膏板
F码龙骨
铆钉
25 × 25mm方管
软膜天花
自攻镙丝
扁码龙骨
扁码龙骨
软膜扣边
界刀
软膜天花
灰刀
30 × 50mm方钢
拉铆钉
横双码龙骨
软膜天花
吊杆
吊钩
龙骨吊件
纵双码龙骨
软膜天花

续图5-4-2

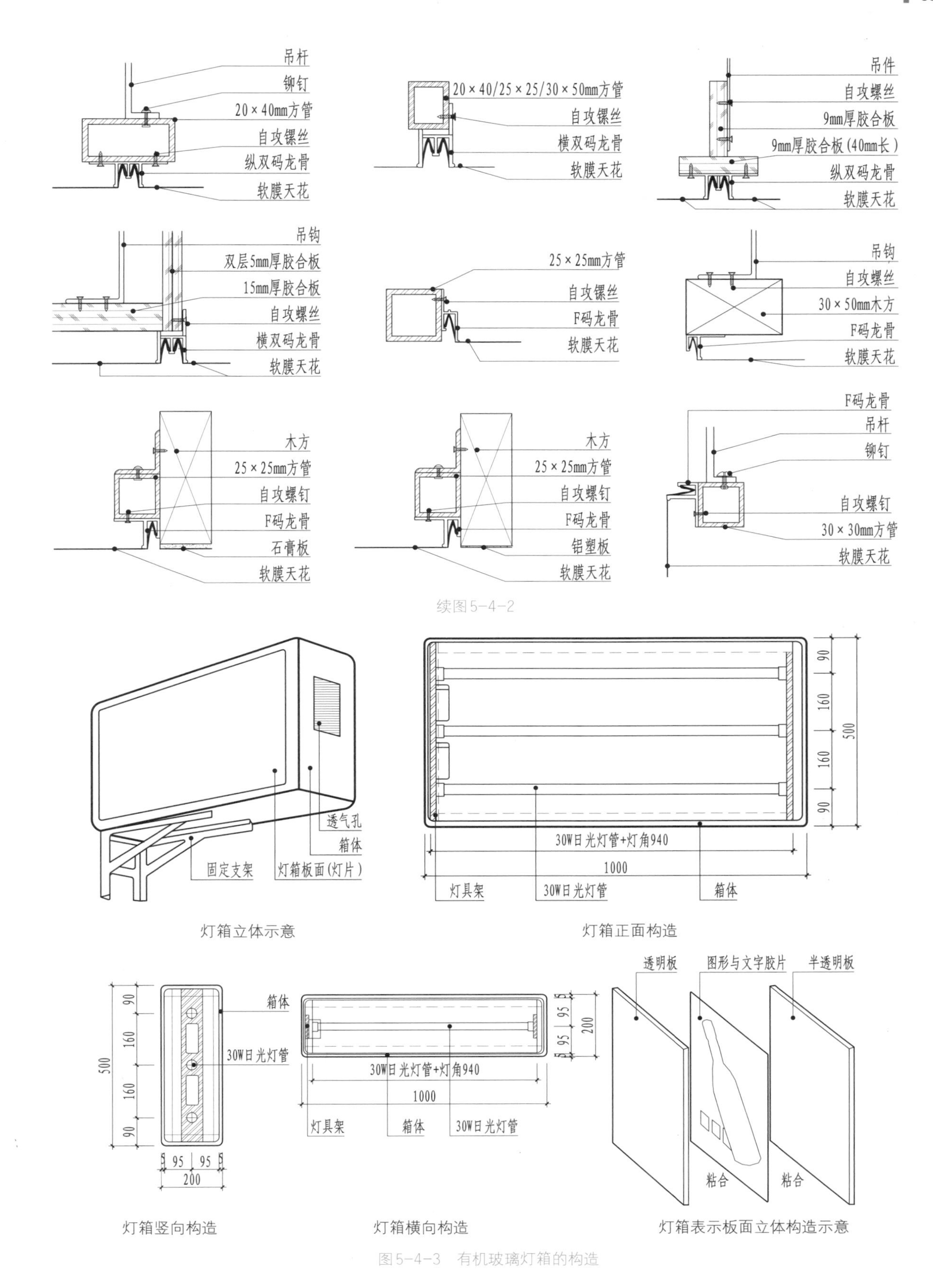

续图5-4-2

灯箱立体示意

灯箱正面构造

灯箱竖向构造

灯箱横向构造

灯箱表示板面立体构造示意

图5-4-3　有机玻璃灯箱的构造

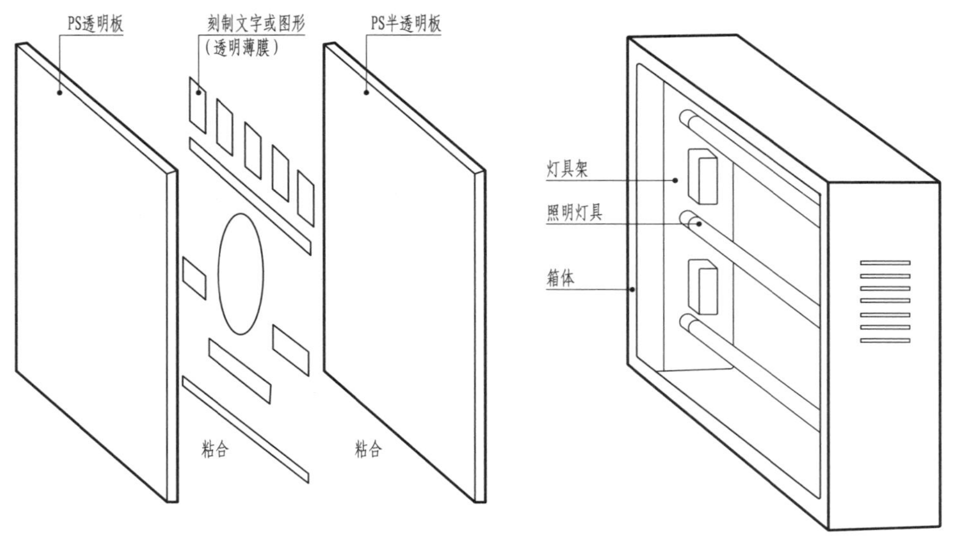

灯箱立体构造示意

续图5-4-3

复习参考题

1. 塑料以热性不同可分为哪两种？并对比两者的特点。

2. 列举3种以上建筑塑料管材，并简述各自特点。

3. 塑料地板按外形可分为哪两种？各自的特点是什么？

4. 简述张拉膜的特点及在装修中的应用。

5. 简述波音装饰软片的特点及在装修中的应用。

6. 简述玻璃卡普隆板的特点及在装修中的应用。

装饰材料与构造

第六章 金属装修材料

【学习目标】

了解金属装修材料的基本特点和各自优缺点。

熟悉主要金属材料在装修装饰中的应用及特点，

重点掌握钢材、铝材、铜材及其合金材料在装饰装修中的基本构造方法，

以利于在室内设计中对金属材料进行选择和构造设计。

【建议学时】

3学时

用金属加工而成的装修材料，具有独特的质感、光泽和颜色，并有耐腐、轻盈、高雅、易加工、表现力强等优点，是其他材料难以相比的。因此，金属装修材料在建筑装饰装修中被广泛应用。

第一节　金属装修材料的种类

金属材料主要分为黑色金属和有色金属两大类。黑色金属是以铁为基本成分的金属及合金，如钢、铁等；有色金属是指铁以外的其他金属，如铝、铜、铅、镁等及其合金。

在装饰装修中，金属材料按应用部位的不同，可分为结构承重材和饰面材两大类。按加工形式不同，可分为波纹板、压型板、冲孔板等（图6-1-1）。

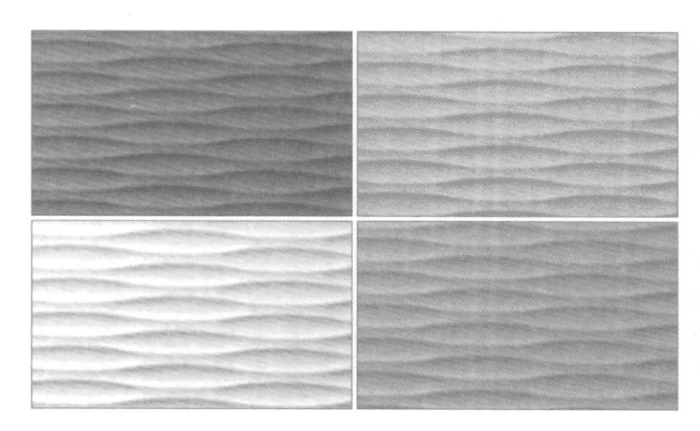

波纹板

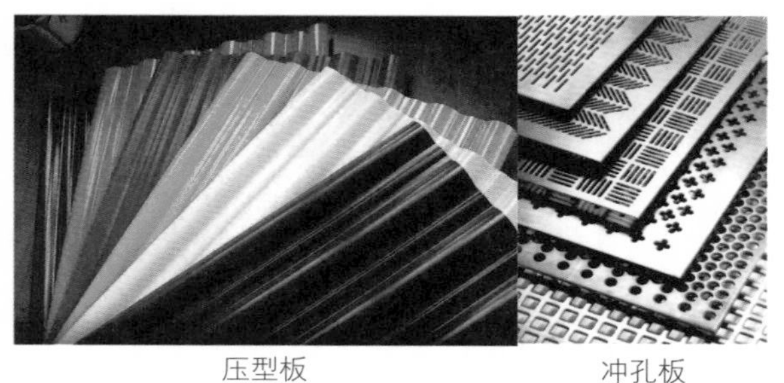

压型板　冲孔板

图6-1-1

第二节　钢材及钢制品装饰材料

钢材是以生铁为原料，根据含碳量进行冶炼、加工而成的一种铁碳合金。钢材的碳含量小于2%，具有强度高、韧性强、塑性好，可焊、可锯、可切割，抗冲击性高以及工艺加工性能好等优点。

钢材按外形分可分为型材、板材、管材、金属制品等四大类。钢的高强度使其常作为建筑的结构构件被使用，常用的品种包括圆钢、扁钢、工字钢、槽钢、角钢及螺纹钢等（图6-2-1）。

在建筑装饰装修工程中，常用的钢材制品主要包括不锈钢及其制品、彩色涂层钢板、不锈钢包覆钢板、彩色不锈钢板、彩色压型板、不锈钢微孔吸声板、复合钢板浮雕艺术装饰板、镜面不锈钢板、钛金镜面板、搪瓷装饰板以及轻钢龙骨等。

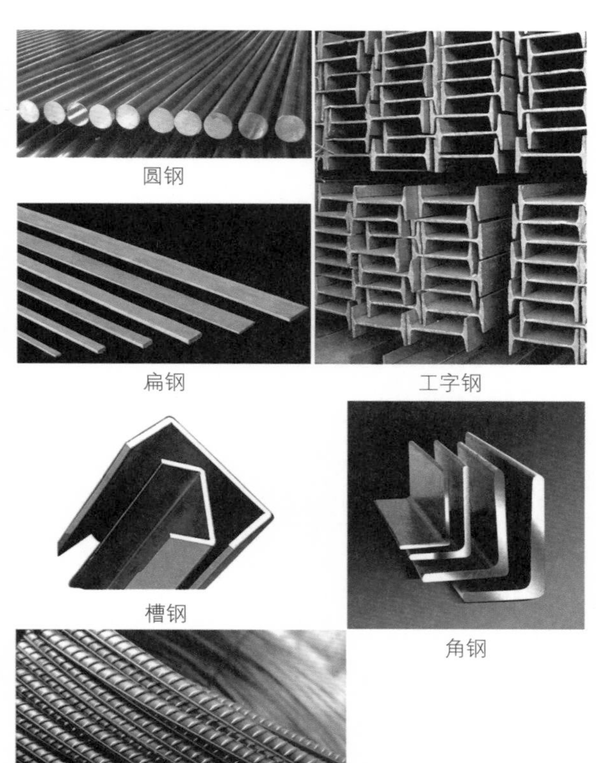

圆钢　扁钢　工字钢　槽钢　角钢　螺纹钢

图6-2-1

一、不锈钢及其制品

普通钢材的缺点是极易锈蚀，为使其在使用过程中具有良好的抗腐性，需在钢材中添加铬元素等其他元素制成合金钢，即不锈钢。不锈钢中铬元素含量越高，其抗腐蚀性越好。而添加的元素中还包括镍、锰、钛、硅等其他元素，这些会影响不锈钢的强度、塑性、韧性及耐蚀性等。不锈钢制品可应用的范围包括屋面、幕墙、门、窗、内外墙饰面、栏杆扶手、踢脚等。

不锈钢制品包括薄钢板、管材、型材及各种异型材等。

常用规格为：1000 × 2000 mm 、1220 × 2440 mm、1250 × 2500 mm 、1500 × 6000 mm、1500 × 3000 mm、1530 × 6000 mm、1530 × 3000 mm 等。厚度为 0.8 mm、1.0 mm、1.2 mm、1.5 mm等。

1. 不锈钢拉丝板

不锈钢拉丝板就是通过相关的加工工艺，使其不锈钢表面具有丝状的纹理（图6-2-2)。不锈钢拉丝板表面为亚光，平顺光滑，而且要比一般亮面的不锈钢耐磨。

不锈钢拉丝板常用于厨卫精装、高档电器面板等。

图6-2-2 不锈钢拉丝板

2. 镜面不锈钢板

镜面不锈钢板是经抛光处理的不锈钢板，分8K和8S两种。

镜面不锈钢板光洁豪华，加固耐用，永不生锈，易于清洁（图6-2-3)。可用于宾馆、商场、办公大楼、候机厅等的支柱、橱窗、柜台以及顶棚等的装饰。

镜面不锈钢板

镜面不锈钢的装饰效果

图6-2-3

3. 彩色不锈钢板

彩色不锈钢板是在不锈钢板上经特殊工艺做出各种绚丽的色彩，有蓝、灰、紫、红、青、绿、金、橙及茶色等，会随着光照角度不同而产生变幻的色彩效果。

彩色不锈钢板的抗腐蚀性好，机械性好，彩色压层可耐200 ℃的高温，色彩经久不褪。主要用于高级建筑的电梯厢板、车厢板、室内墙板、吊顶饰面板等，还可用作招牌、铭牌等。

4. 不锈钢包覆钢板

不锈钢包覆钢板是在普通钢板的表面加一层不锈钢、铜、镍、钛等金属，使之复合而成。这种板材可以替代价格昂贵的不锈钢。

不锈钢包覆钢板制作工艺简单、成本低，加工性能优于纯不锈钢板。主要用于室内外装饰部件，可完全替代不锈钢板。

5. 不锈钢微孔吸声板

不锈钢微孔吸声板，是在不锈钢板上加工出

微孔组成的图案，既有吸声作用，又有一定的装饰效果。

不锈钢微孔吸声板吸声性好，装饰效果好。可用于电梯、计算机房、各种控制室、精密车间、影剧院、宾馆、播音室等室内吊顶和墙面。

6. 不锈钢花纹板

不锈钢花纹板是指采用特殊加工工艺，使不锈钢板表面形成凹凸感。由于不锈钢花纹板具有出色的耐腐蚀性和防滑性，因此得到了广泛的应用和普及。最早的不锈钢花纹板的花纹样式为横竖条纹交错式，目前已经衍生出方格、菱形、皮革、瓷砖、石砖、涟漪等多种样式。

不锈钢花纹板主要应用在防滑和防腐等专业领域，包括建筑幕墙、轨道交通、机械制造等行业。

7. 钛金镜面板

钛金镜面板是经特殊加工工艺在不锈钢板表面形成钛氮化合物膜层，膜层有金黄色、亮灰色和七彩颜色等。

钛金镜面板不氧化、不变色、耐磨、硬度高，有金碧辉煌、雍容华贵的装饰效果。可用于高级建筑的室内装饰。

二、彩色涂层钢板（彩钢板）

彩色涂层钢板又称塑料复合钢板，它是通过在热轧钢板上覆以0.2～0.4 mm的半硬质聚氯乙烯薄膜或其他树脂制成。涂层可配制成各种颜色和花纹，如布纹、木纹、大理石纹，等等，目前产品已有成千种色彩和几百个花色品种（图6-2-4）。这种板材有单面覆膜和双面覆膜两种类型。

彩色涂层钢板耐磨、耐冲击、耐潮湿，绝缘性能好，具有良好的加工性能，弯曲加工时涂层不受损。

彩色涂层钢板可用于室内外墙板、地板、顶棚、窗帷等装饰，也可用作暖气片、通风管道等设备，还可用于交通、农业机械、生活用品等方面。

图6-2-4 彩色涂层钢板

三、彩色压型钢板

彩色压型钢板是由镀锌钢板经冷压制成波形表面的钢板，通过对表面处理可以得到各种色彩。

彩色压型钢板质感好、耐腐蚀、耐久、易安装，装饰效果独特（图6-2-5）。可用作建筑幕墙非承重的外挂板，包括建筑屋面、墙板、墙面装饰等（图6-2-6）。

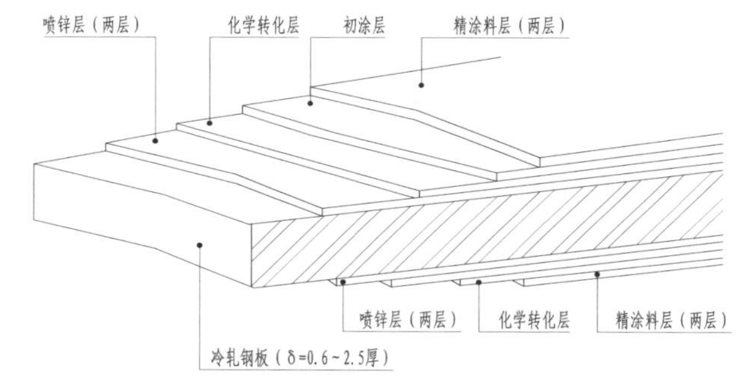

图6-2-5 彩色压型钢板的结构

图6-2-6 彩色压型钢板

续图6-2-6　彩色压型钢板

四、复合钢板浮雕艺术装饰板

复合钢板浮雕艺术装饰板是以钢板为模板，用三聚氰胺树脂及酚醛树脂分别浸渍不同原纸经层级压热而成。

复合钢板浮雕艺术装饰板有突出的浮雕效果，同时仍保持原装饰板的耐磨、耐热、耐水、耐久等特点。适用于高级建筑的宴会厅、休息厅、门厅等室内装饰。

五、搪瓷装饰板

搪瓷装饰板是以钢板、铸铁为基底材料，表面涂覆一层无机物，经高温烧制后形成具有装饰效果的搪瓷表面层的装饰板材。其主要特点是不生锈、耐酸碱、防火、受热不易氧化，可进行贴花、丝网印花及喷花等表面装饰，装饰效果好，耐磨性高、重量轻、刚度好。主要应用于内外墙面装饰及小幅面装饰制品。

六、轻钢龙骨

龙骨是指罩面板的骨架材料。轻钢龙骨是以冷轧钢板（带）、镀锌钢板（带）或彩色涂层钢板(带)为原料，经冷弯工艺生产而成的薄壁型材。它具有强度大、通用性强、耐火性好、安装简易等优点，可用于装配各类型的石膏板、钙塑板、吸音板等多种板材。主要用作罩面板装饰的龙骨支架等（图6-2-7）。

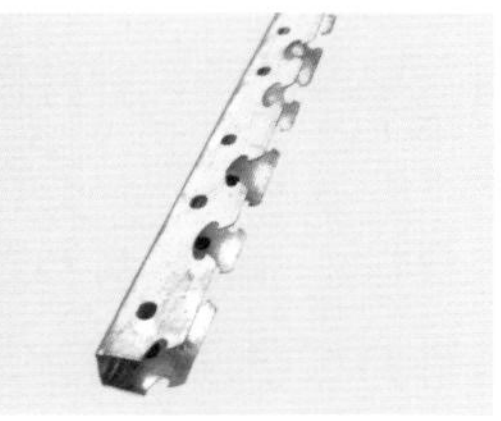

图6-2-7　轻钢龙骨吊顶龙骨(卡式龙骨)构造

轻钢龙骨按断面分有U型龙骨、C型龙骨、T型龙骨及L型龙骨，厚度通常为0.5～1.5 mm（图6-2-8至图6-2-10)。按用途分有墙体隔断龙骨(代号Q)、顶棚龙骨(代号D)。墙体龙骨分竖龙骨、横龙骨和通贯龙骨；吊顶龙骨分主龙骨、次龙骨。

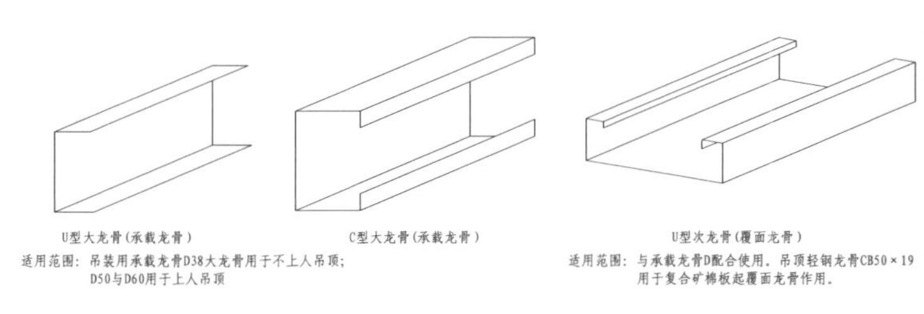

图6-2-8　轻钢龙骨吊顶龙骨U型、C型构件

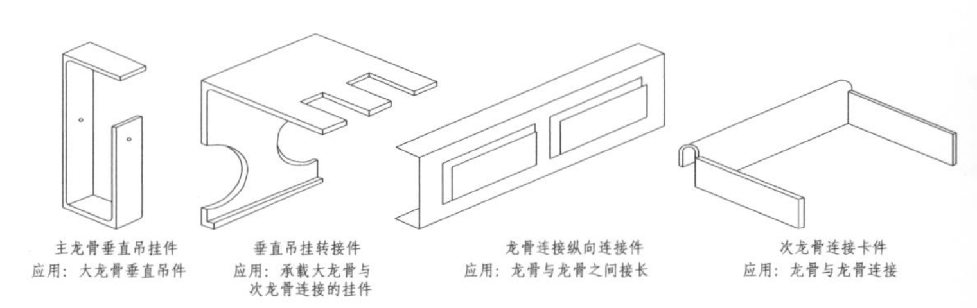

图6-2-9　轻钢龙骨吊顶龙骨U型、C型配件

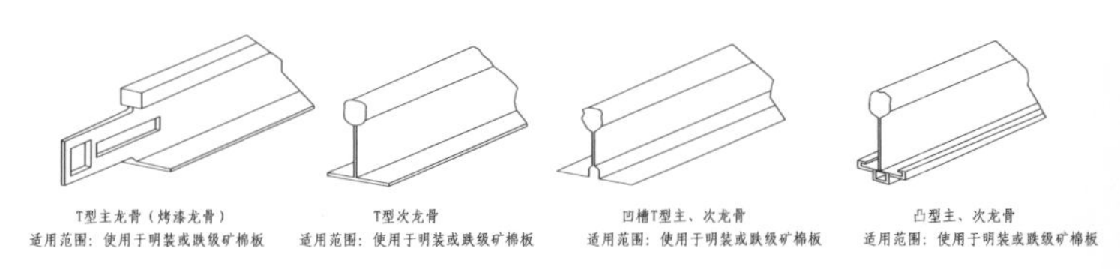

图6-2-10　轻钢龙骨吊顶龙骨T型构件

第三节 铝材及铝合金装饰材

铝及其合金是人们熟知且广泛应用的金属材料。铝质量轻、密度低、耐腐蚀、抗氧化，具有良好的导电性和导热性，可用于制造反射镜、导电材料、导热材料和蒸煮器具等；具有良好的延展性和可塑性，可加工成铝板、铝管、铝箔等，广泛应用于室内外装修中。

一、铝合金及其应用

（1）特性

在铝中加入镁、铜、锰、锌、硅等元素制成铝合金后，其化学性质发生了变化，既能保持铝原有质量轻的特性，同时能明显提高其机械性能。铝合金装饰材料具有重量轻、不燃、耐腐、耐久、不易生锈、施工方便、美观等优点。

（2）应用

铝合金广泛用于建筑工程结构和装饰装修中，如屋架、屋面板、幕墙、门窗框、活动式隔墙、顶棚、阳台、楼梯扶手及五金件等。

二、建筑装饰铝合金制品

建筑装饰中常用的铝合金制品有铝合金门窗、铝合金装饰板、铝合金吊顶龙骨、铝合金单板、铝合金钻塑板等，另外，家具设备及各类室内装饰配件也大量采用铝合金。

1. 铝合金门窗

铝合金门窗是将表面处理过的铝型材，经过下料、打孔、铣槽、攻丝、制配等加工工艺制造而成门窗框料构件，再与连接件、密封件、开闭五金件一起组合装配而成。铝合金门窗的生产造价高于普通钢门窗，但因其长期使用维修费用低、性能好、美观，所以被广泛应用。

（1）分类。铝合金门窗按开启方式可分为推拉门（窗）、平开门（窗）、悬挂门（窗）、百叶窗、无框窗、纱窗、折叠门、旋转门、卷帘门、自动门等。按型材截面尺寸不同，铝合金门窗可分为38系列、50系列、70系列、80系列、828系列、90系列、100系列等。铝合金窗型材的最小实测壁厚应≥1.4 mm，铝合金门型材的最小实测壁厚应≥2.0 mm。

铝合金门窗的玻璃品种可采用普通平板玻璃、浮法玻璃、夹层玻璃、钢化玻璃、中空玻璃等。厚度一般为4 mm或6 mm。

（2）特点。铝合金门窗与其他普通门窗相比，特点有：

① 质量轻，用材省。

② 密封性好。包括气密性、水密性和隔声性均佳。

③ 色泽美观，表面光洁，有银白色、古铜色、暗灰色、黑色等多种颜色。

④ 耐腐蚀，使用维修方便，长期使用不锈蚀、不褪色、不需要油漆。

⑤ 强度高，硬度好，坚固耐久。

⑥ 便于工业化生产。

2. 铝合金装饰板

1）铝合金花纹板

铝合金花纹板是以防锈铝合金为基质，用特制的花纹轧制而成的。它具有精致的花纹，不易磨损，防滑性能好，防腐性强，便于冲洗（图6-3-1）。表面经处理可呈现不同的颜色，广泛用于墙面、电梯门等部位的装饰。

图6-3-1 铝合金花纹板

常用规格：1000×2000×0.5 mm、1000×2000×0.8 mm、1000×2000×1.0 mm、1000×2000×1.2 mm、1220×2440×2 mm、1220×2440×3 mm、1220×2440×4 mm等。

2）铝质浅花纹板

以冷作硬化后的铝板为基质，表面加以浅花纹处理而成，除具有普通铝板优点外，刚度提高20%，抗污、抗划伤、抗擦伤能力也有所提高，其立体图案和丰富色彩使装饰性增强（图6-3-2）。装饰中应用浅花纹板不仅美观而且可以发挥材料的物理性能，对白光反射率达75%～90%，热反射率达85%～95%。耐氨、硫、硫酸、浓硝酸的腐蚀。多用于室内和车厢、飞机、电梯等内饰面。

常用规格：1000×2000×0.8 mm、1000×2000×1.0 mm、1000×2000×1.2 mm、1000×2000×1.5 mm等。

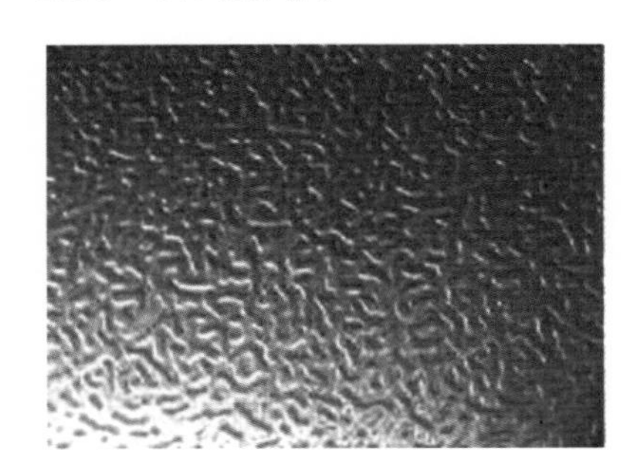

图6-3-2 铝质浅花纹板

3）铝合金波纹板

铝合金波纹板具有自重轻、色彩丰富、防火、防潮、耐腐蚀等优点，既有较好的装饰效果，又有很强的反射阳光能力，经久耐用，可20年无需更换，且拆卸下的波纹板仍可重新使用(图6-3-3)。多应用于商场、酒店、会所、别墅等建筑的墙面和顶棚装饰。

常用规格：826×3200×0.8 mm、826×3200×1.0 mm、826×3200×1.2 mm等。

图6-3-3 铝合金波纹板

4）铝合金穿孔吸声板

铝合金穿孔吸声板是将铝合金平板经机械冲孔后制作而成（图6-3-4）。孔径6 mm,孔距10～14 mm，孔型有圆孔、方孔、长圆孔、长方孔、三角孔、组合孔等。

铝合金穿孔吸声板材质轻、耐高温、耐腐蚀、防火、防潮、防震、化学性能稳定，色泽雅致、美观，装饰性好，且组装方便，在其内部放置吸音材料后可起到吸音、降噪的作用。铝合金穿孔吸声板主要用于影剧院、商场、车间控制室、机房等建筑的顶棚墙面，以便改善空间的音质。

常用规格：600×600 mm、600×1200 mm。

图6-3-4 铝合金穿孔吸声板

5）铝合金龙骨及其五金件

铝合金龙骨具有不锈、质轻、防火、抗震、安装方便等特点。铝合金材料经电氧处理后，光洁、不锈、色调柔和，吊顶龙骨呈方格状外露，美观大方。铝合金龙骨广泛应用于室内顶棚和隔墙工程中，可与各种不同规格板材任意组合安装。

铝合金还可压制成各类五金零件（图6-3-5），如把手、铰锁以及标志、提攀、嵌条、包角等装饰制品，既美观大方，又耐久不腐。

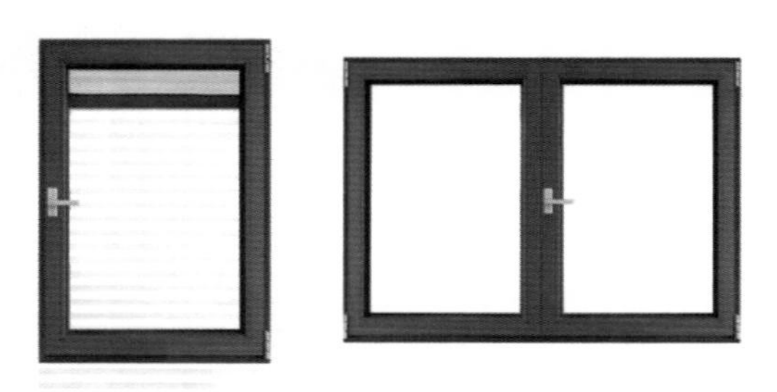

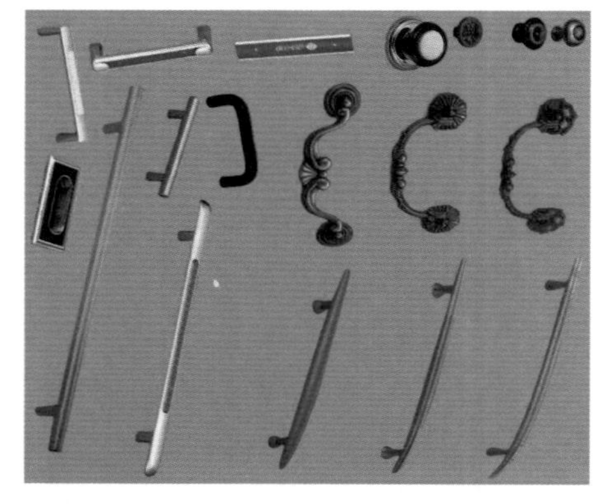

图6-3-5 铝合金五金件

6）**单层彩色铝板（铝合金单板）**

铝合金单板是按一定尺寸、形状和结构形式进行加工，并对表面加以涂饰处理而成的一种高档装饰材料。其厚度有2 mm、2.5 mm、3 mm，最大尺寸规格为1600×4500 mm。

铝合金单板多用于各类公共建筑墙面、板面、隔断、顶棚等部位。

7）**铝塑复合板(铝塑板)**

铝塑板由三层组成，其表层和底层为2～5 mm厚高强度铝合金薄板，中间层为聚乙烯芯材（或其他材料的夹心层），三层经高温高压制成的新型装饰板，表面喷涂氟碳树脂或聚酯涂料（图6-3-6）。

图6-3-6 铝塑复合板(铝塑板)

铝塑板耐候性强，耐酸碱、耐摩擦、耐清洗、自重轻、成本低、防水、防火、防蛀、色彩丰富，表面花色多样，隔音隔热效果好，使用安全，弯折造型方便，装饰效果好。广泛应用于建筑的内外墙体、门面、柱面、壁板、顶棚、展台等部位的装饰。厚度一般为4 mm，规格为1220×2440 mm。

铝塑板的内部结构及构造如图6-3-7。

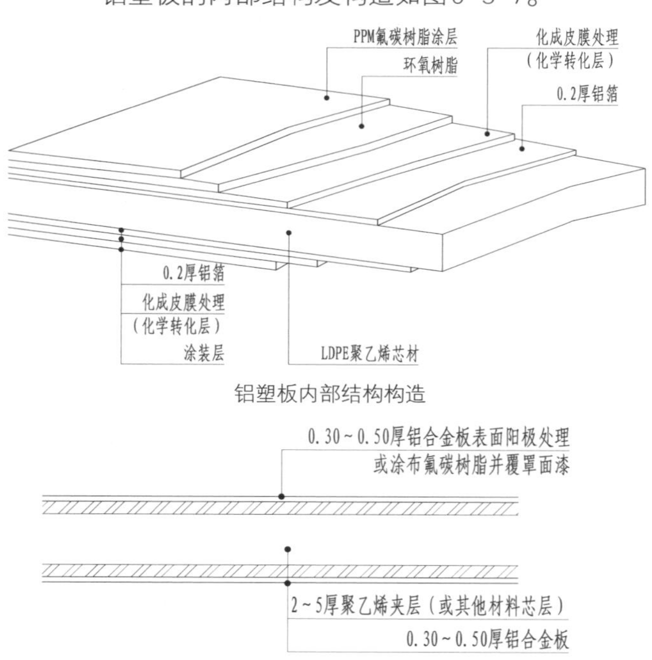

图6-3-7 铝塑复合板(铝塑板)构造

3. 铝质顶棚

铝质顶棚分为铝单板顶棚系列和铝扣板顶棚系列两类。

1）**铝单板顶棚系列（厚度在1.5 mm以上的铝板）**

采用优质铝合金面板为基材，运用先进的数控折弯技术，确保板材在加工后能平整不变形。

2）**铝扣板顶棚系列（厚度在1.2 mm以下的铝板）**

铝扣板顶棚主要分为条型、方型、栅格三种(图6-3-8)。

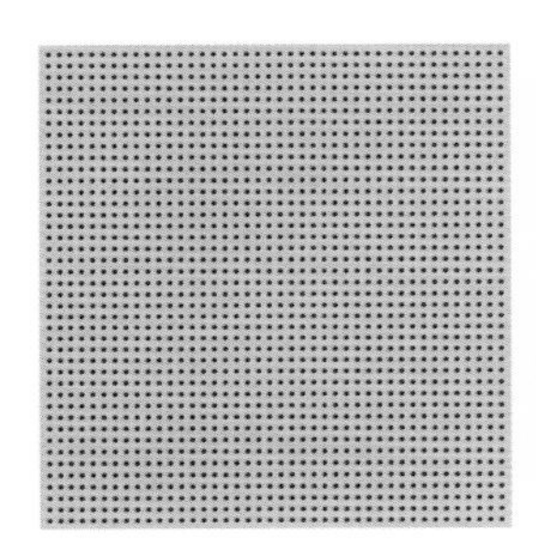

铝板装修顶棚①

铝板装修顶棚②

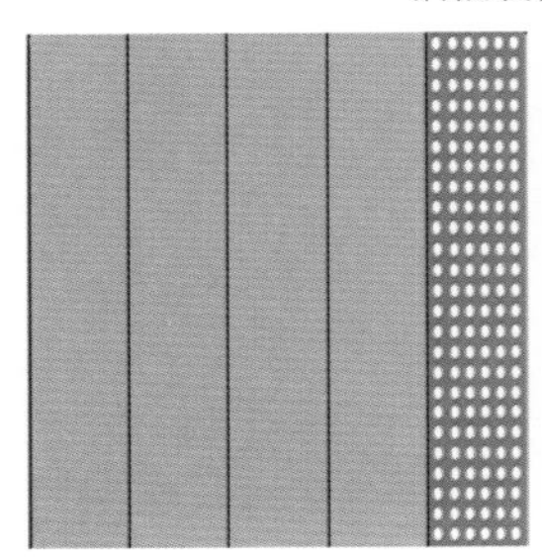

条形铝板顶棚

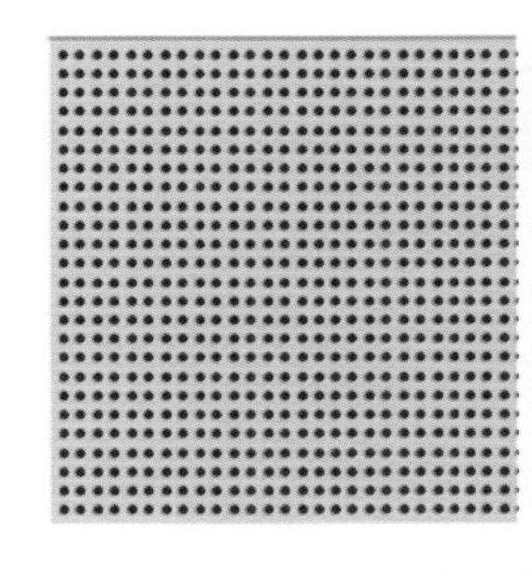

方形铝板顶棚

图6-3-8 铝质顶棚板

条形烤漆铝扣板顶棚为长条形的铝扣板，一般适用于走道等地方，在设计上有助于减弱通长的感觉。目前家庭装修大多已不再用此种材料，主要是不耐脏且容易变形。

方型铝扣板主要有300×300 mm、600×600 mm两种规格，另外，还有长方形、弧形铝扣板。300×300 mm规格的铝扣板适用于厨房、厕所等容易脏污的地方，而其他形状尺寸的铝扣板可使用在办公会议室、商场等空间。

方型铝扣板又有微孔和无孔两种。微孔式的铝扣板最主要的好处是其可通潮气，使洗手间等高潮湿地区的湿气通过孔隙进入顶部，避免了在板面形成水珠痕迹。

栅格铝扣板适用于商业空间、阳台及过道等部位的装饰。规格有100×100 mm、150×150 mm等。

铝质天花板的表面处理工艺主要是覆膜、滚涂、阳极氧化。这几种工艺的实施手法以及优点各不相同。

（1）覆膜。覆膜是由一层膜一层铝板经过高温高压压合而成。覆膜工艺的优点是抗油烟、耐磨损、防潮湿、触感好、花色多、价位适中，性价比好。

（2）滚涂。滚涂是采用热轧优质铝合金板为基材，通过三涂三烘滚涂加工工艺压合而成。其优点是健康环保，抗刮、耐腐、防油污、耐衰变、耐酸碱、耐粉化。

（3）阳极氧化。阳极氧化是将金属或合金的制件作为阳极，采用电解的方法使其表面形成氧化物薄膜。采用阳极氧化工艺的优点是健康环保、自洁、耐刮、耐磨，防指纹、防腐蚀，色彩丰富（图6-3-9）。

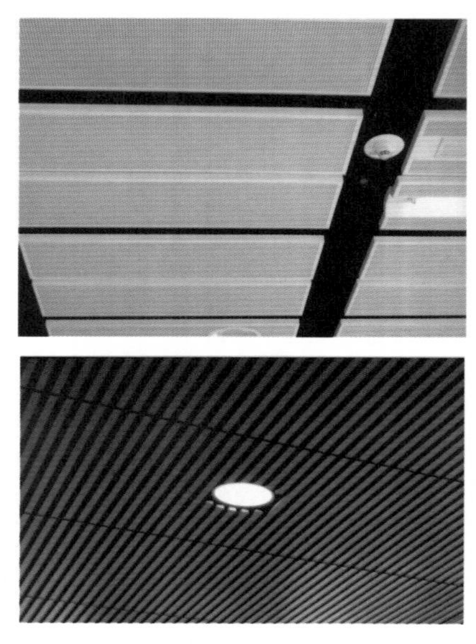

图6-3-9

铝质天花板施工时要注意配用专用龙骨，龙骨为镀锌钢板和烤漆钢板，标准长度为3000 mm。铝质天花板的施工要点：

① 根据同一水平高度装好收边角系列。

② 按合适的间距吊装轻钢龙骨，一般间距1～1.2米，吊杆距离按轻钢龙骨的规定分布。

③ 把预装在顶棚龙骨上的吊件连同扣板龙骨紧贴轻钢龙骨，并与轻钢龙骨成垂直方向扣在轻钢龙骨下面。

④ 将顶棚板按顺序并列平行扣在配套龙骨上，顶棚板连接时用专用龙骨系列连接件接驳。

注意，板面安装时必须戴手套，如不慎留下指印或污渍，可使用添加了洗洁精的开水进行清洗，然后抹干即可。

施工工艺对于铝质天花的使用有很大的影响，好的施工工艺不仅可以提升铝质天花板产品的使用寿命，而且方便后期的拆卸。

第四节　铜和铜合金装饰材

一、铜材

铜材表面光滑，光泽中等，有良好的导电、传热性，经磨光效果处理后表面可达到镜面的亮度。铜材经铸造、机械加工成型，表面运用镀镍、镀铬等工艺处理后，可具有抗腐蚀、色泽光亮、抗氧化性强的特点。因其经久耐用且集古朴和华丽于一身而成为高级装饰材料，用于宾馆、酒店、别墅、会所等建筑装饰装修物的零部件和饰品。

二、铜合金

1. 黄铜

黄铜是以铜锌为主的铜合金，耐蚀性好，有良好的铸造性，可装饰各种建筑装饰装修的零部件、工艺品等。

2. 青铜

青铜是以铜、锡为主的铜合金，强度好、耐腐蚀，可铸造制成各种建筑装饰装修的零部件、工艺品等。

3. 铜合金型材

铜合金经机械挤制或压制而形成不同横断面形状的型材，有空心型材和实心型材。铜合金型材具有与铝合金相似的优点，可用于门窗以及外墙装饰等。

第五节　金属装饰材料的构造方法

一、不锈钢薄板常用构造方法

不锈钢薄板常用构造方法有粘贴法和干挂法两种。粘贴法施工工艺是将不锈钢薄板用专用粘接胶贴在木板（或多层胶合板）基层上。干挂法同铝板干挂相同。详细做法参见本节的铝合金单板（铝板）干挂构造作法。

二、搪瓷装饰板墙面（或柱体）干挂工艺流程及构造方法

施工工艺流程：复尺 → 放线、测量定位 → 材料复检 → 预埋件 → 龙骨安装、调整弓搪瓷 钢板安装、调整 → 清洁。

搪瓷装饰板墙面的构造方法，详见图6-5-1至图6-5-3所示。

三、轻钢龙骨安装构造作法

轻钢龙骨安装构造见图6-5-4。

四、铝合金穿孔吸声板吊顶施工要点及构造做法

工艺流程：

弹线 → 安装吊杆 → 安装龙骨 → 安装面板

龙骨安装之前要对吊杆及焊缝要进行防腐处理。龙骨的安装一般是从房间（或大厅）的一端依次安装到另外一端，如有高低跨部分先安装高跨而后再安装低跨；先安装上人龙骨，后安装一级龙骨。对于检修口、照明灯、喷淋头、通风箅子等部位，在安装龙骨的同时，应将尺寸及部位留出，在四周加设封边横撑龙骨，而且检修口处的主龙骨应加设吊杆。吊顶中心一般轻型灯具可固定在副龙骨或横撑龙骨上；重型灯具应按设计要求重新加设吊杆，不应固定在龙骨上；对特殊造型的吊灯，施工时根据具体情况而定。

安装面板首先要对面板的规格、质量进行复检，对有图形的面板事先进行试拼。面板与龙骨的连接，一般有固定式粘结法吊顶、搁置式明装吊顶、嵌入式暗装等方法（图6-5-5）。

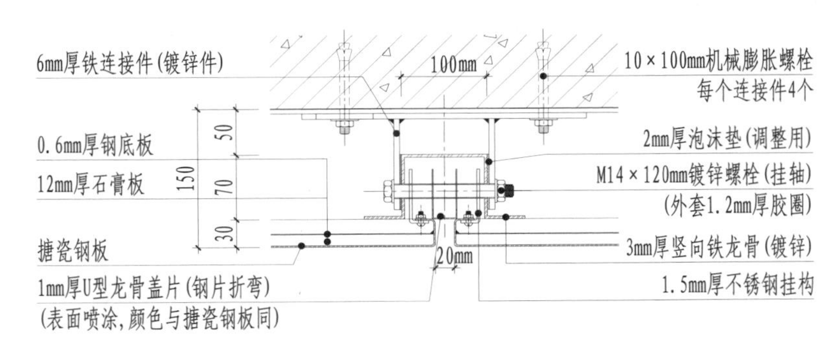

图6-5-1　搪瓷钢板墙面装饰构造

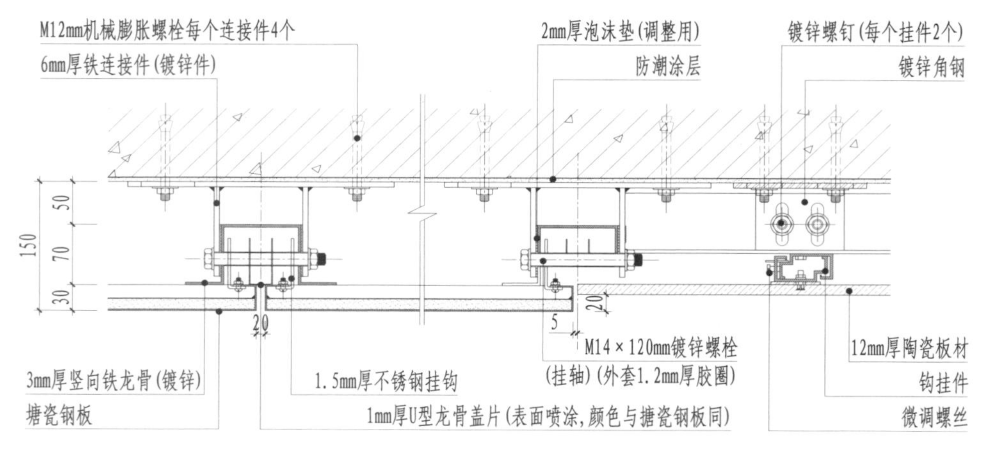

图6-5-2 搪瓷钢板与石材墙面装饰构造

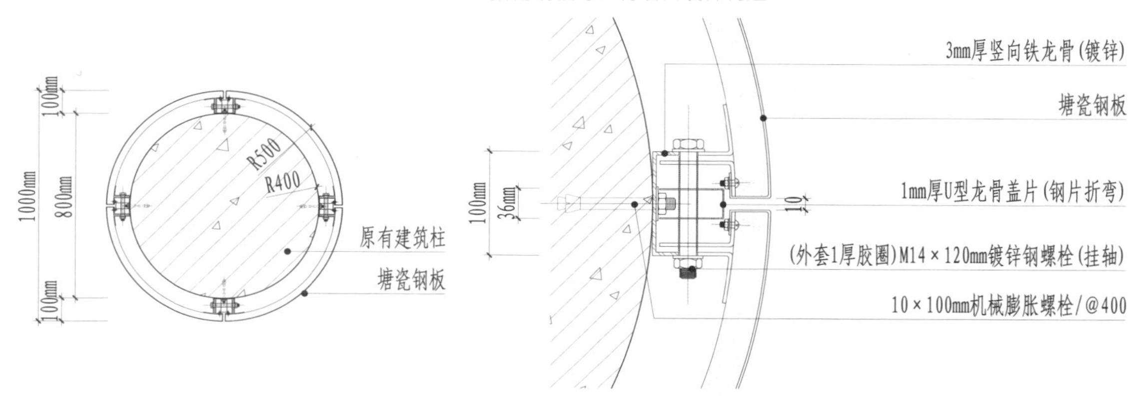

图6-5-3 搪瓷钢板包圆柱装饰构造

轻钢龙骨吊顶龙骨(卡式龙骨)安装构造　轻钢龙骨吊顶龙骨(转接式龙骨) 安装构造　轻钢龙骨隔墙龙骨安装构造

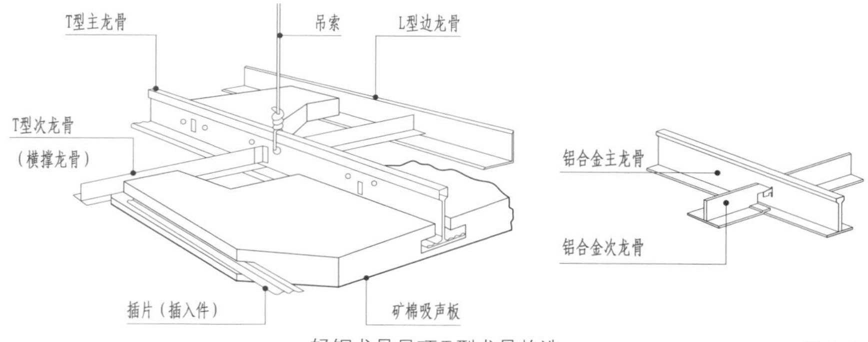

轻钢龙骨吊顶T型龙骨构造

图6-5-4 轻钢龙骨安装构造

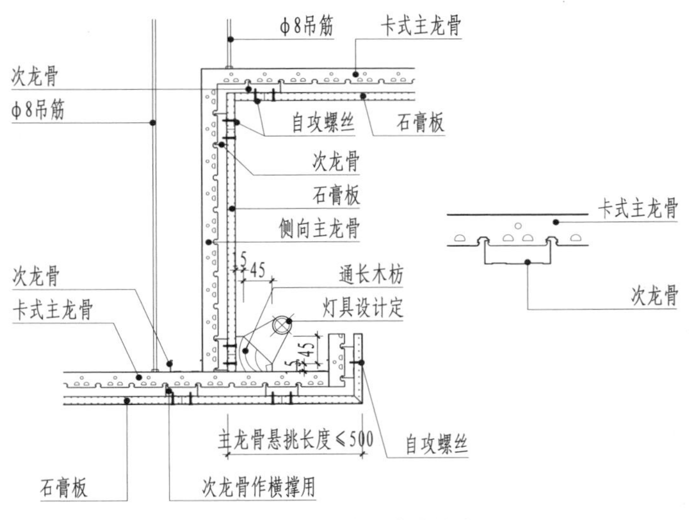

轻钢龙骨吊顶卡式龙骨构造

续图6-5-4

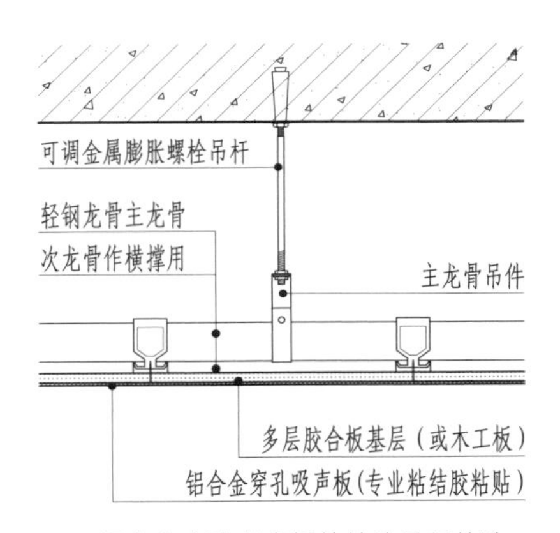

铝合金穿孔吸声板粘结法吊顶构造

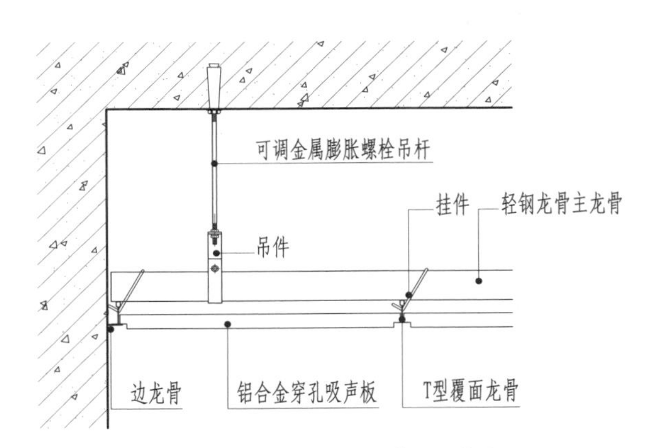

铝合金穿孔吸声板搁置式明装吊顶构造

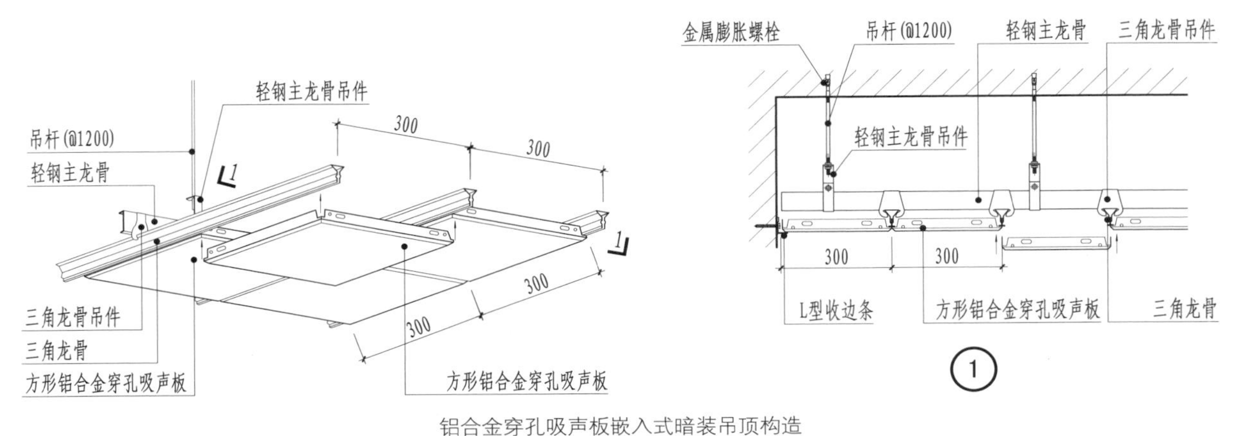

铝合金穿孔吸声板嵌入式暗装吊顶构造

图6-5-5 铝合金穿孔吸声板吊顶构造

五、铝合金单板（铝板）干挂工艺流程及构造方法

工艺流程：放线 → 安装固定连接件 → 安装骨架 → 安装铝板

铝合金单板的构造方法详见图6-5-6、图6-5-7所示。

图6-5-6　铝合金单板(铝板)包柱干挂现场构造

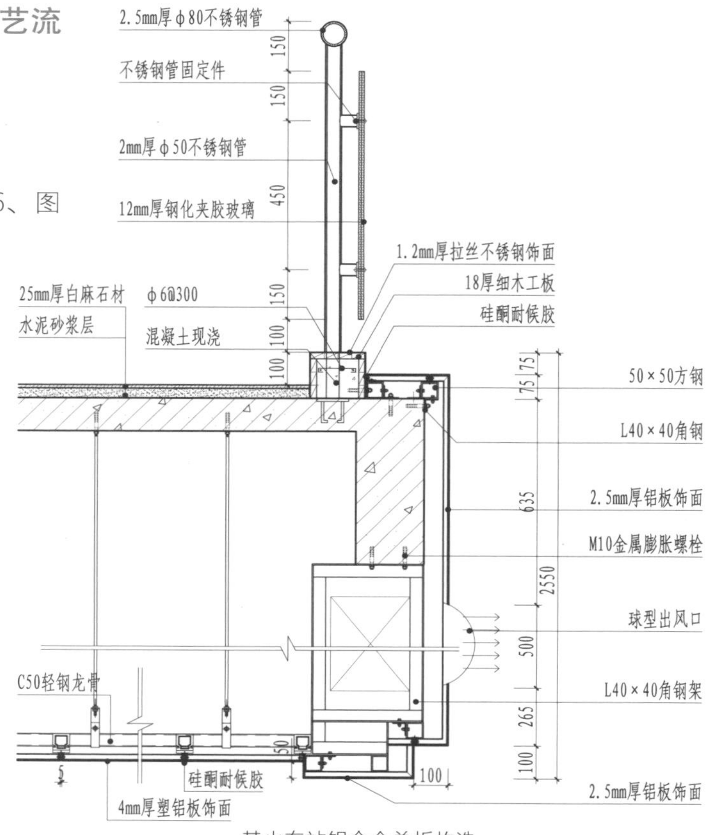

某火车站铝合金单板构造

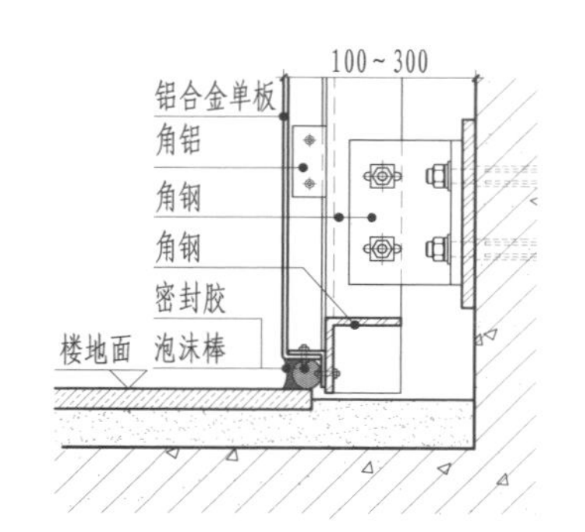

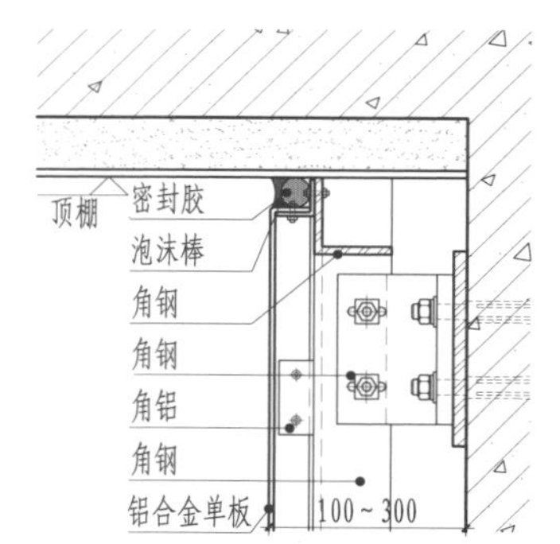

铝合金单板干挂法上下收口构造

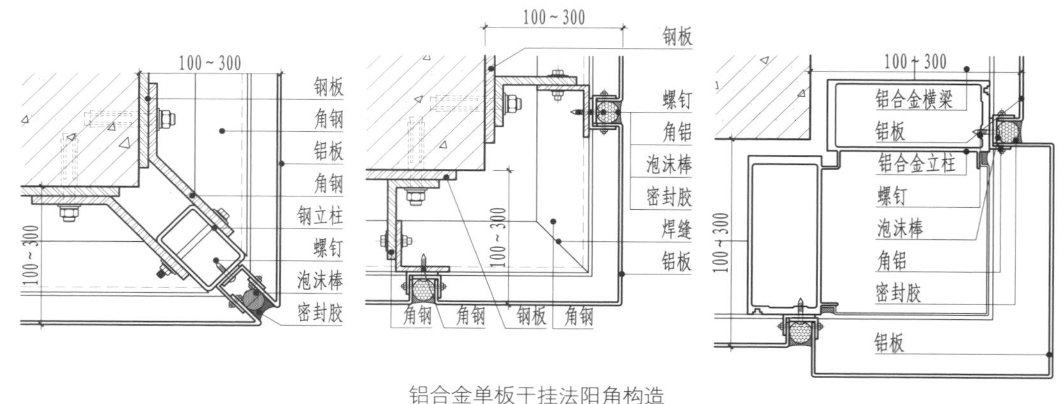

铝合金单板干挂法阳角构造

图6-5-7

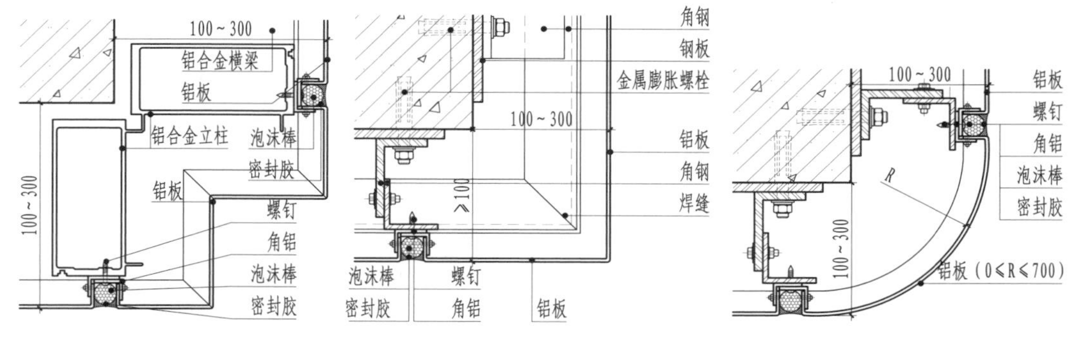

铝合金单板干挂法阳角构造

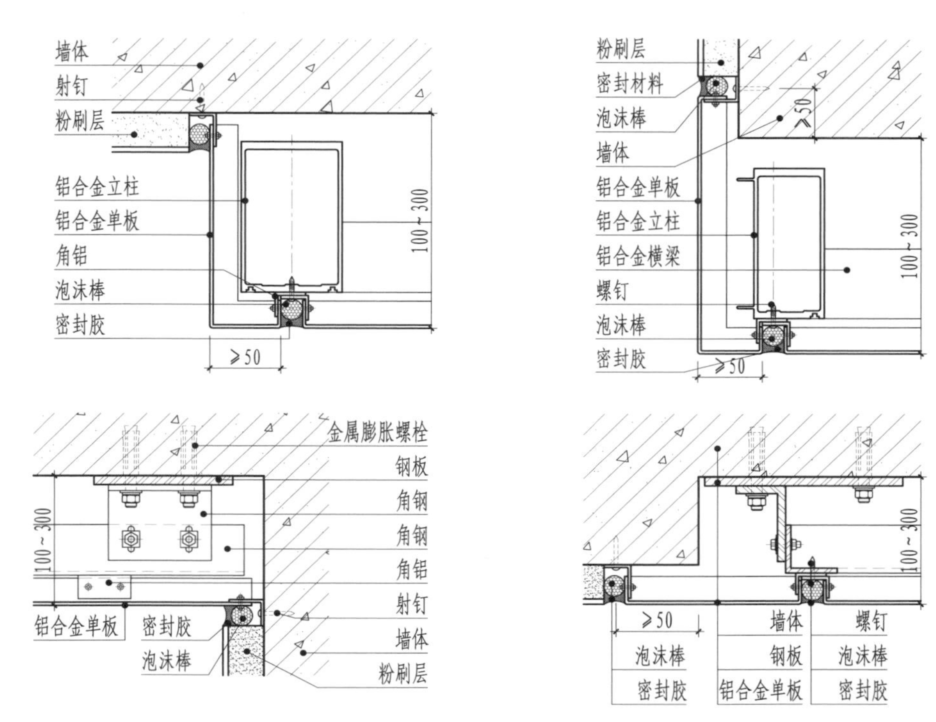

铝合金单板干挂法侧面收口构造

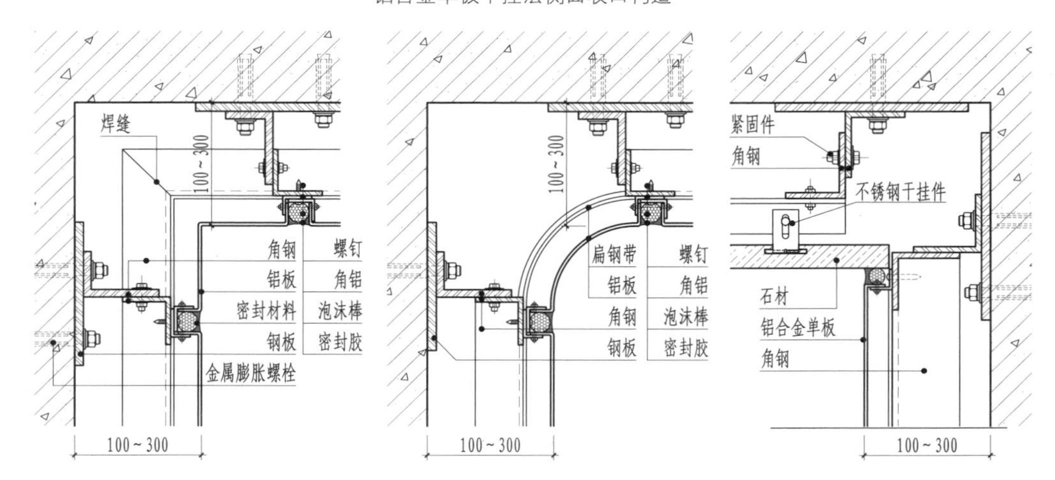

铝合金单板干挂阴角构造

续图6-5-7

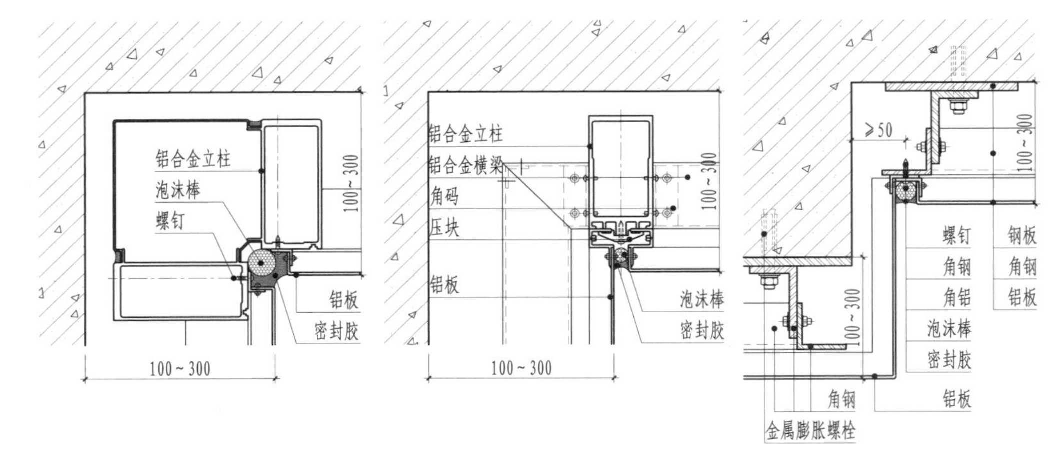

铝合金单板干挂法阴角构造

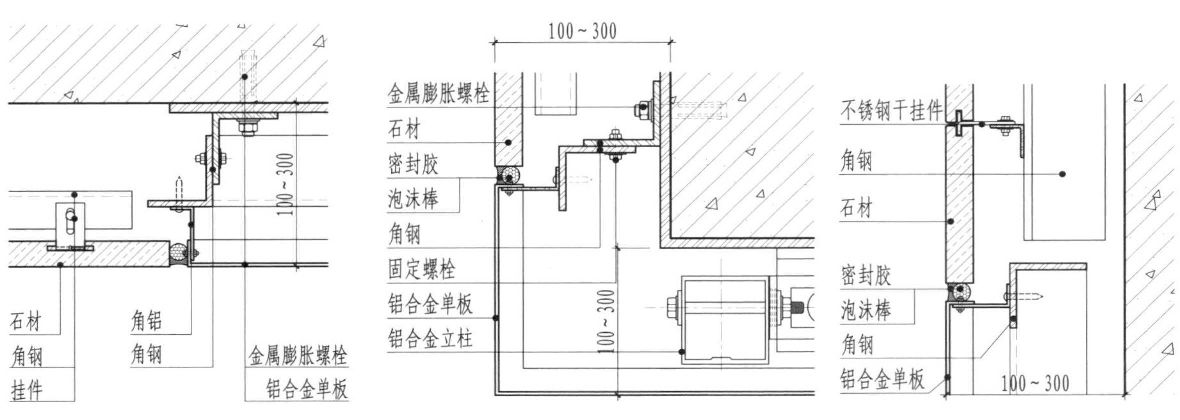

铝合金单板干挂法与石材接口构造图

续图6-5-7

六、铝塑板施工方法及要点

铝塑板的施工方法主要有粘贴法和干挂法。

1. 粘贴法

在墙体（或柱体）上，用40×40 mm的镀锌方钢焊成骨架找平，用M10金属膨胀螺栓与墙体固定。然后将18 mm厚的木工板（或多层胶合板）基层固定于方钢架上，最后把铝塑板用粘结胶贴在木工板（或多层胶合板）上。一般板缝留3~5 mm的工艺缝，板材贴好后，在缝之间打密封胶。具体见图6-5-8。

2. 干挂法（和铝板干挂工艺相同）

干挂法构造如图6-5-9。

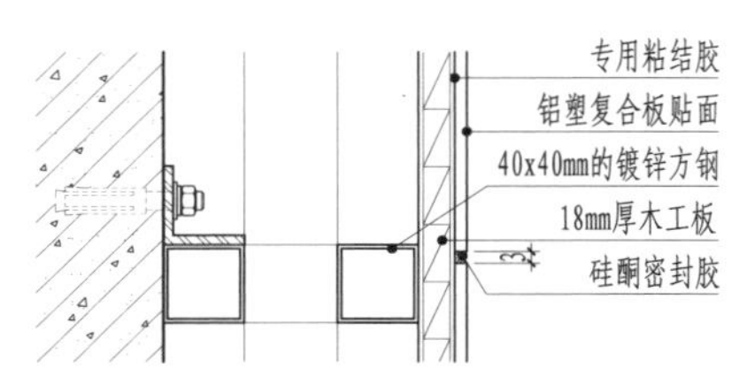

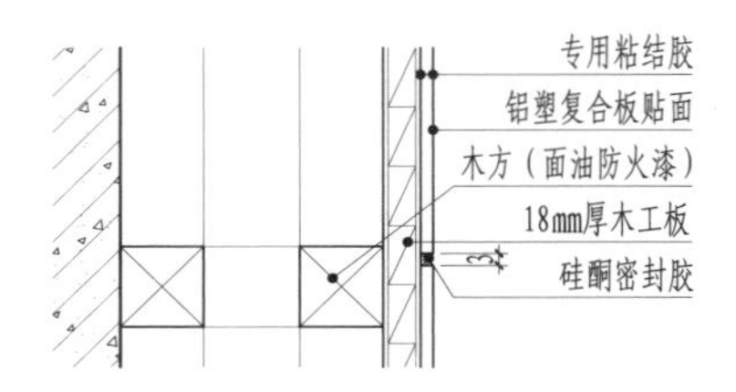

铝塑板的粘贴法构造

图6-5-8

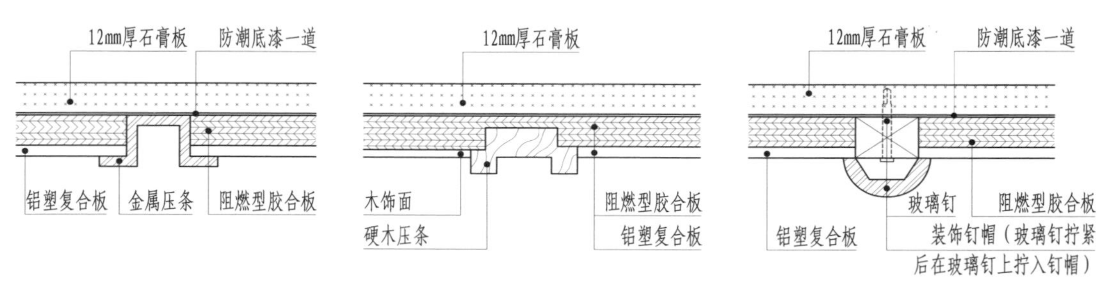

铝塑板饰面压条固定构造

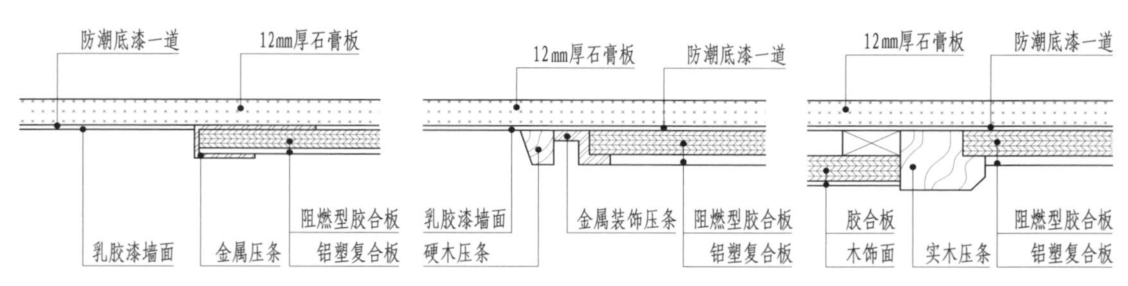

铝塑板饰面收边构造

续图6-5-8

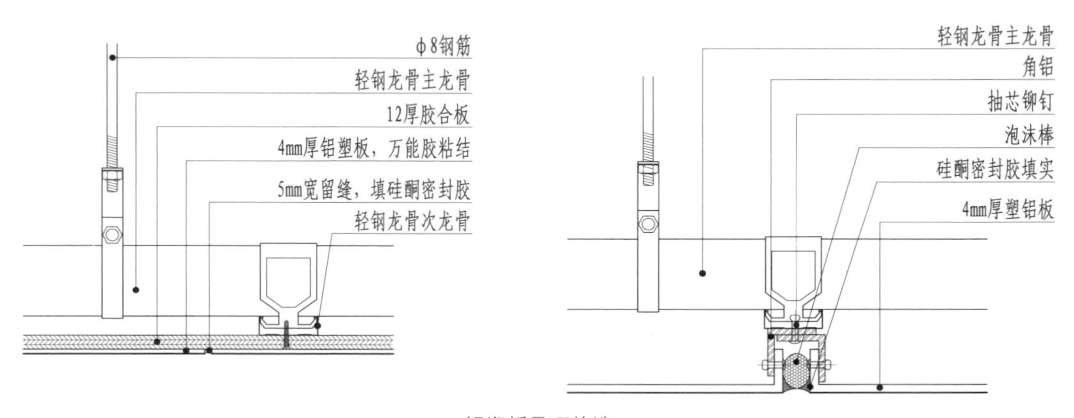

铝塑板吊顶构造

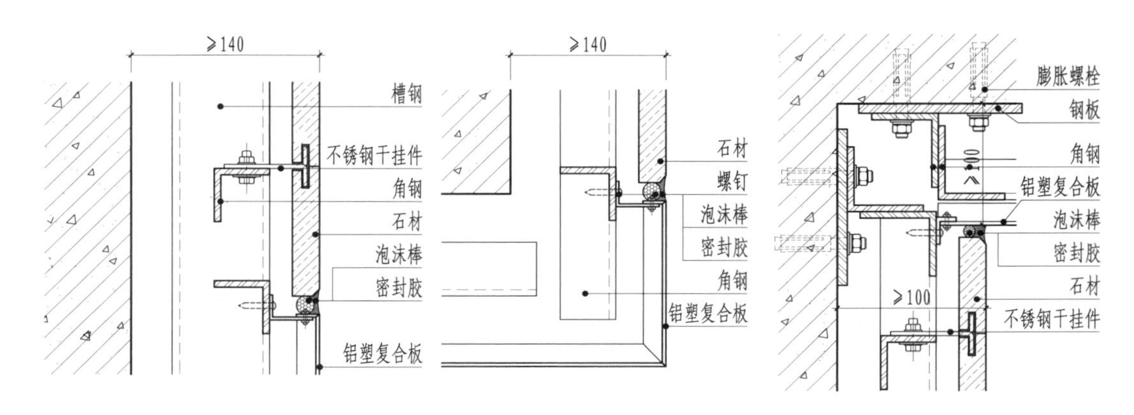

铝塑板饰面干挂法构造

图6-5-9 铝塑板的干挂法构造

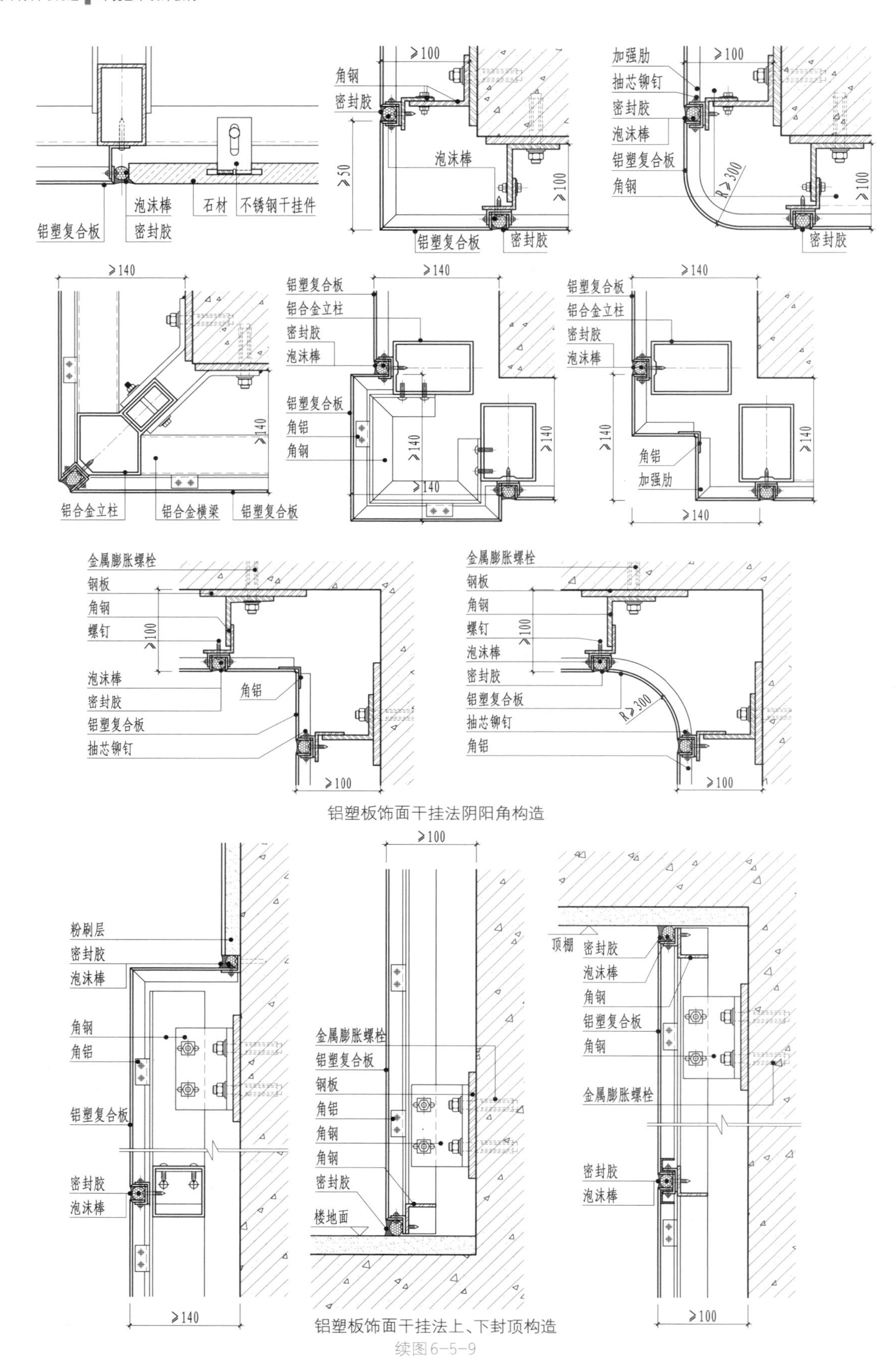

铝塑板饰面干挂法阴阳角构造

铝塑板饰面干挂法上、下封顶构造

续图6-5-9

七、铝合金条板吊顶施工流程及构造方法

铝合金条板吊顶安装施工流程：

龙骨布置 → 弹线 → 固定吊杆 → 安装调平龙骨 → 安装铝合金条板 → 条边封口

（1）龙骨布置与弹线：

① 确定标高线。定出吊顶平面的标高线，并将标高线用粉线包弹到柱面或墙面上。沿标高线用木楔或水泥钉固定角铝，角铝色彩应与铝合金面板一致。

② 确定龙骨位置线。根据房间形状、尺寸及铝合金面板规格确定面板走向、接头位置，安排龙骨及吊点的位置，龙骨间距通常为600～1200 mm，吊点间距控制在1 m左右。

③ 如果吊顶有高差，应将变截面的位置线弹到楼板上。

（2）固定吊杆。采用φ6（或φ8）钢制吊杆，吊杆与龙骨以螺栓相连接。

（3）安装调平龙骨。龙骨可在地面上分片组装，然后托起与吊杆连接固定。龙骨与吊杆连接时，先拉纵横标高控制线，从一端开始边安装边调整，最后再精调一遍。

（4）安装铝合金条板(挂板)。

构造如图6-5-10所示。

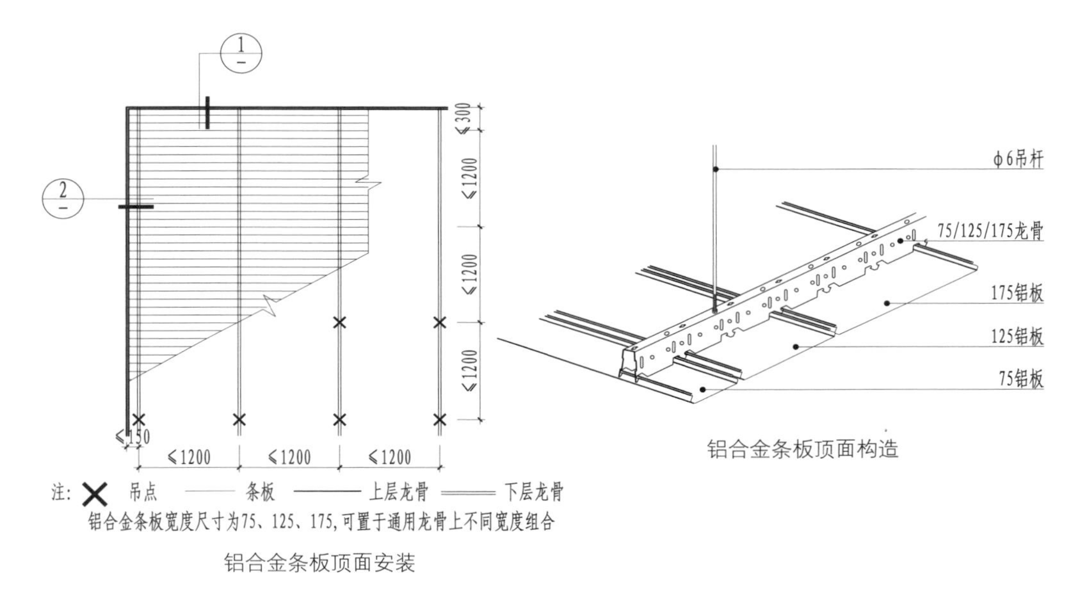

铝合金条板顶面安装

铝合金条板顶面构造

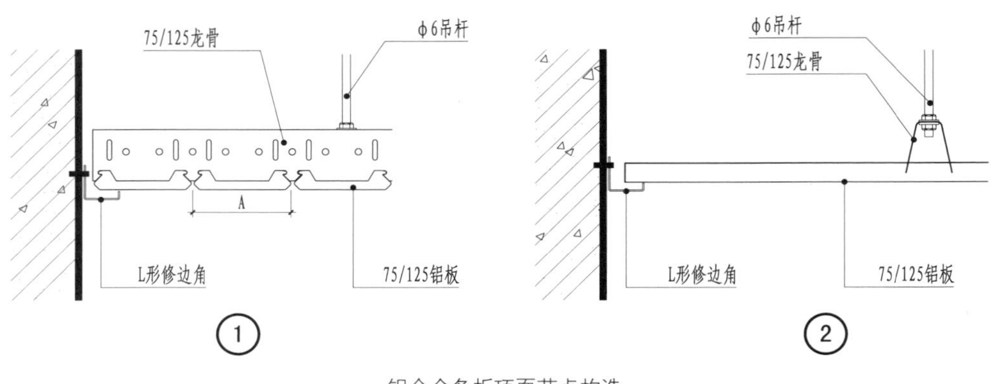

铝合金条板顶面节点构造

图6-5-10 铝合金条板(挂板)吊顶构造

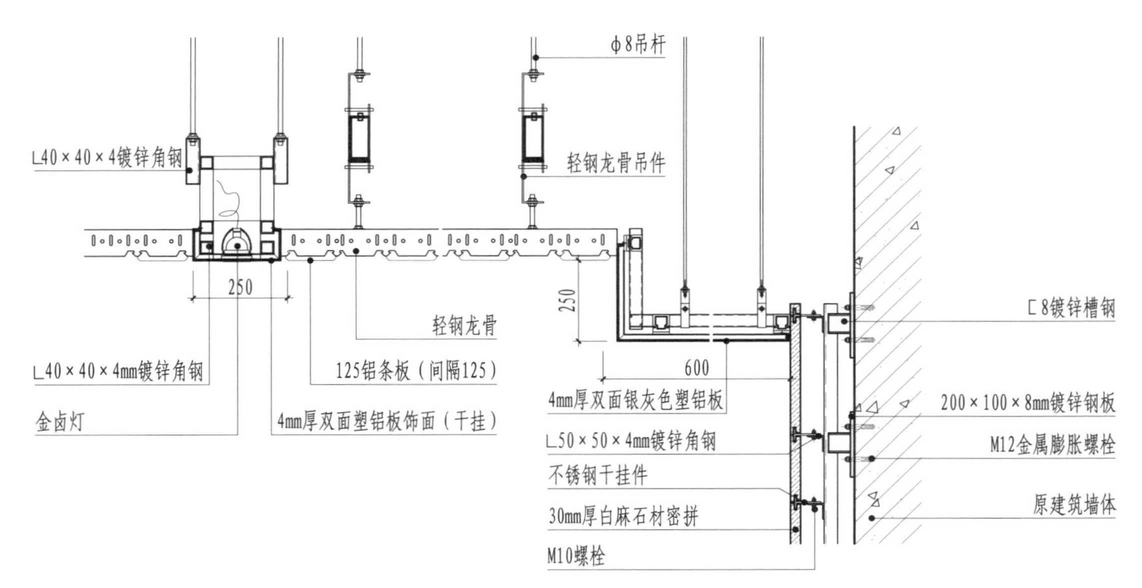

铝合金条板和塑铝板(干挂)吊顶交接构造1

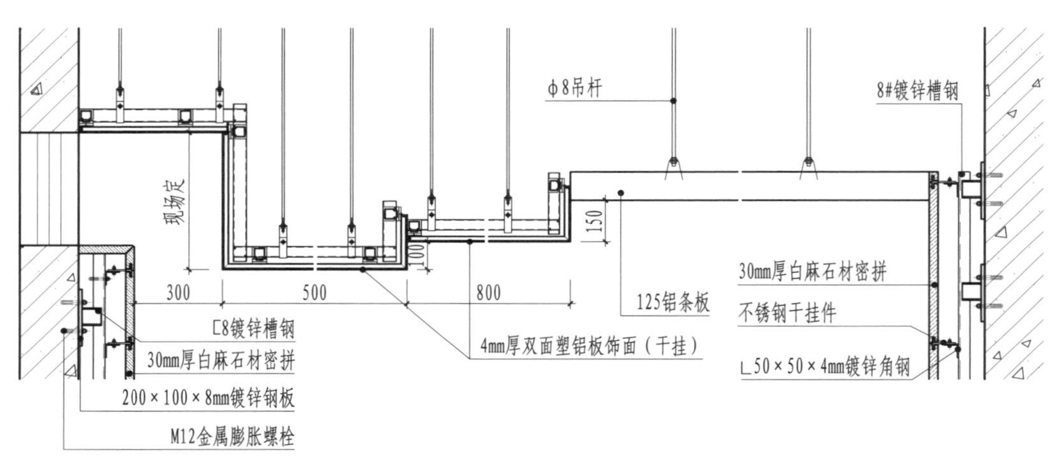

铝合金条板和塑铝板(干挂)吊顶交接构造2

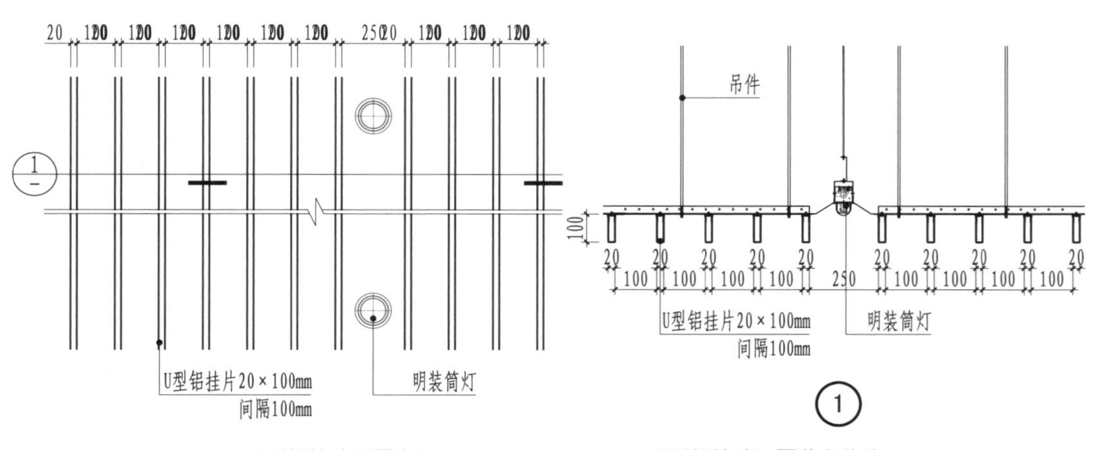

U型铝挂片顶面布置　　U型铝挂片顶面节点构造

续图6-5-10

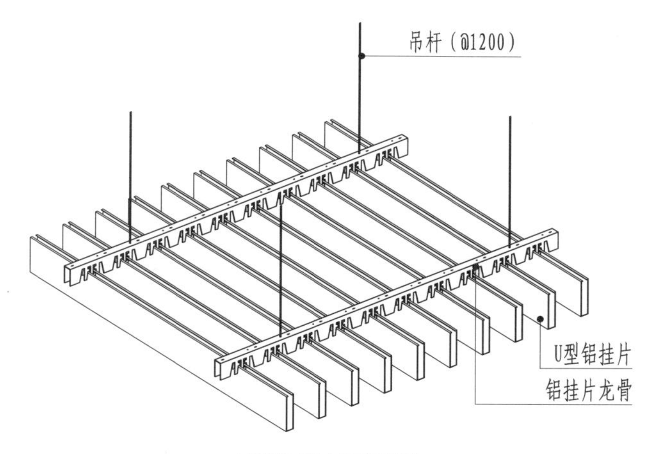

U型铝挂片吊顶结构

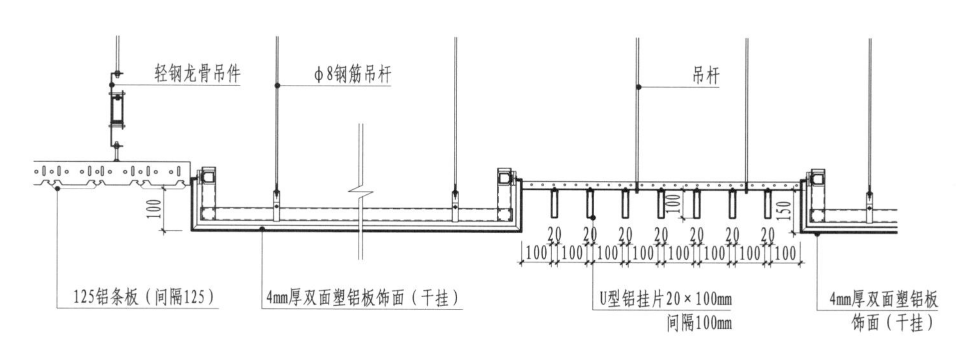

U型铝挂片和塑铝板交接吊顶构造

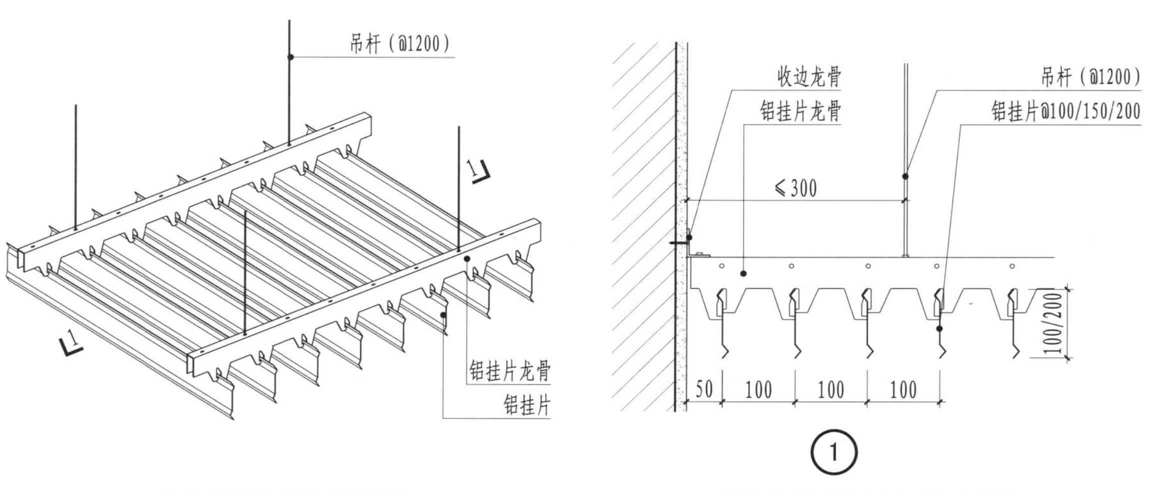

铝挂片(垂直插片)吊顶结构

铝挂片(垂直插片)吊顶节点构造

续图6-5-10

八、金箔、银箔、金粉、银粉

金箔、银箔由金银制成，是珍贵的贴金材料，是我国特有的手工艺产品。多用于古建筑、工艺美术品和家具等的装饰。

常用的金箔有两种，一是库金，颜色较深，用 27 g 金能打成 9.33 cm × 9.33 cm 的金箔 100 片。二是赤金，颜色稍浅，规格为 8.33 × 8.33 cm，含金量 74%，白银 26%。库金质量最好，色泽经久不变，可用于室外贴金；赤金质量较次，耐候性稍差，经风吹日晒易于变色。

目前市场上出售的贴金材料是铜箔或铝箔，铜箔是黄方，铝箔是白方，是以铜、铝材料压制成像竹衣一样的薄膜，经技术处理后渐渐转色，色如黄金、光亮夺目，可与金箔媲美。

如今金箔、银箔、铜箔已广泛应用在建筑装修中。

复习参考题

1. 简述不锈钢材料的主要特点及在装修中的应用。

2. 简述搪瓷装饰钢板的主要特点及在装修中的应用。

3. 试以断面不同列举轻钢龙骨的种类及各自的主要应用范围。

4. 简述铝合金的特点及其在装修中的应用。

5. 列举三种以上铝合金装饰板，并简述各自的特点、常用规格及其在装修中的应用。

6. 绘制搪瓷钢板墙面构造图。

7. 铝塑板的主要施工方法有哪两种？绘出各自的构造图样。

第七章 装修涂料

【学习目标】

了解装饰装修涂料的基本特性，熟悉各类品种的优缺点，
重点掌握不同类别涂料的使用方法及其在各界面上的施工工艺要点，
为从事室内设计工作打下基础。

【建议学时】

3学时

第一节 涂料的分类及特点

装饰装修涂料是指涂于物体表面，能与装饰装修材料粘结在一起，并形成整体涂膜的液膜材料。

装饰装修涂料的品种繁多，按使用部位可分为外墙涂料、内墙涂料和地面涂料等。按包含的树脂类别可分为油漆类、天然树脂类、醇酸树脂类、丙烯酸树脂类、聚酯树脂类和辅助材料类等。按成膜物质化学成分分类有无机涂料、有机涂料和复合涂料等。按涂膜厚度可分为薄质涂料和厚质涂料。按所具有的特殊功能可分为防火涂料、防腐涂料、保温涂料、防霉涂料、弹性涂料等。

装饰装修涂料具有重量轻、附着力强、施工简便、价廉质优、易于维修、色彩丰富等特点。涂料的品种丰富，装饰效果多样，如浮雕类涂料具有强烈的立体感，彩砂涂料色泽新颖、质感晶莹等。另外，通过不同的施工方法，装饰涂料又可获得不同的装饰效果，例如经喷涂、滚花、拉毛等工艺可产生不同质感的花纹。

第二节 涂料的基本组成

涂料的组成有主要成膜物质、次要成膜物质和辅助材料等。

1. 主要成膜物质

主要成膜物质即胶粘剂或固着剂。一般高分子化合物成膜后可形成高分子化合物的有机物，包括合成树脂、天然树脂或动植物油等。主要成膜物质作用是将涂料中的其他组成部分粘结成一体，并使涂料附着于基层表面，形成强韧的保护膜。

2. 次要成膜物质

次要成膜物质包括颜料和填料，与主要成膜物质共同构成涂膜。

颜料可均匀地分散在涂料介质中，在物体表面形成色层，使涂层具有一定遮盖力，增加色彩效果，同时还可增强涂膜强度。由于颜料还有防止紫外线穿透的作用，故能提高涂层的耐老化性及耐候性。

填料又称为体质颜料，价格低廉，不具有遮盖力和着色力，但可增加涂料体积和降低涂料成本。主要类别有粉料和粒料两种。

3. 辅助材料

辅助材料中主要包括溶剂、水和助剂等。

溶剂和水是液态涂料的成分之一，但在涂料刷于基层之后，会逐渐蒸发，故最终不会留在涂膜中。溶剂和水与涂膜的形成、质量、成本等均密切相关。

助剂的类型主要包括以下几种：催干剂、固化剂、催化剂、引发剂、增塑剂、紫外光吸收剂、抗氧剂、防老化剂等。特殊功能性涂料还需采用具有相应功能的助剂，如防火涂料采用难燃助剂，膨胀型防火涂料采用发泡剂等。

第三节 内墙涂料

一、内墙涂料及其特点

内墙涂料主要用于室内墙面装饰装修，使室内环境舒适、整洁、美观（图 7-3-1，图 7-3-2）。主要特点有：

① 色彩丰富，质感细腻。内墙涂料既具有丰富的色彩，又富于细腻的质感，可满足人们在室内环境中的视觉和触觉的多种需求。

② 耐碱性、耐水性、耐粉化性良好，透气

性好。由于墙面基层为碱性，且室内环境一般比室外湿度高，因此内墙涂料需具有耐碱性及耐水性。同时透水性好的涂料可避免墙面结露或挂水，以取得舒适的室内环境。

③ 涂刷容易，价格合理。内墙涂料皆易于涂刷、便于施工和维修方便。其价格与其他饰面材料相比较为低廉，是一种被广泛使用的墙体装饰材料。

图7-3-1 内墙涂料涂刷效果

图7-3-2 内墙涂料涂刷效果

二、内墙涂料的种类

1. 水溶性内墙涂料

水溶性内墙涂料包括聚乙烯醇水玻璃内墙涂料(简称106内墙涂料)和聚乙烯醇缩甲醛内墙涂料(简称107、803内墙涂料)等。

803内墙涂料是以聚乙烯醇系水溶液为基料，加入颜料、填料及助剂经搅拌研磨而成的水溶性内墙涂料，具有较强的耐洗刷性。可广泛用于住宅、公共建筑的内墙及顶棚。

2. 合成树脂乳液内墙涂料(又称内墙乳胶漆)

合成树脂乳液内墙涂料主要应用于室内墙面及顶棚装饰。是由合成树脂乳液为主要成膜物质的薄型材料，此类乳胶漆的共同特点是:

① 以水为分散介质，不污染环境，对人体毒性小，不燃、价格低、透气性好，不易结露和起泡。

② 施工方便、易清洁。

③ 耐水、耐碱、耐候性好，涂布时基层含水不可大于10%。

④ 色彩丰富、装饰性强。

⑤ 低温下不能形成优质涂膜，施工温度一般在5 ℃~35 ℃以上。

常用内墙乳胶漆性能比较见表7-1。

3. 隐形变色发光涂料

隐形变色发光涂料是一种能隐形、变色和发光的建筑内墙涂料，主要是由成膜物质、有机溶剂、发光材料等助剂加工而成的。它可直接以刷、喷、滚或印刷的方法涂于材料表面，并可以涂饰成预先设计的图案。图案在普通光线下不显形，在紫外灯光照射下，可呈现出各种美丽的色彩图案。另外还可用于舞厅、酒吧、地下水族馆等娱乐场所的墙面及顶棚装饰，并可用于舞台布景、广告、道具等特殊部位。

表7-1 常见内墙乳胶漆性能比较品种名称

品种名称	主要特点	档　次	应　用
聚醋酸乙烯内墙乳胶漆	无毒、不燃、涂膜细腻、平滑、透气性好、价格适中	中高档	仅适宜涂刷内墙及顶部，不宜作外墙涂料使用
乙丙内墙乳胶漆（亦称醋丙乳胶漆）	无毒、无味、不燃、透气性好，外观细腻、保色性好、有光泽，耐碱性、耐水性、耐久性好，价格适中	中档较高档	适宜用于内墙及顶棚装饰，不宜用于外墙及潮气较大的部位
苯丙乳胶漆	无毒、无味、不燃、高耐光性、耐候性、漆膜不泛黄；外观细腻、色泽鲜艳，与水泥附着力好；耐碱性、耐水性、耐洗刷性均较强，价格适中	高档	可用于内、外墙装饰及潮气较大的部位
氯偏共聚乳液内墙涂料	无毒、无味、不燃、抗水、耐磨，涂层干燥快、施工方便、光洁，具有良好的耐水、耐碱、耐化学腐蚀性能	中档	可用于工业民用建筑物内墙面装饰，可在较潮湿基层上施工；用于地下建筑工程和山中洞库时防潮效果更为显著

4. 膨胀珍珠岩喷浆涂料

膨胀珍珠岩喷浆涂料是一种因加入颗粒的膨胀珍珠岩而具有粗犷质感的喷涂型涂料，喷涂表面后呈现类似拉毛质感的粗糙装饰效果（图7-3-3）。施工时对基层要求不高，遮盖效果好，可喷花或表现各种色彩图案。适用于顶棚、走廊、会议室和小型俱乐部内墙的喷涂。

图7-3-3　膨胀珍珠岩喷浆涂料

三、内墙涂料的施工要点

① 在基层处理前要对墙面进行全面检查，发现面层有松动、空鼓、疙瘩、毛刺、洞孔或附着力差的部位，应将其铲除、填补。

② 墙面基层要求光滑平整，刮灰时用尺检查基层的平整度，误差不能超出5 mm。

③ 纸面石膏板基层，用石膏粉勾缝，再贴牛皮纸或专用绷带，固定石膏板的专用螺丝需用防锈漆点补。

④ 多层板基层必须先刷一遍醇酸清漆，用木胶粉或原子灰勾缝，再贴牛皮纸或专用绷带，不得起泡。

⑤ 墙体干燥后，用聚乙烯醇胶拌425#白水泥调制的腻子刮平。先用粗砂纸整平，再用细砂纸打磨光滑，阴阳角可略磨圆，保持顺直。

⑥ 对批刮形成的新整体基层进行检查和局部修整，再满刮腻子两遍，并用细砂纸打磨光滑。墙面需批嵌三道腻子，批嵌第一道时应注意把遗留于墙面上的一些缺陷，例如气泡孔、砂眼、麻点和塌陷不平的地方刮平，对于缺陷较大的地方可进行多次找平。第二道腻子则应注意大面积找平，待相对干燥后用2号砂纸打磨。第三道腻子则在局部稍加修复并打磨，每道腻子层不宜刮得太厚。第一道腻子应调稠些，便于批嵌缝洞，第二道则稀些，使之大面积找平，第三道则更稀些，所有腻子层打光磨平后应无刮痕，随之清除墙面粉尘。用于基层处理的腻子应坚实牢固，批嵌后不得出现粉化、起皮和裂缝等现象。腻子干燥后，应打磨平整光滑，并清理干净。

⑦ 滚涂抗碱封闭底漆一遍。

⑧ 用细砂纸轻轻打磨至不挫手后，再滚涂面料两遍，见图7-3-4所示。

⑨ 如涂料采用喷涂，必须使用专用喷涂设备喷涂一遍，喷涂第二遍应在第一遍完成2小时（需干透）后进行。喷涂前必须用纸胶带及报纸保护严密，不得污染。

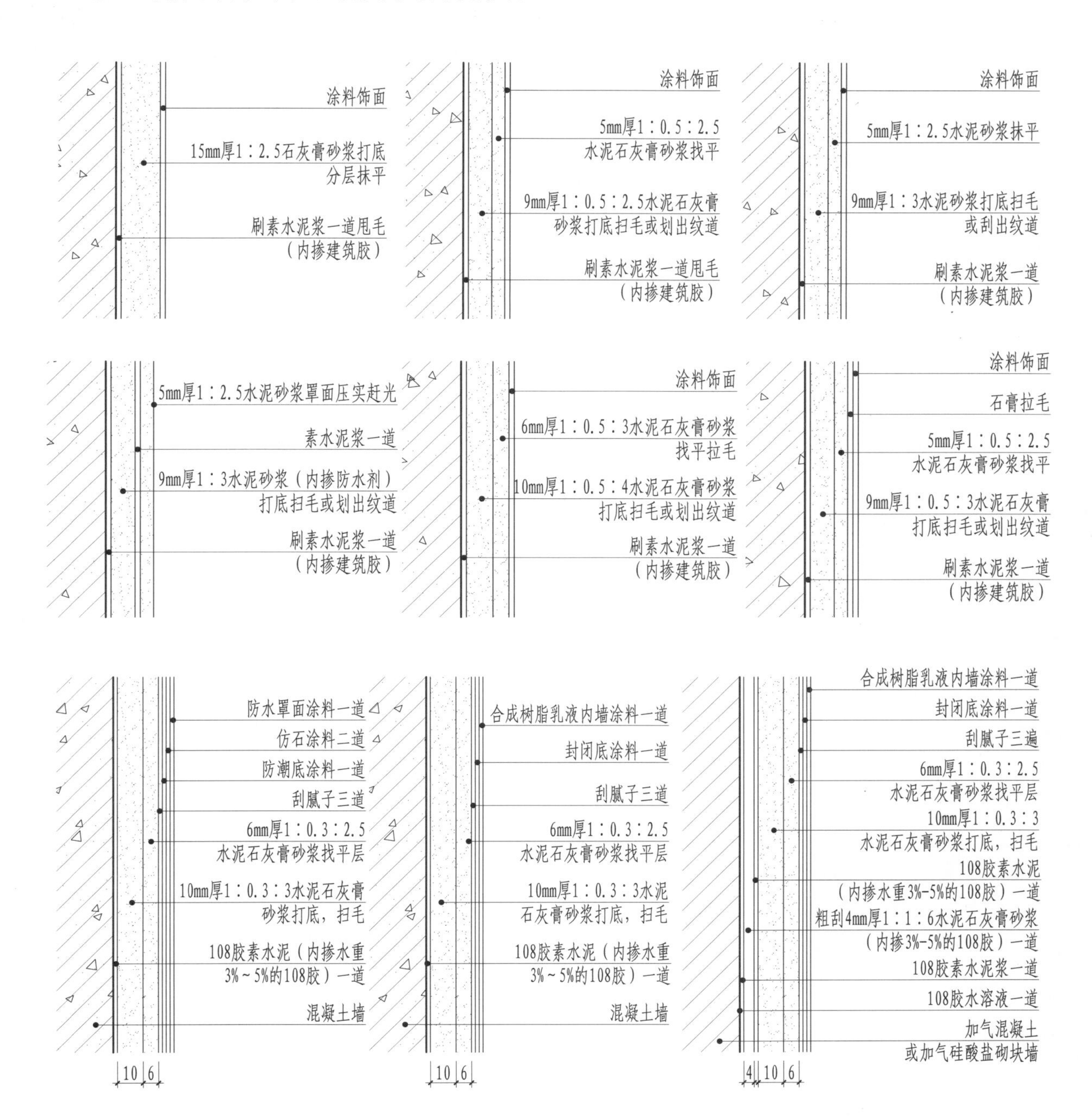

图7-3-4 内墙涂料的构造

第四节　外墙涂料

一、外墙涂料及其特点

外墙涂料成膜后长期暴露于室外，反复经受日晒雨淋、冷暖交替、干湿变化、空气污染以及有害物质侵蚀等，故必须具有长时间抵抗各种对涂料成膜破坏因素的产品质量，才能起到装饰和保护墙体的功能。外墙涂料的主要特点如下。

① 保色性好。外墙涂料色彩丰富，能较长时间保持良好的色彩效果。

② 耐水性强。具有很好的耐水性能，某些防水型外墙涂料甚至在墙体发生微小裂缝时仍具有防水功能。

③ 耐污性高。外墙涂料一般都具有较高的耐污性或易清洁性，故能避免被空气中的灰尘等物质污染涂层后失去装饰效果。

④ 耐候性优。具有优良的耐候性能，能确保在规定的年限内不因受日光、雨水、风沙、冷热变化等因素影响而使涂层开裂、剥落、脱粉或变色。

同时，外墙涂料还应具有施工、维修方便，价格合理等特点。

二、外墙涂料的种类

1. 外墙乳胶漆(合成树脂乳液外墙涂料)

外墙乳胶漆有硅丙乳胶漆、纯丙乳胶漆、苯丙乳胶漆等。硅丙乳胶漆的拒水性、透气性好，耐污性和耐久性佳，具有自洁性好的优点，但价格偏高。纯丙乳胶漆和苯丙乳胶漆是目前广泛使用的外墙乳胶漆，具有良好的耐候性、保色性、耐刷洗性、耐污性、无毒、不燃、干燥快、光泽柔和的特点。性能与硅丙乳胶漆相近，而且价格适中，可直接涂于墙面或作为罩面材料（防水胶）(图7-4-1)。

图7-4-1　用乳胶漆装修建筑的外墙面

2. 溶剂型外墙涂料

属于挥发性涂料，是以高分子合成树脂为主要成膜物质，有机溶剂为稀释剂，加入颜料、填料及助剂等配置而成。涂膜较紧密，具有较好的硬度、光泽，耐水性、耐酸碱性和耐候性好，且耐污染。但施工中因有机溶剂的挥发，易污染环境，且漆膜的透气性差，在潮湿的基层上施工易起皮、脱落，因而此类涂料应用不及乳液型外墙涂料广泛。同时，由于稀释剂是有机溶剂，因此施工时须注意防火。

3. 复层建筑涂料

复层建筑涂料由底涂层、主涂层、面涂层等多层涂膜组成，故名复层涂料。按主涂层所用的基料分类可分四大类：聚合物水泥类(代号 CE)、硅酸盐类(代号 SI)、合成树脂乳液类（代号 E)、反应固化型合成树脂乳液类(代号 RE)（见表7-2)。目前我国主要使用前三类。

复层涂料广泛应用于商业、宾馆、办公建筑的外墙、内墙、顶棚等。适用于多种基层材料。对于基层的要求是平整、清洁。

4. 硅溶胶外墙涂料

硅溶胶外墙涂料是以二氧化硅胶体为主要成膜物质，配置颜料、填料、助剂等加工而成的水溶性涂料。

硅溶胶外墙涂料是以水为分散剂，无毒、无味，施工性能好，具有耐污性强、质感细腻、致密坚硬、耐酸碱、粘结力强的特点，有较好的装饰性（图7-4-2)。

表7-2 四类复层涂料特点对比

类 别	组 成	特 点
聚合物水泥类复层涂料	水泥、高分子材料、颜料和助剂	成本低，但装饰效果及耐用性均不理想，属于复合层涂料中的低档涂料，其用量不大
硅酸盐类复层涂料	以硅溶胶为主要基料	施工方便，固化快、不泛碱、粘结力强、耐老化性能好、成膜温度低
合成树脂乳液类复层涂料	以苯丙乳液为主要基料	装饰效果好、粘结力强、成膜温度低
反应固化型合成树脂乳液类复层涂料	以双组分固化型环氧树脂乳液为主要基料	粘结力强、耐水性好、耐污性强、耐久性优良，是性能最好的一种复层涂料

图7-4-2 硅溶胶外墙涂料

这种材料既保持了无机材料的硬度和快干性，又兼具有机材料的柔性和耐洗刷性。可用于内墙、外墙、顶棚及无机板材的饰面。

5. 合成树脂乳液砂壁状建筑外墙涂料(彩砂涂料)

这种涂料是以合成树脂乳液为主要成膜物质，以各种颜色不同的粒径彩砂和石粉为骨料，配以增稠剂和助剂加工制成。

此种涂料可用不同的施工工艺做成仿大理石、仿花岗石的质感和色彩，故又称为仿石涂料、石艺漆、真石漆，具有较强的立体感（图7-4-3)。可用于外墙雕塑饰面，内墙局部装饰点缀。

6. 氟碳涂料

氟碳涂料是在氟树脂基础上改性、加工而成的涂料，是一种性能优异的新型涂料。其特点是具有优异的耐候性、耐污性、自洁性，耐酸、耐碱、耐氧化，抗腐蚀性强、耐高温，低温性好，涂层硬度高，与其他各种材质粘结性好，使用寿命长。

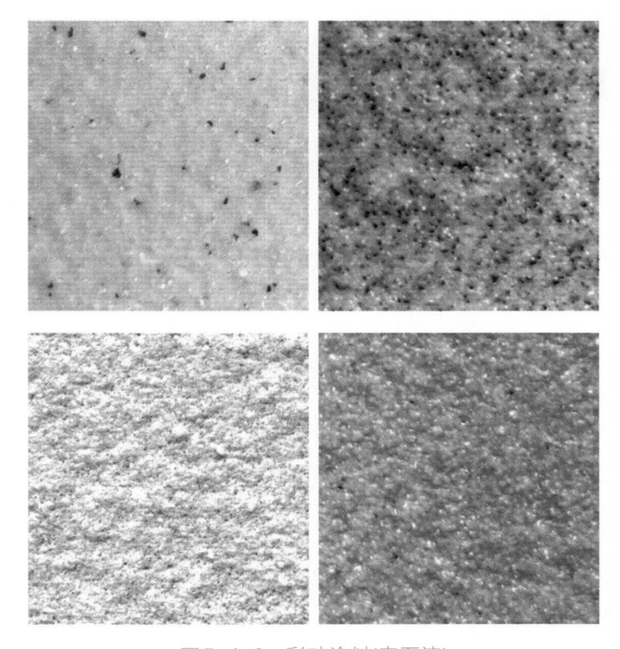

图7-4-3 彩砂涂料(真石漆)

氟碳涂料装饰性好，可配出实体色、金属色、珠光色以及其他特殊色彩，涂膜细腻，有低、中、高各种光泽；施工方便，可以喷涂、滚涂、刷涂（图7-4-4)。

氟碳涂料可用来制作金属幕墙表面涂饰、铝合金门窗型材（图7-4-5)、无机板材、内外墙装饰以及各种装饰板涂层。

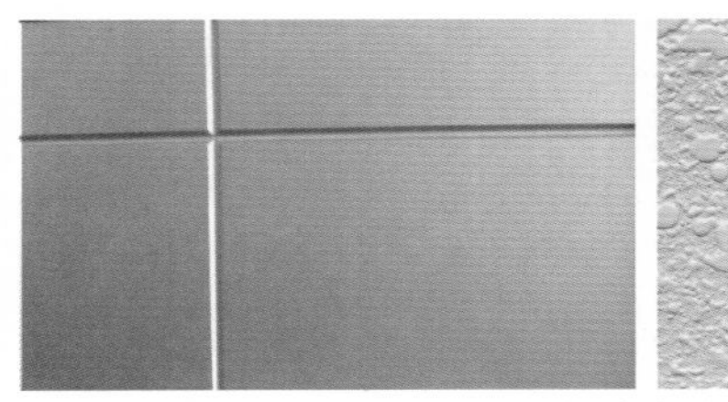

图7-4-4　氟碳涂料

图7-4-5
合金铝板　表面为氟碳涂料(氟碳铝板)

三、外墙涂料的施工要点

① 基层表面要求平整，阴阳角及角线密实，轮廓分明。墙面无渗水、无裂缝、无空鼓、无起泡、无孔洞等构造问题。

② 去除基层表面的粉化松脱物，做到没有油脂和其他粘附物。

③ 外墙预留的缝要进行防水密闭处理。

④ 基层外露铁件做好防锈处理（可镀锌或刷防锈漆)。

⑤ 施工时要求温度高于5 ℃，环境湿度低于85％，以保证成膜良好。

⑥ 用底漆封闭墙面碱性，提高面漆附着力。

⑦ 刷两道面漆，第一遍面漆主要作用是提高附着力和遮盖力，可相应减少面漆用量；第二遍面漆是最后涂层，也是装饰面层。

⑧ 在进行填补、局部刮腻子时，宜薄批而不宜厚刷。腻子应具备很好的粘结性。

⑨ 同一面墙应采用同一批号的涂料，每层涂料不宜施涂过厚，涂层应均匀，颜色一致。

外墙涂料施工时主要采用刷涂和滚涂两种方法，不同的方法具有不同的施工程序，但都应该注意上述施工要点。

第五节　地面涂料

一、地面涂料及其特点

地面涂料具有耐磨、耐水、耐碱性好、粘结力强、耐冲击性高、装饰性好、施工方便、重涂性好、价格合理等特点，主要用于装饰及保护室内地面。

二、地面涂料的种类

1. 聚氨酯地面涂料

聚氨酯地面涂料分薄质罩面涂料与厚质弹性地面涂料两类。前者用于木质地板或混凝土等其他地面的罩面上光，涂膜较薄，硬度较大。后者刷涂于水泥地面形成无缝弹性耐磨涂层，整体性好、耐磨性好、耐油、耐水、耐酸碱，有一定弹性，脚感舒适，可用于水泥砂浆或混凝土地面。聚氨酯地面涂料适用于地下室、卫生间等的防水装饰以及图书馆、健身房、歌舞厅、影剧院、办公室、会议室、工业厂房、车间、机房等有耐磨、耐油、耐腐要求的水泥地面装饰。其构造方法见图7-5-1。

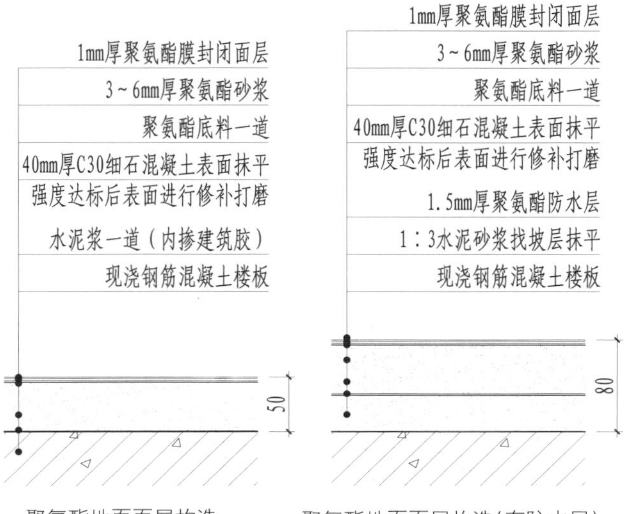

1mm厚聚氨酯膜封闭面层
3~6mm厚聚氨酯砂浆
聚氨酯底料一道
40mm厚C30细石混凝土表面抹平
强度达标后表面进行修补打磨
水泥浆一道（内掺建筑胶）
现浇钢筋混凝土楼板
50
1mm厚聚氨酯膜封闭面层
3~6mm厚聚氨酯砂浆
聚氨酯底料一道
40mm厚C30细石混凝土表面抹平
强度达标后表面进行修补打磨
1.5mm厚聚氨酯防水层
1∶3水泥砂浆找坡层抹平
现浇钢筋混凝土楼板
80

聚氨酯地面面层构造　　聚氨酯地面面层构造(有防水层)

图7-5-1　聚氨酯地面面层构造

2. 环氧树脂地面漆

又称环氧树脂地面厚质涂料，是以环氧树脂为主要成膜物质，加入颜料、填料、增塑剂和固化剂等，经一定工艺加工制成的。属于双组分常温固化型涂料，甲组分为清漆或色漆，乙组分为固化剂。在施工现场调配使用。

环氧树脂地面漆的涂膜坚硬有韧性，有一定的耐磨性，具有较好的耐水、耐酸碱、耐有机溶剂、耐化学腐蚀性，但施工比较复杂。主要应用于机场、车库、实验室、化工厂以及有耐磨、防尘、耐酸碱、耐有机溶剂，并适用于水泥地面场所装饰。其构造方法见图7-5-2、图7-5-3。

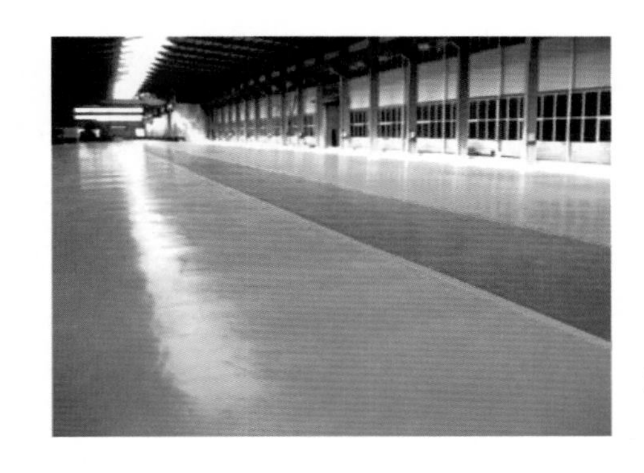

环氧树脂地面漆效果

图7-5-2

1mm厚封闭面层
1~2mm厚自流平环氧胶泥强度
达标后表面进行修补打磨
环氧底料一道
40mm厚C25细石混凝土
随打随抹光
水泥浆一道（内掺建筑胶）
现浇钢筋混凝土楼板
40
1mm厚封闭面层
1~2mm厚自流平环氧胶泥
强度达标后表面进行修补打磨
环氧底料一道
40mm厚C25细石混凝土，随打随抹光
1.5mm厚聚氨酯防水层
1∶3水泥砂浆找坡层抹平
现浇钢筋混凝土楼板
75
4~5mm厚环氧砂浆自流平面层
环氧底料一道
50mm厚C30细石混凝土，随打随抹光
水泥浆一道（内掺建筑胶）
现浇钢筋混凝土楼板
55
4~5mm厚环氧砂浆自流平面层
环氧底料一道
最薄处50mm厚C30细石混凝土
找坡层随打随抹光
1.5mm厚聚氨酯防水层
20mm厚1:3水泥砂浆抹平
水泥浆一道（内掺建筑胶）
现浇钢筋混凝土楼板
75

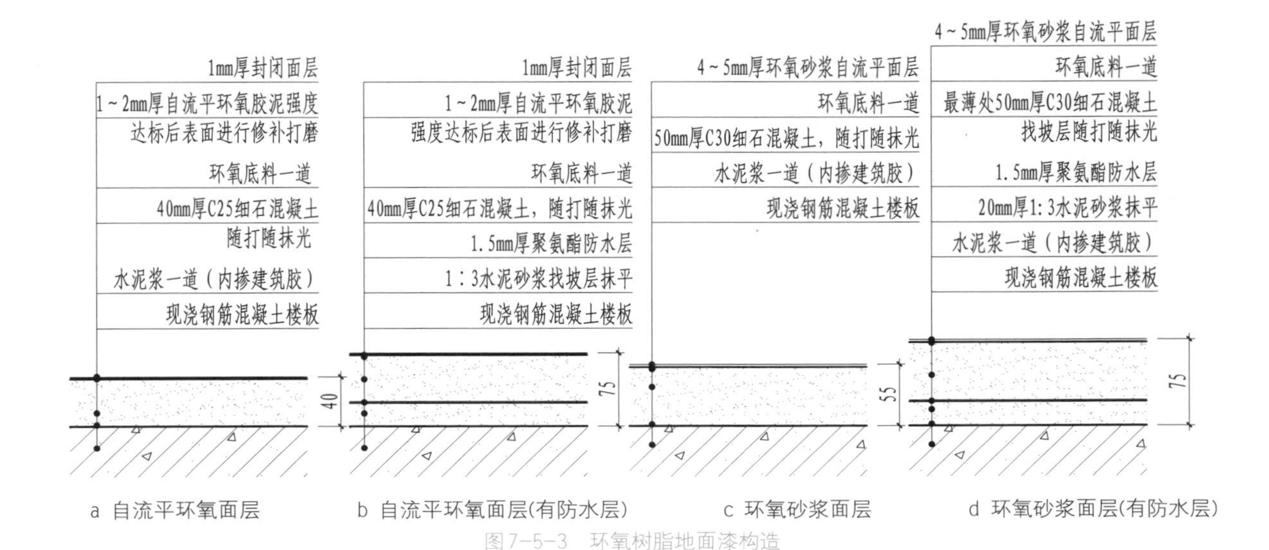

a 自流平环氧面层　　b 自流平环氧面层(有防水层)　　c 环氧砂浆面层　　d 环氧砂浆面层(有防水层)

图7-5-3　环氧树脂地面漆构造

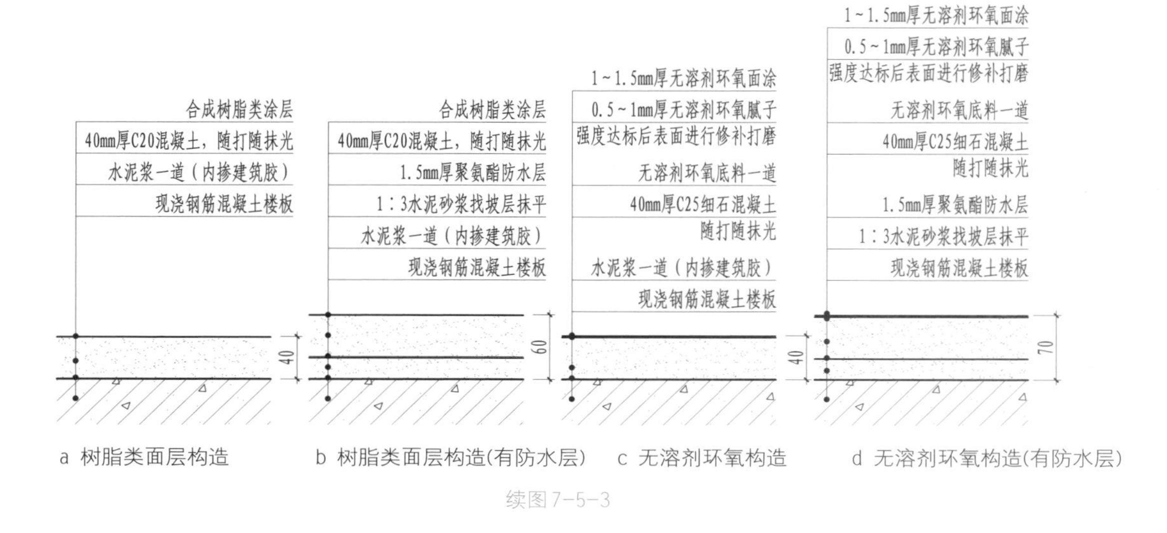

a 树脂类面层构造　b 树脂类面层构造(有防水层)　c 无溶剂环氧构造　d 无溶剂环氧构造(有防水层)

续图7-5-3

3. 聚醋酸乙烯地面涂料

聚醋酸乙烯地面涂料是以聚醋酸乙烯乳液、水泥、颜料、填料等配制而成的一种地面涂料，属于有机与无机相结合的聚合物水泥地面涂料。无毒、无味，早期强度高，与水泥地面结合力强，不燃、耐磨、抗冲击、有一定弹性、装饰效果好、价格适中，具有可替代塑料地板或水磨石地坪的性能。用于实验室、仪器装配车间等水泥地面（图7-5-4）。

图7-5-4　醋酸乙烯地面涂料效果

三、地面涂料（环氧树脂漆）的施工要点

1. 基面要求

① 基面要求含水率低于8%，空气相对湿度低于85%。

② 整体层强度符合建筑规范，要求平整性良好。

③ 整体层表面无杂物（无水泥浆、建筑垃圾、油污、脏水等）。

④ 地面无空鼓现象。

2. 基面处理

地面油污应洗涤干净。局部地面油污超过施工标准的应用碘钨灯或瓦斯枪烘烤。

用打磨机打磨，以除去水泥表面的松散层形成毛细面孔，增加环氧树脂对地面的渗透性及接触面积。

地面凸出部分应处理平整。地面松散部分应先去除，然后修补平整。

地面空鼓的地方应先切割，再用水泥补平。

3. 底涂施工

做好基面处理后，用吸尘器把地面的残渣、粉尘采用大功率工业吸尘器吸净。

配好料后，及时地送往施工工地，由施工人员进行镘刮。

4. 中涂施工

依照正确的比例将主剂、硬化剂及填料充分混合均匀，迅速送往施工区域。

采用锯齿镘刀刮板将混合好的材料均匀涂抹，保持平整。

中涂固化后，视实际情况按上一道工序再涂一次。达到下一次施工标准后，方可进行下道工序。

5. 面涂施工

按照正确比例将主剂和硬化剂充分混合均匀，迅速送往施工区域。

采用德国进口瓦纳尔无气喷涂机或滚筒，均匀涂布，且表面不容许有目视之杂质。

面涂必须是一次性完工，而且前后桶应连续衔接。

硝基漆家具效果

硝基透明腻子家具

图7-6-1

第六节　木器常用涂料

木器涂料主要可分为两大类：一类是具有透明清水效果的木器涂料，主要包括硝基漆、聚酯漆和聚氨酯漆三种；另一类是具有混水不透明效果的木器涂料，主要包括醇酸漆和酚醛漆两种。木器涂料主要用于木地板及木质家具等的表面装饰，并可对木器表面材料的纹理质感起保护作用，延长其使用寿命（图7-6-1）。

1. 硝基纤维素涂料

硝基纤维素涂料又称硝基漆、喷漆、蜡克等。其组成以硝化棉为主要成膜物质，添加合成树脂、增塑剂、有机溶剂及其他助剂配制而成。品种包括硝基木器清漆，硝基木器磁漆及其底漆等。

（1）特性。干燥快，装饰性好，透明度高，可充分显示木板的自然花纹，耐磨、耐候，便于复修。

（2）缺点。含固量低，溶剂挥发多，易造成环境污染，费工费时。

（3）应用。主要用于竹木地板、家具及制品的表面涂饰。

（4）工艺流程：

对面层清扫、起钉、除油污等 → 砂纸打磨 → 第一遍满刮腻子 → 磨光 → 第二遍满刮腻子 → 磨光 → 刷第一遍清漆 → 复补腻子 → 磨光 → 刷第二遍清漆 → 磨光 → 刷第三遍清漆 → 水砂纸打磨 → 刷第四遍清漆 → 磨光 → 擦漆施工 → 磨退打砂蜡 → 擦亮。

(5) 施工要点。第四遍刷漆及磨光后，应使用脱脂纱布内包脱脂棉，粘上烯料或掺有少许清漆的烯料，在漆面上揉擦，一定要从一边开始按顺序揉擦。

2. 聚酯树脂漆

聚酯树脂漆是以不饱和聚酯树脂和苯乙烯为主的无溶剂漆。

(1) 特性。可以常温固化，也可以加温固化，干燥速度快。固化时溶剂挥发少，污染小。涂膜丰满厚实，硬度高，有较好的光泽度、保光性和透明度。耐磨、保湿性好，具有较高的耐热性、耐寒性、耐温变性，且耐水、耐多种化学药品的腐蚀。

(2) 缺点。涂膜附着力差，硬而脆，不耐冲击，不宜修补，施工温度在15℃以上，现场配制较麻烦。

(3) 应用。主要用于竹木地板及家具涂饰。

(4) 施工要点。在不饱和聚酯树脂内先添加固化剂，再加促进剂，调匀后立即使用（超过半小时就会固化）。把配好的不饱和聚酯树脂漆涂饰在物体表面上，迅速覆盖一层聚酯薄膜，然后用小胶滚快速推平，20分钟后将薄膜去掉，即出现光滑透亮的漆面，犹如铺上一层玻璃板（图7-6-2）。

图7-6-2 聚酯树脂漆地面涂饰效果

3. 聚氨酯漆

聚氨酯漆又称为“水晶地板漆”。

(1) 特性。其涂膜坚硬有韧性，与各种材料表面有很好的附着力，强度高，高度耐磨，耐化学物质腐蚀，对木板表面有很好的保护作用。装饰效果好，有高光和亚光不同特点的涂层。可现场施工，也可工厂化涂饰（图7-6-3）。

图7-6-3 聚氨酯地面涂料效果

(2) 缺点。含有对人体有害的物质，易污染环境，遇水或潮气易胶凝起泡。受紫外线照射后，易分解，使涂膜泛黄，保色性差。

(3) 应用。主要作为木地板及木质家具表面涂饰。

(4) 施工要点：

① 打开漆桶后将涂料彻底搅拌至桶底无沉积物无色差即可涂覆。

② 涂装金属表面时，要求喷砂、抛丸除锈达到国标Sa212级，保持表面干燥、无油污、灰尘等异物，并在搅拌好后4小时内涂装。

③ 混合配比（重量比）为基料：固化剂=4：1。

④ 用无气喷涂、空气喷涂、刷涂均可。

⑤ 理论涂布率：干膜厚度60~80微米条件下，0.20~0.25 kg/m^2；稀释剂用量：根据施工情况可适当添加专用稀释剂，用量为5%~15%。

⑥ 最后一道面漆涂装完工后，须自然固化7天后才能投入使用。如果环境温度低于10℃时，应适当延长时间。

4. 醇酸漆

醇酸漆主要是由醇酸树脂组成，主要成分是醇酸树脂、200号溶剂汽油、催干剂（含钴锰铅锌钙，或是钴锰稀土)、防结皮剂、色漆颜料等。

（1）优点。具有良好的光泽，其耐候性、耐水性、附着力强，价格便宜、施工简单（图7-6-4)。

（2）缺点。干燥较慢，涂膜质量不是很高，不适于高标准的装饰。

（3）应用范围。适合一般木器、家具及家庭装修的涂装，以及一般金属装饰涂装、要求不高的金属防腐涂装，是目前国内用量最大的一类涂料。

图7-6-4 醇酸漆涂料效果

（4）施工要点：

① 基层处理。将墙面上的起皮杂物等清理干净，然后用笤帚把墙面上的尘土等扫净。对于泛碱的基层应先用3%的草酸溶液清洗，然后用清水冲刷干净即可。

② 修补腻子。用配好的石膏腻子将墙面、窗口角等破损处找平补好，腻子干燥后用砂纸将凸出处打磨平整。

③ 满刮腻子。用橡胶刮板横向满刮，接头处不得留槎，每一刮板最后收头时要干净利落。腻子配合比为聚醋酸乙烯乳液：滑石粉：水=1：5：3.5。当满刮腻子干燥后，用砂纸将墙面上的腻子残渣、斑迹等打磨、磨光，然后将墙面清扫干净。

④ 第二遍腻子。涂刷高级涂饰要满刮腻子，配合比和操作方法同第一遍腻子。待腻子干燥后个别地方再修补腻子，个别大的孔洞可修补石膏腻子。彻底干燥后，用1号砂纸打磨平整并清扫干净。

⑤ 涂刷涂料(第一遍)。第一遍可涂刷铅油，它的遮盖力较强，是罩面层涂料基层的底层涂料。铅油的稠度以盖底、不流淌、不显刷痕为宜。涂刷每面墙面的顺序宜按先左后右、先上后下、先难后易、先边后面的顺序进行，不得胡乱涂刷，以免漏涂或涂刷过厚。第一遍涂料完成后，对于中级及高级涂饰应进行修补腻子施工程序。

⑥ 涂刷涂料(第二遍)。第二遍的操作方法同第一遍。如墙面为中级涂饰，此遍可刷铅油；如墙面为高级涂饰，此遍应刷调和漆。待涂料干燥后，可用细砂纸把墙面打磨光滑并清扫干净，同时要用潮湿的布将墙面擦拭一遍。

⑦ 涂刷涂料(第三遍)。用调和漆涂刷，如墙面为中级涂饰，此道工序可作罩面层涂料(即最后一遍涂料)，其操作顺序同上。由于调和漆的粘度较大，涂刷时应多刷多理，以达到漆膜饱满、厚薄均匀一致、不流不坠。

⑧ 涂刷涂料(第四遍)。一般选用醇酸磁漆涂料，此道涂料为罩面层涂料(即最后一遍涂料)。如最后一遍涂料改为用无光调和漆时，可将第二遍铅油改为有光调和漆，其他做法相同。

5. 酚醛漆

酚醛漆是酚与醛在催化剂存在下结合生成的产品。涂料工业中主要使用油溶酚醛树脂制漆。

（1）优点。干燥快，漆膜光亮坚硬，耐水性及耐化学物质腐蚀性好。

（2）缺点。容易变黄，不宜制成浅色漆，耐候性不好。

主要用作防腐涂料、绝缘涂料、一般金属涂料、一般装饰性涂料等方面（图7-6-5）。

（3）施工要点。酚醛漆与醇酸漆均为混水不透明的调和漆，其施工要点与醇酸漆类同。

图7-6-5 酚醛漆涂料效果

第七节 特种涂料

1. 防火涂料

防火涂料按用途可分为饰面防火涂料（木结构等可燃基层用）、钢结构防火涂料、混凝土防火涂料。

按防火原理分类可分为非膨胀型防水涂料和膨胀型防火涂料等。

（1）特性。防火涂料可有效延长可燃材料的引燃时间，阻止非可燃结构材料表面温度升高，阻止或延缓火焰的蔓延和扩展，为灭火和疏散赢得宝贵时间。

（2）施工要点：

① 涂料用量不得小于0.6kg/m²，确保耐燃时间在20～30分钟以上。用喷涂、刷涂或滚涂施工均可，一般涂3~5遍，间隔2~4小时（图7-7-1）。

② 基层必须无灰尘、无油污、平整。

③ 使用前将涂料先搅拌均匀，不得与其他涂料混用。

图7-7-1 木龙骨刷三遍防火涂料

④ 施工温度要求在12℃～40℃之间。

⑤ 涂料要贮存在干燥、通风的室内，温度在0℃～35℃之间。

2. 发光涂料

发光涂料是指在夜间显示一定亮度的涂料。发光涂料主要由成膜物质、填充剂和荧光颜料等组成。当荧光颜料的分子受光的照射后被激发、释放能量，就能使涂膜发光。一般分为蓄发性发光涂料和自发性发光涂料。

(1) 特性。发光涂料具有耐候、耐油、透明、抗老化等优点。

(2) 应用。可用作桥梁、隧道、机场、工厂、剧院、礼堂的安全出口标志、广告牌、交通指示器、门窗把手、钥匙孔、电灯开关等需要发出各种色彩和明亮反光的场合和部位（图7-7-2）。

3. 防水涂料

防水涂料按其状态可分为溶剂型、乳液型和反应固化型三类。

图7-7-2 发光涂料装饰后的效果

溶剂型防水涂料是以各种高分子合成树脂溶于溶剂中制成，具有干燥快、可低温操作的特点。常用种类有氯丁橡胶沥青、丁基橡胶沥青、SBS改性沥青、再生橡胶改性沥青等。

乳液型防水涂料是以水为稀释剂，因而降低了施工中的污染、毒性和易燃性，是目前应用最广泛的一种防水涂料。主要品种有改性沥青系防水涂料（各种橡胶改性沥青）、氯偏共聚乳液防水涂料、丙烯酸乳液防水涂料、改性煤焦油防水涂料、涤纶防水涂料等。

反应固化型防水涂料是以化学反应型合成树脂（如聚氨酯、环氧树脂等）配以专用固化剂而制成的双组分涂料，具有优异的防水性、变形性和耐老化性，属于高档防水涂料。

(1) 特性。由于防水涂料是将其直接涂布于抹面砂浆之上，形成一防水层，因此防水涂料必须能形成连续的、不随基层开裂而出现裂缝的完整涂层，同时还必须具备很好的耐候性，使防水效果保持较长时间。此外，防水涂料还应具有良好的抗拉强度、延伸率、撕裂强度等。

(2) 应用。主要应用于地下工程、卫生间、厨房等场所。

(3) 工艺流程：

清理基层表面 → 细部处理 → 配制底胶 → 涂刷底胶（相当于冷底子油）→ 细部附中层施工 → 第一遍涂膜 → 第二遍涂膜 → 第三遍涂膜防水层施工 → 防水层一次试水 → 保护层饰面层施工 → 防水层二次试水 → 防水层验收

(4) 施工要点：

① 防水层施工前，应将基层表面的尘土等杂物清除干净，并用干净的湿布擦一次，应再涂刷底胶。

② 涂刷防水层的基层表面，不得有凹凸不平、松动、空鼓、起砂、开裂等缺陷，含水率一般不大于9%。

③ 防水层施工时所用聚氨酯防水材料为聚氨酯甲料、聚氨酯乙料和二甲苯，配比为1：1.5：0.2（重量比）。

④ 防水层施工完成后，经过24小时以上的蓄水试验，未发现渗水、漏水为合格，然后进行隐蔽工程检查验收，交下道工序施工。

4. 防霉涂料

防霉涂料以不易发霉材料（如硅酸钾水玻璃涂料和氧乙烯-偏氯乙烯共聚乳液等）为主要成膜物质，加入防霉剂、颜料、填料、助剂等配置而成。是一种对各类霉菌、细菌等具有杀灭或抑制生长作用，且对人体无害的特种涂料。

（1）特性。建筑物的防霉涂料不但要有防霉作用，同时还要具有装饰性，并对人体无害，因此要求涂料要具备以下性能：

① 优良的防霉性能，并保持长效性。

② 具有良好装饰性，应达到普通装饰涂料具备的各种功能。

③ 对人畜无害，或有害程度在安全范围之内。

（2）应用。主要应用于地下室、卫生间等潮湿的空间以及食品厂、卷烟厂、酒厂及地下室等易产生霉变的内墙墙面部位。

（3）施工要点。防霉涂料可按普通装饰涂料施工方法施工，但其基层处理十分重要。应除去霉斑，如果铲除霉斑后的基层仍留有霉菌的残余和污染，可用7%～10%磷酸三钠水溶液涂刷1～2遍，以达到一定的杀菌效果。

如采用乳胶型涂料，其施工温度在10℃以上为宜。

复习参考题

1. 内墙装饰涂料的主要特性有哪些？

2. 试列举3种常见内墙装饰涂料，并简述其特点及在装修中的应用要点。

3. 试述外墙装饰涂料的主要特点。

4. 试述常见外墙装饰涂料的种类及其特点。

5. 简述地面涂料的作用及其特点。

6. 列举两种以上常见木器涂料，并简述其各自的优缺点。

第八章 胶粘剂

【学习目标】

了解胶粘剂的基本特性，

熟悉胶粘剂在装饰装修中的应用及特点，

重点掌握胶粘剂的使用方法，

以利于更好的选择和设计。

【建议学时】

3学时

第一节　胶粘剂的组成及分类

胶粘剂的作用是在建筑装饰工程中将两个物体的表面粘在一起。胶粘剂包括建筑装修结构构件加固、维修等方面使用的结构胶，室内外装修使用的建筑装修胶，用于防水、保温等方面的建筑密封胶以及用于建材产品制造、铺装、堵漏等方面的其他各种胶粘剂。

胶粘剂可将两种以上的材料紧密且牢固地粘连在一起。不同种类的胶粘剂和不同类型的被粘材料会因粘连力性质的不同获得不同程度的粘连强度。主要的粘连力包括机械粘结力、物理吸附力、化学键力等。

机械粘结力是靠机械锚固的方式连接材料，主要原理是胶粘剂渗入材料表面后，在凹陷或孔隙中固化，如同嵌入材料内部一般，从而产生粘连力。

物理吸附力指的是胶粘剂分子与材料分子之间存在的吸附力。

化学键力则是某些胶粘剂分子会与材料分子之间产生化学反应，从而获得的一种可以将两者粘连为一体的力。当机械粘结力、物理吸附力、化学键力等共同作用时，则可获得极强的粘结强度。

1. 胶粘剂的组成

胶粘剂的组成包括粘料、固化剂、增韧剂、稀释剂(含有机溶剂)、填料、偶联剂(增粘剂)和抗老化剂等。根据用途不同还可加入阻燃剂、促进剂、发泡剂、消泡剂、着色剂和防腐剂等。胶粘剂的性能和用途决定了其成分的组成。

2. 胶粘剂的分类

胶粘剂按外观形态可分为溶液型、乳胶型、膏糊型、粉末型、薄膜型和固体型等。按固化形式可分溶剂挥发型、化学反应型、热熔型和厌氧型等。按使用用途可分为建筑构件用的建筑结构胶、建筑装修装饰用的建筑装修胶、密封防漏用的建筑密封胶以及建筑铺装材料用的特种胶。

第二节　胶粘剂的选用原则与使用要点

一、选用原则

1. 考虑被粘材料的种类和性质

被粘材料要想获得理想的粘连效果，需根据材料的品种、性能选用不同成分的胶粘剂。例如金属（及合金）表面致密、极性大、强度高、易腐蚀，因此应选用改性酚醛树脂、改性环氧树脂、聚氨酯橡胶、丙烯酸酯类结构胶粘剂，而不可使用酸性较高的胶粘剂。对于膨胀系数较小的材料，如玻璃、陶瓷等，无论与自身还是与膨胀系数悬殊较大的材料粘连，都应选用弹性好，且能在室温下固化的胶粘剂。而对于木材、纸张、织物等多孔材料粘连时，则应选用水基或乳液胶粘剂，如白乳胶等。

2. 考虑胶粘剂的性能

各类胶粘剂因配方不同，性能也不同，其不同体现在粘结强度、使用温度、收缩率、线膨胀系数、耐水性、耐油性、耐介质性和耐老化性、固化条件、黏度等方面，选用时需对其各项指标加以考虑。各类胶粘剂的耐热范围见表8-1所示。

3. 考虑粘连目的与用途

胶粘剂可发挥多种不同的用途，包括连接、密封、固定、定位、修补、填充、堵漏、嵌缝、防腐、灌注、罩光等。而某一类胶粘剂往往是以其中一方面用途为主导的，因此应视不同情况和需要加以选用。粘连用途与胶粘剂类型见表8-2所示。

表8-1　各类胶粘剂的耐热范围

胶粘剂类型	参考耐热范围
橡胶类	60～80 ℃
热塑性树脂类	60～120 ℃
环氧树脂类	80～200 ℃
酚醛树脂类	200～300 ℃
有机硅树脂类	300～400 ℃
无机胶	600～2600 ℃

表 8–2 胶连目的与胶粘剂类型

目的与用途	胶粘剂类型选用
连接	粘连程度高的胶粘剂
密封	密封胶粘剂
填充、灌注、嵌缝等	黏度大、填料多、室温下固化的胶粘剂
固定、装配、定位、修补	室温下快速固化的胶粘剂
罩光	黏度低、透明无色的胶粘剂

4. 考虑粘结件的受力情况

在使用过程中，因受到不同外力的作用，粘结件之间会产生拉伸、剪切、撕裂、剥离等不同的破坏。因此，选用胶粘剂，不仅要考虑受力的类型，同时还要考虑受力的大小、方向、频率和时间等多方面因素。

一般情况下，受力不大的粘结件，可选用通用的胶粘剂；受力较大的，要选用结构胶粘剂；长期受力的，应选用热固性胶粘剂。对于受力频率低或静载荷的粘结件，可选用刚性胶粘剂，如环氧树脂类胶粘剂。而对于受力频率高或承受冲击载荷的，则要选用韧性胶粘剂，如酚醛–丁腈胶粘剂或改性环氧胶粘剂。

5. 考虑粘结件的使用环境

粘结件使用环境包括温度、湿度、介质、真空度、辐射及户外老化等因素。在选用胶粘剂时应有针对性地加以选择，才能发挥较好的粘连效果。

对于在高温下使用的粘结件，应选用耐高温、耐热、抗老化性好的胶粘剂，如有机硅胶粘剂、聚酰亚胺胶粘剂、酚醛–环氧胶粘剂或无机胶粘剂。

对于在低温下使用的粘结件，为避免胶粘剂与被粘物因膨胀系数的差异而引起胶层脆裂，要选用耐寒胶粘剂或耐超低温胶粘剂，如聚氨酯胶粘剂或环氧–尼龙胶粘剂。

如果胶粘剂在冷热交替的情况下工作，则要求胶粘剂同时具有良好的耐高低温性能，要选用硅橡胶胶粘剂、环氧–酚醛胶粘剂及聚酰亚胺胶粘剂等。

湿度对胶粘剂的粘结强度影响也较大，若湿度过大，水分会渗入胶层界面，导致粘剂的强度显著下降，在这种情况下要选用耐水性、耐湿热、抗老化性好的胶粘剂，例如酚醛–丁腈胶粘剂。

6. 考虑工艺上的可能性

不同类型的胶粘剂，其粘接工艺也不同，有的在室温下固化，有的需要加热固化，有的需要加压固化，有的需要加热、加压固化，有的固化需较长时间，有的仅几秒钟即可。因此选用胶粘剂时，还应考虑是否具备其所要求的工艺条件，否则就不能选用。

7. 考虑经济性和环保性

胶粘剂的来源和价格将直接影响生产成本，因此不可忽略。用于室内装饰装修的胶粘剂，必须符合国家和地方标准中对有害物质限量的指标。

二、使用要点

在施工过程中，影响胶粘剂的粘连强度的因素包括胶粘剂的性质、被粘物的表面状况、粘结工艺及环境因素等。因此一般采用以下措施以保证其粘结强度：

① 被粘物的表面应保证一定的清洁度、粗糙度和温度。

② 涂刷胶层时应匀薄，有充分的晾置时间，以便于稀释剂的挥发；胶粘剂的固化要完全，同时要保证胶粘剂固化时对压力、温度和时间的要求。

③ 尽可能增大粘结面积，保持施工现场中空气的湿度和清洁度。

第三节 适应不同装饰材料的常用胶粘剂

1. 壁纸(布)用胶粘剂

用于壁纸、墙布的胶粘剂，主要有聚乙烯醇胶、聚乙烯醇缩甲醛胶（107胶）、801胶、聚醋酸乙烯胶（白乳胶）、SG8104壁纸胶、粉末壁纸胶等。其各自特点及应用见表8-3所示。

2. 竹木用胶粘剂

主要用于层压板、胶合板、家具和其他竹木质材料的胶粘剂，有乳液型（白乳胶）和反应固化型两大类。具体见表8-4所示。

3. 地板用胶粘剂

用于地板（含木地板和塑料地板等）的胶粘剂主要有聚醋酸乙烯类、合成橡胶类、聚氨酯类、环氧树脂类胶粘剂，及其他塑料地板胶粘剂。具体见表8-5所示。

4. 瓷砖、石材用胶粘剂

用于瓷砖、石材（大理石）的胶粘剂，主要有AH-03大理石胶粘剂、SG-8407胶粘剂、TAM型通用瓷砖胶粘剂、TAS型高强度耐水瓷砖胶粘剂、TAG型瓷砖勾缝剂等。具体见表8-6所示。

表8-3 壁纸墙布常用胶粘剂

品种名称	主要特点	用途
聚乙烯醇胶	水溶液黏度大，成膜性能好，水溶性差	可作纸张（壁纸）、纸盒加工、织物及各种粉刷灰浆中的胶粘剂
聚醋酸乙烯乳胶（白乳胶）	配制使用方便，可常温固化，固化速度较快，粘结强度较高，粘接层有较好的韧性和耐久性，不易老化	广泛用于粘接纸制品（壁纸）、木材，也可作水泥增强剂、防水涂料
SG8104壁纸胶	无毒、无嗅，涂刷方便且节省用量，粘结力强。	适于在水泥砂浆、混凝土、水泥石棉板、石膏板、胶合板等基材上粘贴纸基塑料壁纸
粉末壁纸胶	干燥较快，耐湿性好，初始粘结力优于107胶	适用于纸基塑料壁纸的粘贴，除可用于水泥、抹灰、石膏板、木板等墙面外，还可用于油漆及刷底油等墙面

表8-4 竹木用胶粘剂

型别	类别	用途
乳液型	聚醋酸乙烯类	主要用于木材、纸张等纤维状材料的粘结
	醋酸乙烯共聚物类	主要用于木材与PVC塑料地板间的粘结
反应固化型号	脲醛树脂类	主要用于竹木材料、层压板、胶合板等的粘结
	酚醛树脂类	主要用于胶合板、层压板、纤维板、家具等的粘结

表 8–5 地板用胶粘剂

品种		特点	用途
聚醋酸乙烯类胶粘剂	水性10号塑料地板胶	胶结强度高、无毒、无味、快干、耐油、耐老化、施工安全简便	适于聚氯乙烯地板、木地板与水泥地面之间的粘结
	PAA胶粘剂	胶结强度高、干燥快、耐热、耐寒、价格低、施工简便	适用于在水泥、菱苦土、木板地面上粘贴塑料地板
合成橡胶胶粘剂	8123聚氯乙烯塑料，地板胶粘剂	无毒、无味、不燃，施工简便，初始胶结强度高，防水性能好	适用于硬质、半硬质、软质聚氯乙烯塑料地板在水泥地面上粘贴，也适用于硬木拼花地板在水泥地面的粘贴
	CX401胶粘剂	使用简便，固化速度快	适用于金属、橡胶、玻璃、木材、水泥制品、塑料和陶瓷等的粘合。可用于在水泥地面上粘贴塑料地板和软木地板
405胶		胶结力强、耐水、耐油、耐弱酸、耐溶剂	适用于对纸、木材、玻璃、金属、塑料等的胶结，可用于要求防水、耐酸碱等工程中
HN605胶		粘结强度高，耐水、耐酸碱及其他有机溶剂	适用于对金属、塑料、橡胶和陶瓷等材料的粘结
其他塑料地板胶粘剂	D-1塑料地板胶粘剂	初期粘度大，使用安全可靠，对水泥、木材、塑料等粘结力强	适用于在水泥地面和木板地面上粘贴塑料地板
	AF-02塑料地板胶粘剂	初始粘结强度高、防水性能好，施工方便，无毒、不燃	适用于PVC、石棉填充塑料地板、塑料地毯卷材与水泥地面之间的粘结

表 8–6 瓷砖、石材用胶粘剂

品名	特点	用途
AH-03大理石胶粘剂	粘结强度高、耐水、耐气候、使用方便	适用于大理石、花岗岩、马赛克、面砖、瓷砖等与水泥基层之间的粘结
SG-8407胶粘剂	可改善水泥砂浆的粘结力，并可提高水泥砂浆的防水性	适用于在水泥砂浆、混凝土面上粘贴瓷砖、地砖、面砖和陶瓷锦砖等
TAM型通用瓷砖胶粘剂	耐水、耐久性能良好，使用方便，价格低廉	适用于在水泥砂浆、混凝土和石膏板面上粘贴瓷砖、陶瓷锦砖、天然大理石、人造大理石
TAS型高强度耐水瓷砖胶粘剂	强度高，耐水、耐气候、耐各种化学物质侵蚀	适用于在混凝土、钢铁、玻璃、木材等表面粘贴瓷砖、墙面砖、地面砖等，多用于厨房、浴室、厕所等场所
TAG型瓷砖勾缝剂	具有良好的耐水性	可用于游泳池中的瓷砖勾缝

5. 玻璃、有机玻璃专用胶粘剂

玻璃、有机玻璃专用胶粘剂是一种透明或不透明膏状体，有很浓的醋酸味，不溶于酒精以外的其他溶剂。具有抗冲击、耐水、韧性强等特点。适合粘结玻璃及其制品，也可用于其他需求防水、防潮的地方。产品包括506胶粘剂、WH-2型有机玻璃胶粘剂等，具体见表8-7和图8-4-1所示。

6. 塑料薄膜胶粘剂

塑料薄膜胶粘剂主要用于塑料薄膜片与胶合板、刨花板、纤维板等木制品或聚氯酯泡沫、人造革、纸张之间的粘结。产品有BH-451胶粘剂、641软质聚氯乙烯胶粘剂和920胶粘剂等，具体见表8-8所示。

表8-7　玻璃、有机玻璃用胶粘剂

品　　种		特　　点	用　　途
AE室温固化透明丙烯酸酯胶	AE-01	为无色透明粘稠液体，能在室温下快速固化，具有粘结力强，操作简便等特点	适用于有机玻璃、ABS塑料、丙烯酸脂类共聚物制品的粘结
	AE-02		适用于无机玻璃、有机玻璃以及玻璃钢的粘结
聚乙烯醇缩丁醇胶粘剂		粘结力好，耐水、耐潮、耐腐蚀、耐冲击、透明度好，耐老化性出色	适用于玻璃的粘结

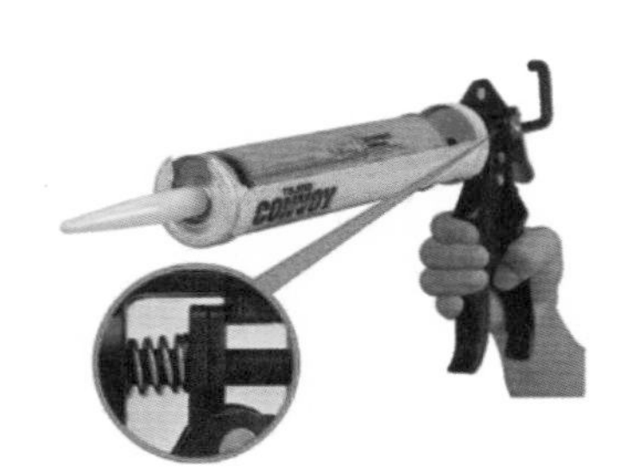

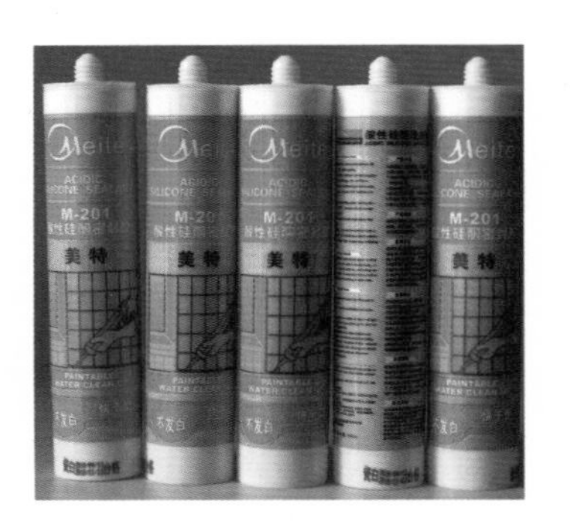

图8-4-1　玻璃胶和胶枪

表8-8　塑料薄膜胶粘剂

品　　名	用　　途
641软质聚氯乙烯胶粘剂	适于粘合聚氯乙烯薄膜、软片等材料，也可用于聚氯乙烯材料的印花印字
BH-451胶粘剂	主要用于（硬质、半硬质、软质）膜片与胶合板、刨花板、纤维板等木制品的粘合，PVC膜与纸、印刷纸的粘合及PVC与聚氨酯泡沫塑料的粘合等
920胶粘剂	适于粘接聚氯乙烯薄膜、泡沫塑料、硬化PVC塑料板、人造革等的粘合

7. 玻璃幕墙胶粘剂

玻璃幕墙胶粘剂主要包括硅酮结构密封胶和硅酮耐候密封胶两种，其中，硅酮结构密封胶主要用于粘接玻璃与框架，它有严格的时效性，需要做相容性试验和蝴蝶试验，而且必须在恒温、清洁、无尘、通风的注胶间进行操作，注胶后，其养护时间一般在14~21天。硅酮耐候密封胶是在玻璃及其组件安装完毕后，及时使用以保证玻璃幕墙的气密性和水密性，不宜用结构胶取代密封胶。

8. 多用途建筑胶粘剂(表8–9)

9. 部分胶粘剂(图8–4–2)

表8–9　多用途建筑胶粘剂

品　名	特　点	用　途
4115建筑胶粘剂	固体含量高，收缩率低，粘结力强，防水抗冻，无污染，施工方便	广泛用于会议室、商店、学校、工厂及住宅的各种装修顶棚、壁板、地板、门窗、灯座、衣钩、挂镜板的粘贴
6202建筑胶粘剂	粘结力强，固化收缩小，不流淌、粘合面广，使用简便、安全且易清洗	建筑五金的固定、电器的安装等，当遇不适合打钉的水泥墙面时，宜用此胶粘剂
SG791建筑轻板胶粘剂	粘结强度高，价格低，使用方便	适于各种无机轻型墙板、顶棚板等的粘结与嵌缝，如纸面石膏板、菱苦土板、炭化石灰板、矿棉吸音板、石膏装饰板等的自身粘结，以及在墙体上粘结天然大理石、瓷砖等
914室温快速固化环氧胶粘剂	粘结强度高，耐热、耐水、耐油、耐冲击性能好，固化速度快，使用方便	用于金属、陶瓷、玻璃、木材、胶木等材料的粘结，可用于60 ℃条件下使用的金属或某些外金属部件小面积快速粘结修复

醋酸乙烯类

4115胶粘剂

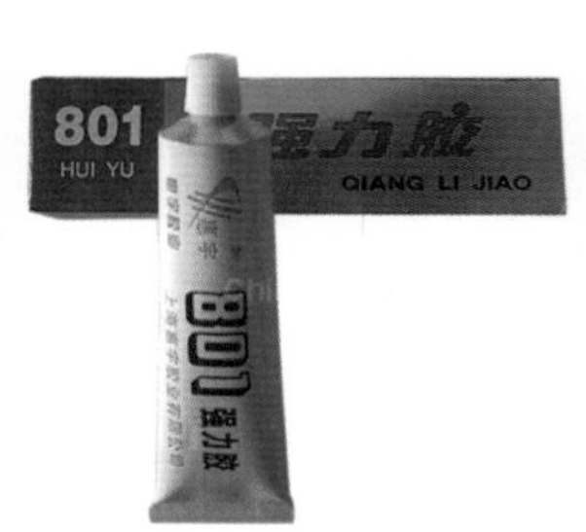

合成橡胶类

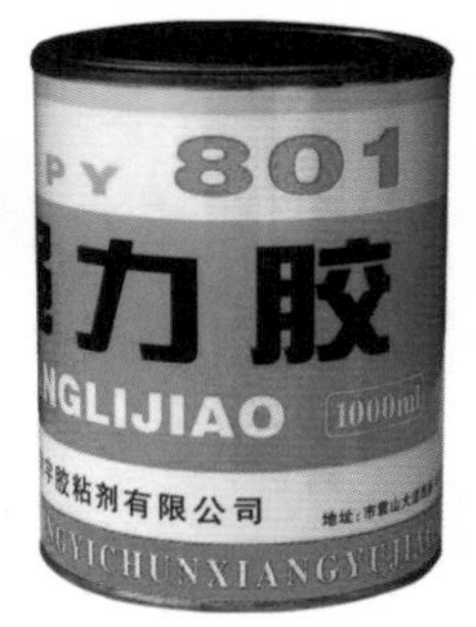

801强力胶

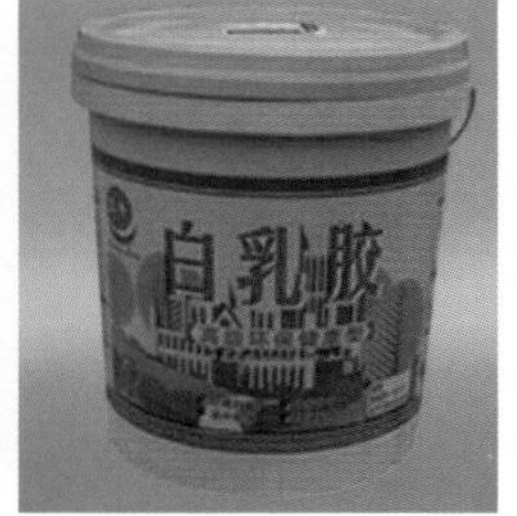

聚醋酸乙烯(白乳胶)

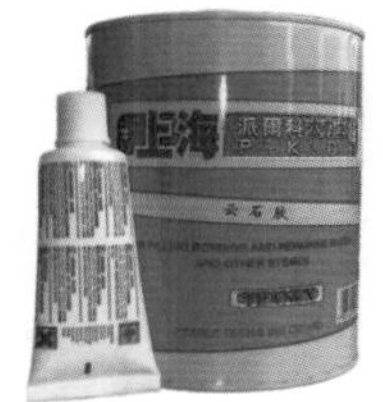

云石胶

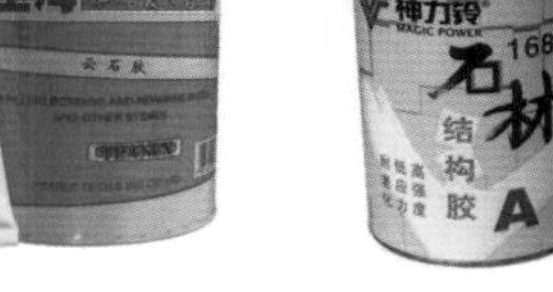

AB胶

聚氨酯类胶粘剂

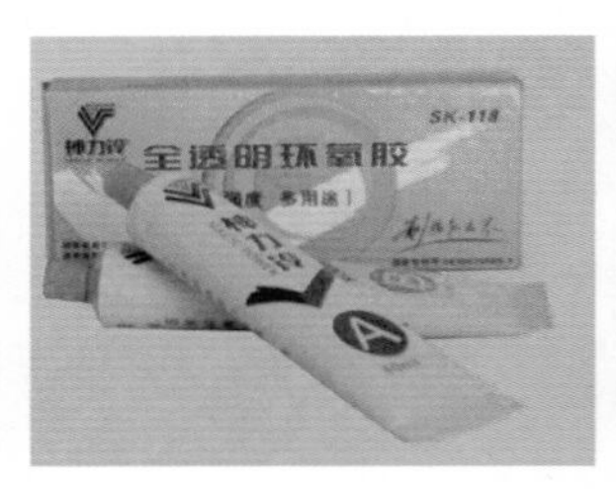

环氧树脂类建筑胶粘剂

图8-4-2 部分胶粘剂

复习参考题

1. 胶粘剂的主要粘连力有哪几类？简述各自的特点。

2. 简述胶粘剂的选用原则。

3. 简述胶粘剂的使用要点。

装饰材料与构造

第九章 胶凝材料

【学习目标】

了解无机胶凝材料的基本特性和优缺点，

熟悉无机胶凝材料在装饰装修中的应用及特点，

重点掌握无机胶凝材料在室内空间各界面上的基本构造方法。

【建议学时】

3学时

胶凝材料分为有机胶凝材料和无机胶凝材料。有机胶凝材料是由天然或合成高分子化合物组成的胶凝材料，如沥青、橡胶等。无机胶凝材料是以无机化合物为主要成分的胶凝材料，包括石膏、石灰、水泥等。

无机胶凝材料又称矿物胶结材料，即能将散粒材料（如砂和石子）或块状材料（如砖和石块）等粘结成一个整体的材料。其特点是造价低、原材料量广、工艺简单，同时其防火、防水、防潮、隔热、吸音等性能都较好。在现代建筑装饰装修工程中，无机胶凝材料是十分重要的一种原料，其发展很快，产量大，不断出现新产品，众多常见的室内装饰装修制品，如石膏装饰板、矿棉装饰吸音板、珍珠岩装饰吸音板等都是利用无机胶凝材料加工而成的。

无机胶凝材料按硬化条件的不同可分为气硬性和水硬性两大类。气硬性无机胶凝材料是在空气中凝结、硬化并产生强度，且可继续发展并保持强度，但只能在地面和干燥环境中使用，如石灰、石膏、菱苦土、水玻璃等。水硬性胶凝材料既能在空气中硬化，又能在水中硬化，且可继续发展并保持其强度，可用于室内外、地上、地下和水工工程，如水泥。

第一节　建筑石膏

石膏的主要化学成分为 $CaSO_4$，其天然资源有天然二水石膏（$CaSO_4 \cdot 2H_2O$）和天然无水石膏。装饰工程中常用的建筑石膏通常由二水石膏经低温煅烧脱水后成为半水石膏（$CaSO_4 \cdot H_2O$），再将半水石膏磨细后制得。

一、建筑石膏的特性

建筑石膏为气硬性胶凝材料，调水后具有良好的可塑性，凝结硬化快，在室内自然干燥条件下，一周左右可完全硬化。硬化产品外形饱满、不收缩、不开裂、体积稳定、表面洁白细腻。石膏制品可进行锯、刨、钉等加工。表面密度小、隔热保温性能好、吸热性强，石膏是不燃材料，可阻止火势的继续蔓延，起到防火的作用。但其因吸水率高，所以耐水性、抗渗性、抗冻性差。

二、建筑石膏的应用

建筑石膏可用于室内抹灰、粉刷、油漆打底，也可作模型或雕塑艺术品以及用于生产建筑装饰构件、石膏装饰板、人造大理石等。目前已生产的石膏板有：纸面石膏板、布面石膏板、装饰石膏板（无纸石膏板）、嵌装式石膏板、纤维石膏板。

三、石膏制品

1. 纸面石膏板

纸面石膏板是以建筑石膏为主要原料，并加入外加材料制成石膏芯材，双面以特种护面纸结合起来的一种建筑板材，为难燃材料（B1 级）。纸面石膏板可分普通纸面石膏板、防水纸面石膏板、耐火纸面石膏板和装饰吸声纸面石膏板等。前两者主要用作顶棚的基层，其表面还需再做饰面处理，一般是乳胶漆饰面。

（1）特点。质轻、隔声、隔热、耐火、抗震性能好，板材体积大、表面平整、安装简便，是目前使用最广泛的顶棚板材（图 9-1-1）。其表面需做饰面处理，如抹灰并涂乳胶漆、喷涂、裱糊墙纸等。

（2）常用规格。1220 × 2440 × 9.5 mm、1220×2440×10 mm、1220×2440×12 mm等。

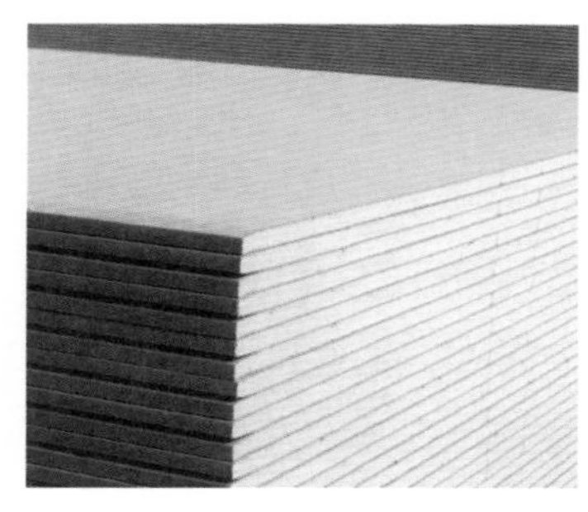

图9-1-1 纸面石膏板外观

（3）应用。纸面石膏板可用作隔断、顶棚等部位的罩面材料(图9-1-2)。潮湿环境中可使用防水纸面石膏板，防火要求的环境中则可使用耐火纸面石膏板。

图9-1-2 纸面石膏板吊顶构造效果

2. 布面石膏板

布面石膏板的表面是经高温处理过的化纤布，耐酸碱，持久不烂，可有效保护石膏板，延长使用寿命。与传统纸面石膏板相比，布面石膏板还具有柔韧性好、抗折强度高、接缝不易开裂、表面附着力强等优点。

（1）特点。强度高、重量轻，品种规格多，质量稳定可靠，便于再加工，可满足建筑防火、隔声、保温、隔热、抗震等要求，且施工速度快，不受环境温度影响，装饰效果好。适用于有一般防火要求的各种工业、民用建筑。

（2）常用规格：

1200×2400×8.0 mm、1200×2400×9.5 mm、1200×2400×12 mm、1200×3000×12 mm。

（3）安装布面石膏板的施工工艺。

布面石膏板隔墙不裂缝施工方法一：

① 分别在地面或楼板上标记出对应的横龙骨(U龙骨)外侧定位线，注意预留布面石膏板的厚度。

② 用适当固定件将横龙骨固定在地面或楼板上。

③ 从墙的一端以400 mm间距将竖龙骨(C龙骨)插入横龙骨内，并将两端固定。

④ 将38#主龙骨插入竖龙骨开口内，然后把开口处的支撑卡复位，固定38#主龙骨。

⑤ 用石膏板专用螺丝离板边沿10～15 mm以150 mm的间距从布面石膏板的一端依次固定，石膏板接缝留在龙骨上，注意预留板与板之间3～5 mm接缝宽度。

⑥ 板与板之间的接缝，用专用胶填平，填平后立即用抗裂接缝带将缝盖住(注:抗裂接缝带的纸面粘贴在布面石膏板面上)。

布面石膏板吊顶不裂缝施工方法二：

① 按照吊顶高度严格执行石膏板吊顶规范要求，预先安装好吊顶龙骨。

② 布面石膏板接缝一定要在两龙骨之间，接缝处背面用100～200 mm宽的布面石膏板细条以白乳胶粘贴，正面用自攻螺丝沿板边将布面石膏板细条相互固定。

③ 布面石膏板安装前先将板材就位，然后用镀锌自攻螺钉将板材与覆面龙骨固定(用专用工具“自攻枪”)，自攻螺钉间距不得大于200 mm，距石膏板边应为10～15 mm。板材的安装必须是无重力安装，在外力的支撑下，先用自攻螺钉固定石膏板的中心部分，再固定边部，在石膏板尚未固定之前，不得撤出支撑力。

④ 板与板之间的接缝，用专用胶填平，填平后立即用抗裂接缝带将缝盖住(注:抗裂接缝带的

纸面粘贴在布面石膏板面上)。

3. 装饰石膏板

装饰石膏板以建筑石膏为主要原料,掺入适量的增强纤维材料、粘结剂、改性剂等辅料,与水搅拌成均匀的料浆,经成型、干燥而成的不带护面纸或布的石膏板材。

装饰石膏板具有质轻、隔声、防火等特点,有一定强度,可进行锯、刨、钉、粘等加工,易于安装,是理想的顶棚和墙面装饰材料。

装饰石膏板分为普通板和防潮板两种,均有平板、穿孔板和浮雕板等形式(图9-1-3)。

常见规格一般为正方形,棱边断面形式有直角和倒角两种。尺寸为 500×500×9.5 mm、600×600×12 mm。

普通石膏板(穿孔板)

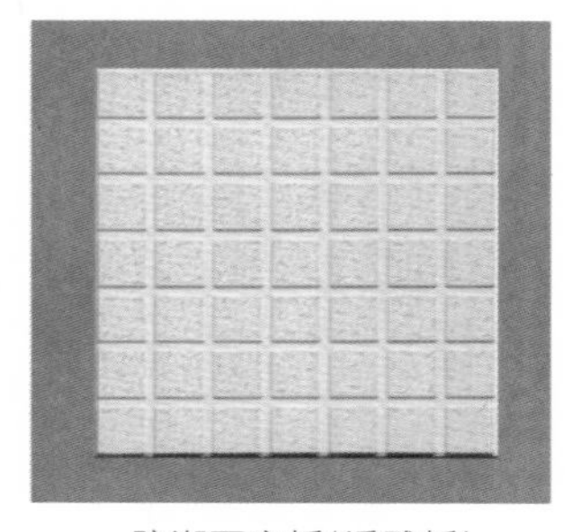

防潮石膏板(浮雕板)

图9-1-3

4. 嵌装式石膏板

嵌装式石膏板是以建筑石膏为主要原料,掺入适量的纤维增强材料和外加剂,加水制成料浆,并经浇注成型后干燥而成的不带护面纸的板材。嵌装式石膏板的形状为正方形,它的背面四边加厚,棱边断面形式有直角型和倒角型。性质和外观与装饰石膏板相同,区别在于,安装时只需嵌固在龙骨上,不再需要另行固定。由于板材的企口相互吻合,故龙骨不外露。使用嵌装式石膏板需选用与之配套的龙骨。嵌装式石膏板有装饰板和吸声板两类,装饰板的正面有平面和浮雕面等(图9-1-4),吸声板的正面有不定数量的穿孔洞。

常见规格有:600×600 mm,边厚大于28 mm;500×500 mm,边厚大于25 mm。

图9-1-4 嵌装式石膏板

5. 石膏艺术制品

石膏艺术制品是以优质石膏为原料,加入纤维增强材料等添加剂,与水一起制成料浆后,经注模、成型硬化、干燥后制得的产品。品种有石膏浮雕艺术线条、灯圈、花饰、壁炉、罗马柱等(图9-1-5)。

6. 纤维石膏板(又称石膏纤维板、无纸石膏板)

纤维石膏板是以石膏为基材,加入有机或无机纤维增强材料,经打浆、铺装、脱水、成型、烘干后制成的一种无面纸纤维石膏板。它具有质轻、耐火、隔声、韧性高等性能,有一定强度,可进行锯、钉、刨、粘等加工。其用途与纸面石膏板相同(图9-1-6)。

7. 纤维增强石膏压力板(又称AP板)

纤维增强石膏压力板是以天然硬石膏(无水石膏)为基料,加入防水剂、激发剂,以混合纤维增强,经成型压制而成的轻型建筑薄板(图9-1-7)。具有硬度高、平整度好、抗变形能力强等特点,可用于室内隔墙、顶棚和墙体饰面等。

8. 石膏刨花板

石膏刨花板是以石膏为粘结剂，木质刨花为增强原料，添加其他辅助材料，经拌合、成型、压制而成的板材(图9-1-8)。具有较高的力学性能、优良的耐火性和不燃性，可进行砂光、锯、钉等加工，也可用墙纸、装饰纸、薄膜、单板等复贴装饰。可用于隔墙、家具、吊顶、地板拼块等。

9. 预铸式玻璃纤维增强石膏成型品(GRG制品)

GRG产品是采用高密度Alpha石膏粉、增强玻璃纤维以及一些微量环保添加剂制成的预铸式新型装饰材料，材质表面光洁、细腻，白度达到90%以上，并且可以和各种涂料及面饰材料良好地粘结，形成极佳的装饰效果。环保、安全，不含任何有害元素。可制成各种平面板、功能性产品及艺术造型(图9-1-9)。

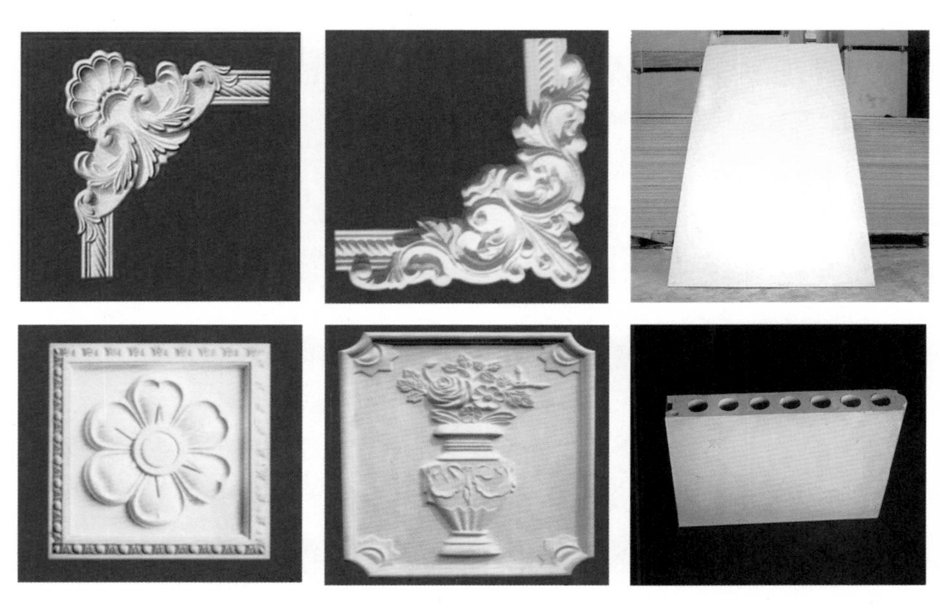

图9-1-5 石膏艺术制品　　图9-1-6 纤维石膏板

图9-1-7 纤维增强石膏压力板外观

图9-1-8 石膏刨花板外观

图9-1-9 GRG板弧形吊顶效果

（1）特点：

① 可任意塑型。GRG产品可以定制单曲面、双曲面、三维覆面各种几何形状、镂空花纹、浮雕图案等任意艺术造型，充分发挥设计创意。

② 强度高、质量轻。GRG产品的弯曲强度可达到20～25 Mpa(ASTMD790-2002测试方式)。拉伸强度达到8～15 Mpa(ASTMD256-2002测试方式)，且6～8 mm厚的标准板重量仅为6～9 kg/m²，在满足大板块吊顶分割需求的同时，减轻主体重量及构件负荷。

③ 不变形、不开裂。由于主材石膏热膨胀系数低、干湿收缩率小的优势，GRG产品不受环境冷、热、干、湿影响，性能稳定不变形。独特布纤加工工艺使产品不龟裂，使用寿命长。

④ 声学反射性能。GRG具有良好的声波反射性能。经同济声学研究所测试，30 mm单片重量48 kg的GRG板，声学反射系数R≥0.97，符合专业声学反射要求，适用于大剧院、音乐厅等声学原声厅。

⑤ 不燃性。属于A1级防火材料。当火灾发生时，它除了能阻燃外，本身还可以释放相当于自身重量的10～15%的水分，可大幅度降低着火面温度，降低火灾损失，并可对室内环境的湿度进行调节。具有高强度、高硬度和很好的柔韧性，在120 ℃高温下存放72小时无变形。

（2）应用。主要应用在公共建筑中为抵抗高的冲击而增加其稳定性的吊顶。此外，由于GRG材料的防水性能和良好的声学性能，尤其适用于频繁的清洁洗涤和声音传输的地方，像学校、医院、商场、剧院等场所。

（3）GRG产品的接缝处处理。GRG产品之间的接缝背面采用螺母对销固定、钨绑固定，接缝表面用GRG专用补缝粉以及工业绷带进行补平、批顺。

10. 装饰绝热、吸音板

装饰绝热、吸音板的品种较多，这里主要介绍具有代表性的膨胀珍珠岩装饰吸音板和矿棉装饰吸音板。

1）膨胀珍珠岩装饰吸音板

膨胀珍珠岩装饰吸音板是以建筑石膏为主要原料，加入膨胀珍珠岩、缓凝剂、防水剂等辅料制成的板材，因膨胀珍珠岩具有改善板材声热的性能，所以有吸音效果(图9-1-10)。

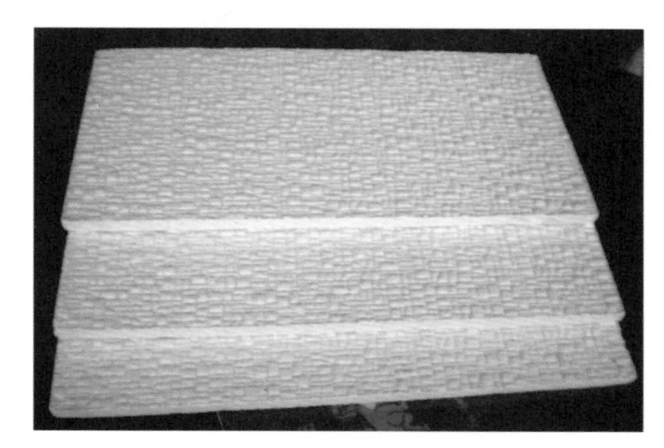

图9-1-10 膨胀珍珠岩装饰吸音板外观

(1) 特点。膨胀珍珠岩装饰吸音板具有质轻、隔音、吸音、防火等优点。因其表面以聚酯树脂进行处理,故具有防水性,可用于外墙装饰。装饰板的主要物理力学性能为:容重0.98 g/cm^2,光洁度87度,抗弯强度9.3 MPa,表面硬度(HB)34,含水率2.4%,导热系数0.17 W/m·K。

(2) 常用规格:

600×300×20 mm、600×600×20 mm、600×1200×20 mm。

(3) 生产工艺。生产的前一段与一般石膏板材相类似,脱模成基板后,再用聚酯树脂进行表面处理,处理方法与一般不饱和聚酯树脂的涂饰工艺相同。

压制工序是比较特殊的工序,也是基材生产的关键,压力的大小、初压时间的迟早、保压时间的长短,直接关系到产品的质量,一般压力控制在8 MPa左右。初压与恒压时间视材料的凝结情况而定。

2) 矿棉装饰吸声板

矿棉装饰吸声板是以矿棉为主要基材,加入粘结剂、防水剂、增强剂等辅料加工而成(图9-1-11)。基材加工完成后,根据需要进行表面加工,制成装饰板,包括普通型、沟槽型、印刷型、浮雕型等四种类型。

(1) 特点。矿棉装饰吸音板具有吸音、防火、隔热的综合性能,可制成各种色彩的图案与立体形表面,是一种室内高级装饰材料。

(2) 常用规格:

600×600×8~15 mm、600×300×8~15 mm、600×1200×8~18 mm。

(3) 生产工艺。生产分两步进行,先将各种原料混合加工成基材板,再进行装饰加工。

① 基材的加工。将一定量的矿棉放入容器中加水搅拌,使棉与渣球分离,渣球沉于底部,捞出矿棉,再洗涤一次后,去除水分并称量。有时矿棉也用造粒机分解成粒状棉后再使用,将粘结剂、防水剂等添加剂按配比混合搅拌成料浆,成型在长网抄取机上进行,料浆经滤水、真空吸水、挤压成为一定厚度的毛坯,切割后烘干即成矿棉基板。

② 装饰加工。装饰加工有多种不同的方式,如盲孔加工,用半成品经滚压轧出大小形状不同的不透孔,增加吸音效果,再进行板边精加工、着色、烘干即为成品。沟槽型板加工,将盲孔板经专门的铣削机分别加工出纵横两方向的沟槽,或铣出圆形,再进行着色、烘干即成。印刷型板的加工,半成品通过印刷机上的模板,涂上预先配好的涂料,印出各种花纹图案,在花纹上也可撒上细砂,再经烘干而成。浮雕型板的加工,半成品着色后,通过装有浮雕型板的压力机压出各种花纹,然后再经切割开榫制成。浮雕型板是专业厂制造的,加工费用高。

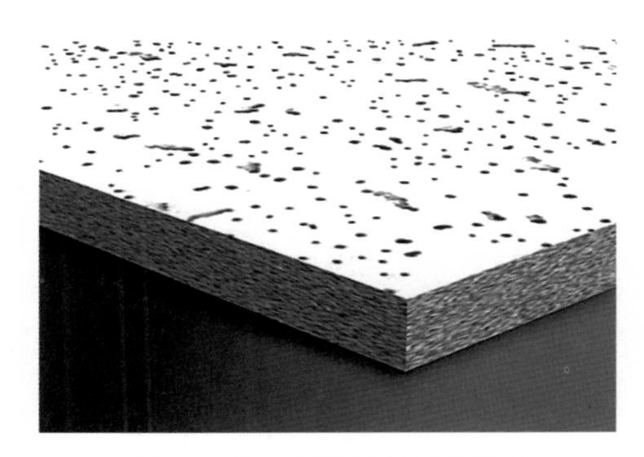

图9-1-11 矿棉装饰吸声板外观

第二节　水泥

水泥是一种在建筑装饰装修中广泛应用的水硬性胶凝材料。

一、分类

按性能和用途可分为通用水泥：指用于一般建筑工程的水泥，如硅酸盐水泥、矿渣硅酸盐水泥等；专用水泥：指有专门应用范围的水泥，如道路水泥、大坝水泥、砌筑水泥等；特种水泥：指具有某种特征性能的水泥，如快硬硅酸盐水泥、膨胀水泥、高铝水泥、白水泥、磷酸水泥、硫酸铝水泥等。

1. 硅酸盐水泥

硅酸盐水泥是由硅酸盐热料或加0%～5%的石灰石或粒状高炉矿渣及适量石膏磨细制成的水硬性胶凝材料（图9-2-1）。

图9-2-1　水泥

水泥加水后成为塑性的水泥浆，即"水化"；随着反应的进行，水泥浆逐渐变稠失去可塑性，但尚无强度，这一过程称为"凝结"；随后产生明显强度并逐渐发展成坚硬的水泥石，即"硬化"。水泥的水化、凝结和硬化，除与水泥矿物组成有关外，还与水泥的细度、拌和的用水量、温度、湿度、养护时间及石膏掺入量等有关。

在制造时通常会在硅酸盐水泥中加入一定的混合材料，调整水泥强度，扩大其使用范围，从而增加水泥的品种和产量，降低成本。

2. 白水泥

白水泥为装饰水泥，是白色硅酸盐水泥，性能与硅酸盐水泥基本相同，但其氧化铁含量很低，故呈白色。根据国际规定，必须满足MgO、SO_3、细度、凝结时间、安定性等要求。白水泥常用于建筑装饰，可配置成彩色砂浆、各种饰面板、人造大理石、仿天然石、窗户台阶等。

二、水泥制品

1. 纤维水泥平板

纤维水泥平板是以矿物纤维、纤维素、纤维分散剂和水泥为主要原料，经抄坯、成型、养护而成的薄型建筑平板。具有加工性能好，表面易装饰、可喷涂等特点。品种有不燃平板、埃特墙板和防火板等。可用于建筑物内外墙板、天花板、家具、门扇及需要防火的部位。

2. 无机纤维增强平板（TK板）

无机纤维增强平板是以低碱水泥、中碱玻璃纤维和短石棉为主要原料，经抄制、成型、硬化而成的薄型平板（图9-2-2）。具有抗冲击性好、加工方便等优点。可用作隔墙、吊顶和墙裙板等。

图9-2-2　无机纤维增强平板(TK板)

3. 纤维水泥加压板（FC加压板）

纤维水泥加压板是以各种纤维和水泥为主要原料，经抄取成型、加压蒸养而成的高强度薄板（图9-2-3）。具有密度大、表面光洁、强度高的特点。可用作内墙板、卫生间墙板、吊顶板、楼梯和免拆型混凝土模板等。

图9-2-3 纤维水泥加压板(FC加压板)

4. 水泥刨花板

水泥刨花板是以水泥、木材刨花为主要原料，加入水及化学助剂，经搅拌成型、加压、养护等工序制成的薄型建筑平板(图9-2-4)。具有质轻高强、防水保温、隔音、防蛀等性能，可进行锯、粘、钉等加工，主要用于建筑物内外墙板、天花板、家具等部位。

图9-2-4
水泥刨花板外观

5. 水泥木丝板(万利板)

水泥木丝板是以木材下脚料经机械刨切成木丝，加入水泥、水玻璃等辅料，经成型、干燥、养护等一系列工艺后制成的板材(图9-2-5)。具有吸声、保温、隔热的特点，性能及用途与水泥刨花板相似，但其骨架为木丝，故强度与吸声性更好。

6. 硅酸钙板材

硅酸钙板材是用粉煤灰、电石泥等工业废料为主制成的建筑用板材(图9-2-6)。常用品种有纤维增强板和轻质吊顶板两种。纤维增强硅酸钙板是以粉煤灰、电石泥为主，用矿物纤维和少量其他纤维增强制成的轻质板材。这种板材纤维分布均匀、排布有序、密实性好，具有防火、隔热、防潮、防霉等特点，可以任意涂饰，印刷花纹，粘贴各种贴面材料，可以用常规工具进行锯、刨、钉、钻等加工，用作吊顶、隔墙板、墙裙板等，特别适合地下工程等潮湿环境使用。

轻质硅酸钙吊顶板是在硅酸钙板材原料中掺入轻质骨料制成的轻质高强吊顶板材，其容重为400～800 kg/m³。轻质硅酸钙吊顶板轻质、高强、耐水、防潮、声学及热学性能优良，可用作礼堂、影剧院、餐厅、会议室吊顶及内墙面。

水泥木丝板外观

木丝水泥板外观

图9-2-5

硅酸钙板

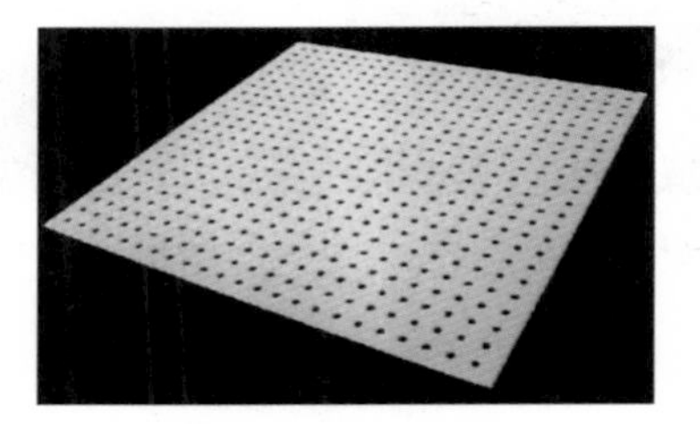
硅酸钙板(穿孔吸音板)
图9-2-6

第三节　建筑砂浆

建筑砂浆是由胶凝材料、细骨料和水按一定比例配制而成的建筑材料。按胶凝材料可分为石灰砂浆、水泥砂浆和混合砂浆，按用途可分为砌筑砂浆、抹面砂浆、特种砂浆等。抹面砂浆包括普通抹面砂浆、防水砂浆、装饰砂浆等。

1. 普通抹面砂浆

普通抹面砂浆可用来涂抹建筑物表面，起到一定的保护作用，提高表面耐久性，通常分两层或三层进行施工，各层要求不同。

（1）底层抹灰。底层抹灰主要起与基层粘结作用，不同基层底层抹灰不同。砖墙的底层抹灰多用石灰砂浆，有防水要求的抹灰多用水泥砂浆，板条墙、顶棚的底层抹灰用麻刀石灰砂浆，混凝土墙、梁、柱、顶板等底层抹灰多用混合砂浆。

（2）中层抹灰。中层抹灰主要为了找平，多用混合砂浆或石灰砂浆。

（3）面层抹灰。面层抹灰主要起装饰作用，多用细砂配制的混合砂浆、麻刀石灰砂浆或纸筋石灰砂浆。

在容易碰撞或防潮湿部位面层抹灰应采用水泥砂浆，如墙裙、地面、窗台及水井等处可用1:2.5（水泥:砂）的水泥砂浆（图9-3-1）。

水泥砂浆砌筑墙体　　　抹面砂浆操作

图9-3-1

2. 防水砂浆

防水砂浆具有防水抗渗作用，可在水泥砂浆中掺入防水剂，提高砂浆抗渗性。常用防水剂有氯化物金属盐类防水剂、硅酸钠类防水剂及金属皂类防水剂。

3. 装饰砂浆

装饰砂浆主要用于墙面喷涂、弹涂或墙面抹灰装饰，品种包括彩色砂浆、石粒类砂浆和聚合物水泥砂浆等。具有质感鲜明、颜色丰富、施工简便和造价低等优点。适用于二级或二级以下建筑物的墙面装饰。

（1）彩色砂浆。彩色砂浆以水泥砂浆、白灰砂浆或混合砂浆直接掺入颜料配制而成，也可以用彩色水泥和细砂直接配制。

（2）石粒类装饰砂浆。可以在水泥砂浆的基层上，抹出水泥石粒浆面层作为装饰表层，主要用于建筑外墙装饰。这种装饰层主要靠石粒的色彩和质感表现装饰效果。骨料石粒通常是以天然的大理石、花岗岩、白云石和方解石等石材经机械破碎加工而成，由于石粒具有不同的颜色，又称其为色石渣、色石子或石末等。具有色泽明亮、质感丰富和耐久性好等优点。装饰层的主要类型有水刷石、干粘石、剁假石、水磨石、机喷石、机喷石屑和机喷砂等。

（3）聚合物水泥砂浆。聚合物水泥砂浆是在普通水泥砂浆中掺入适量的有机聚合物，改善原砂浆粘结力的一类砂浆。可作为装饰抹灰砂浆，也可以用于表层的喷涂、滚涂和弹涂。

当前装饰工程中掺入的有机聚合物主要有以下两种：

① 聚醋酸乙烯乳液。聚醋酸乙烯乳液是一种白色的水溶性胶状体，主要成分由醋酸乙烯、乙烯醇和其他外掺剂经高压聚合而成，以适当的比例将其掺入砂浆内，可使浆的粘结力大大提高，同时增强砂浆的韧性和弹性，有效地防止装饰面层开裂、粉酥和脱落现象发生。这种有机聚合物在操作性能和饰面层的耐久性等方

面，都优于过去长期使用的聚乙烯酸缩甲醛胶(107胶)，但其价格较高。

② 甲基硅酸钠。甲基硅酸钠是一种无色透明的水溶液，是一种有机分散剂。建筑物外墙喷涂或弹涂装饰砂浆时，在砂浆中掺入适量的甲基硅酸钠，可以提高砂浆的操作性能，并可能提高饰面层的防水、防风化和抗污染的能力。

4. 干粉砂浆

干粉砂浆是近年来最新发展的品种。将商品砂浆及各种类型和强度等级的砂浆预先配制包装出售。

普通干粉砂浆分三类：DM干粉砌筑砂浆，DP干粉抹面砂浆，DS干粉地面砂浆。

第四节 纸面石膏板的构造及做法

在无机胶凝材料中，纸面石膏板的构造运用最为广泛，纸面石膏板的构造主要是顶棚和隔墙两部分。

一、纸面石膏板顶棚的构造及做法

顶棚一般由预埋件及吊筋、基层、面层三个基本成分构成，如图9-4-1所示。

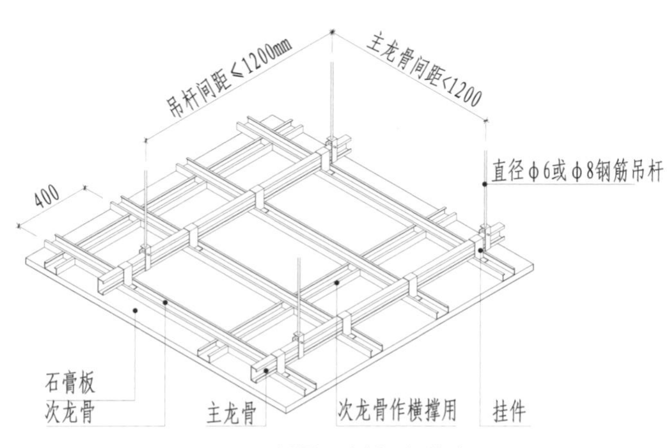

图9-4-1 纸面石膏板顶棚构造

1. 顶棚的预埋件和吊杆(吊筋)

顶棚的预埋件是屋面板或楼板与吊杆之间的连接件，主要起连接固定、承受拉力的作用。

顶棚的吊杆主要用于传递顶棚的载荷，即将顶棚的载荷通过吊杆传递到屋面板或楼板等部。吊杆可采用钢筋、型钢、木方、镀锌铁丝等材料。用于一般顶棚的钢筋截面应不小于φ6 mm，其间距在900～1200 mm左右，吊杆与龙骨之间可采用螺栓连接。型钢吊杆用于重型顶棚或整体刚度要求很高的顶棚；木方吊杆一般用于木质基层的顶棚，常采用铁制连接件加固。另外，金属吊杆和预埋件都必须做防锈处理。具体安装构造如图9-4-2所示。

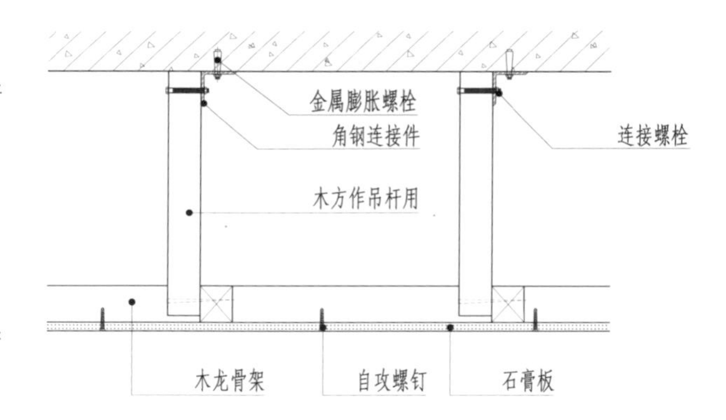

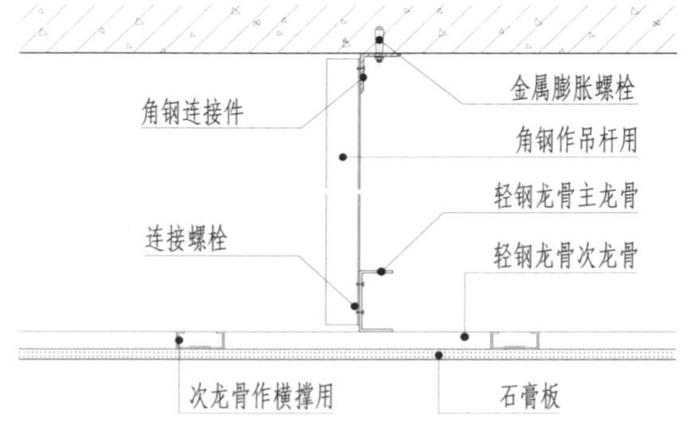

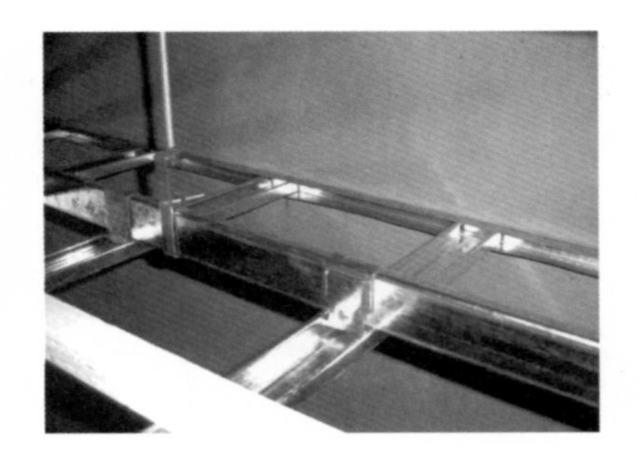

图9-4-2 轻钢龙骨安装工艺

2. 顶棚的基层

顶棚的基层即骨架层，是一个由主龙骨、次龙骨（或称主搁栅、次搁栅、覆面龙骨）所形成的网格骨架体系，其作用主要是形成找平、稳固的结构连接层，确保面层铺设安装、承接面层荷载，并将其荷载通过吊筋传递给屋面板或楼板的承重结构。常用的顶棚基层有木质基层和金属基层两大类。

当顶棚需要承受较大载荷或悬吊点间距较大，或者在其他特殊情况下，应采用角钢、槽钢、工字钢等普通型钢做顶棚的二次结构层。当吊杆长度大于1.5 m时，应设置反支撑，当吊杆与设备相遇时，应调整并增设吊杆。

在顶棚的基层设计中，需要考虑设备安装、检修上人的空间。上人的顶棚除能承受足够载荷外，还应设有检修走道（又称马道）和上人孔。

纸面石膏板上安装设备时需注意：如普通设备吊挂在现有或附加的主次龙骨上，重型灯具、消防水管和有振动的电扇、风道及其他重型设备等需直接吊挂在结构顶板上，不得与吊顶相连，严禁安装在顶棚龙骨上。

纸面石膏板顶棚的构造方法见图9-4-3。

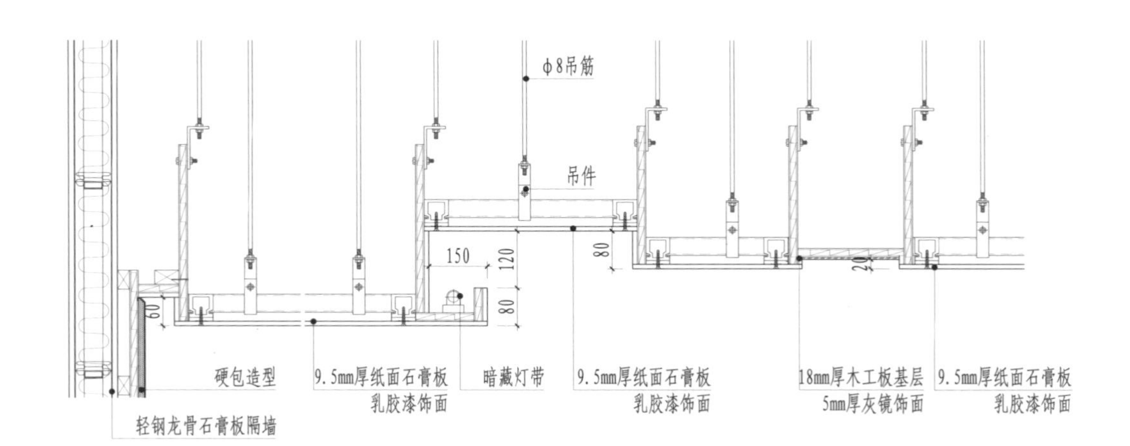

图9-4-3 纸面石膏板顶棚的构造

二、纸面石膏板隔墙的工艺和做法

1. 纸面石膏板隔墙的工艺流程

隔墙放线 → 安装门框洞 → 安装沿顶龙骨和沿地龙骨 → 竖向龙骨分档 → 安装竖向龙骨 → 安装横向龙骨卡档 → 安装石膏罩面板 → 施工接缝做法 → 面层施工

2. 具体做法

（1）放线。根据施工图，在已做好的地面或地枕带上放出隔墙位置线、门窗洞口边框线和顶龙骨位置边线。

（2）安装门洞口框。放线后按设计，先将隔墙的门框洞安装完毕。

（3）安装沿顶龙骨和沿地龙骨。按已放好的隔墙位置线，安装顶龙骨和地龙骨。

（4）竖龙骨分档。根据隔墙门框洞口位置，在安装顶地龙骨后，按罩面板的规格900 mm或1200 mm确定板宽，竖龙骨分档规格尺寸为450 mm，不足模数的分档应避开门洞框边第一块罩面板位置，使破边石膏罩面板不在靠洞框处。

（5）安装龙骨。按分档位置安装竖龙骨，竖龙骨上下两端插入沿顶龙骨及沿地龙骨，调整垂直及定位准确后，用抽心铆钉固定；靠墙、柱边龙骨用射钉或木螺丝与墙、柱固定。

（6）安装横向卡档龙骨。根据设计要求，隔墙高度大于3 m时应加横向卡档龙骨，采用抽心铆钉或螺栓固定。

（7）安装石膏罩面板。

① 检查龙骨安装质量、门框洞是否符合设计及构造要求，龙骨间距是否符合石膏板宽度的规格。

② 安装一侧的纸面石膏板，从门口处开始，无门洞口的墙体由墙的一端开始。纸面石膏板一般用自攻螺钉固定，板边钉距为200 mm，板中间距为300 mm，螺钉距石膏板边缘的距离不得小于10 mm，也不得大于16 mm。用自攻螺钉固定时，纸面石膏板必须与龙骨紧靠。

③ 安装墙体内电管、电盒和电箱设备。

④ 安装墙体内防火、隔声、防潮填充材料。

（8）接缝做法。纸面石膏板接缝做法有三种形式，即平缝、凹缝和压条缝，可按以下程序处理。

① 刮嵌缝腻子。刮嵌缝腻子前先将接缝内浮土清除干净，用小刮刀把腻子嵌入板缝，与板面填实刮平。

② 粘贴拉结带。待嵌缝腻子凝固原形即行粘贴拉接材料，先在接缝上薄刮一层稠度较稀的胶状腻子，厚度为1 mm，宽度为拉结带宽，随即粘贴接结带，用中刮刀从上而下一个方向刮平压实，赶出胶腻子与接结带之间的气泡。

③ 刮中层腻子。拉结带粘贴后，立即在上面再刮一层比拉结带宽80 mm左右、厚度约1 mm的中层腻子，使拉结带埋入这层腻子中。

④ 找平腻子。用大刮刀将腻子填满楔形槽与板抹平。

（9）根据设计要求，用纸面石膏板墙面做成墙体饰面。

具体的纸面石膏板隔墙构造见图9-4-4所示。

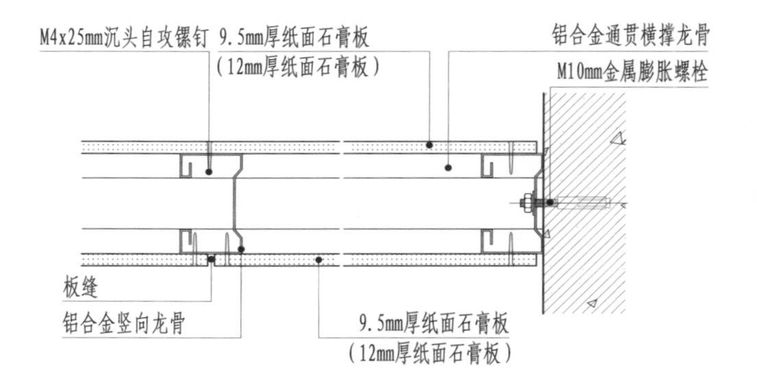

轻钢龙骨纸面石膏板隔墙横剖面

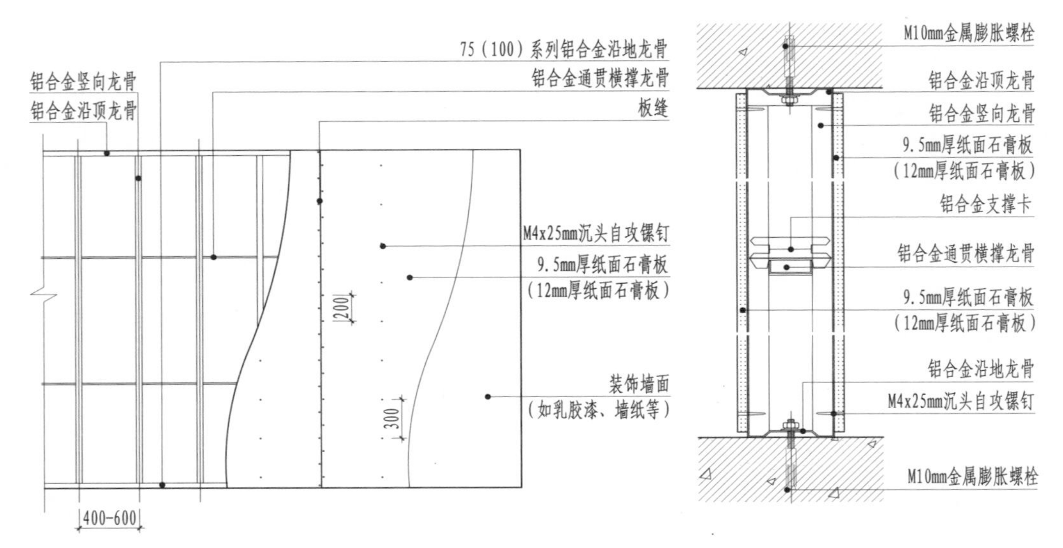

轻钢龙骨纸面石膏板隔墙立面　　轻钢龙骨纸面石膏板隔墙竖剖面

图9-4-4 轻钢龙骨纸面石膏板隔墙立面图、剖面图

复习参考题

1. 简述纸面石膏板的主要特点、规格及种类。

2. 绘制轻钢龙骨纸面石膏板隔墙构造图。

3. 简述GRG制品的主要特点及在装修中的应用。

4. 简述抹面砂浆的常见品种及主要作用。

5. 简述水泥木丝板的特点及应用。

10

第十章 装修织物与卷材

【学习目标】

了解各类装修织物与卷材的基本特点、品种及常见规格。

熟悉主要织物与卷材在装修中的应用，

重点掌握墙布、地毯、窗帘在装修中的基本构造方法。

【建议学时】

3学时

第一节 装修织物与卷材制品

装修织物与卷材是室内装修中的重要装修材料之一，主要包括墙布、地毯、窗帘等。因用途不同，其质地、性能以及制造方法等也各不相同，但都具有色彩丰富、质地柔软、富有弹性等特点，不仅为室内空间创造舒适的环境，同时还能营造气氛，对室内环境起到锦上添花的效果。

一、壁纸（布）

壁纸（布）通常是由两层复合而成的，底层为基层，表面为面层，基层材料有全塑、纸基和布基（玻璃布和无纺布）之分，面层材料有聚乙烯、聚氯乙烯和纸面之分。壁纸（布）是室内装饰装修中使用最为广泛的材料之一（图 10-1-1），不仅图案多样、色彩丰富、装饰性极强，还具有遮挡、吸声、隔热、防霉、防臭、屏蔽、防潮、防静电、防火等多种功能。随着工艺的不断发展，现代室内装修工程中所使用的壁纸（布）易清洗、寿命长、耐用、施工方便，且能仿真其他墙面材料的质感，品种更加多样化。

壁纸与饰品的风格一致

壁纸与织物的风格一致

图 10-1-1

（一）种类

1. 壁纸

壁纸是以纸为基层，表面覆盖不同材料，经特殊处理而合成的。壁纸主要是通过胶粘剂贴于墙面或顶棚上。

常见壁纸包括以下五类：

1）**复合纸质壁纸**

其基层和面层都是纸。

2）**纤维壁纸**

以纸为基层，表面复合丝、棉、麻、毛等纤维。

3）**天然材料面壁纸**

基层是纸，表面以木、麻、树叶、草席、软木等复合。

4）**金属壁纸**

基层是纸，面层涂布金属膜。

5）**塑料壁纸**

塑料壁纸是目前使用非常广泛的一种壁纸，采用具有一定性能的塑料原纸，表面再进行印花、涂布等工艺制作而成。有非发泡塑料壁纸、发泡塑料壁纸、耐水塑料壁纸、防霉塑料壁纸、防火塑料壁纸、防结露塑料壁纸、芳香塑料壁纸、彩砂塑料壁纸、屏蔽塑料壁纸、镭射塑料壁纸等品种。

壁纸产品的主要规格如下：

窄幅小卷	幅宽 530～600 mm	长 10～12 m	每卷 5～6 m^2
中幅中卷	幅宽 760～900 mm	长 25～50 m	每卷 25～50 m^2
宽幅大卷	幅宽 920～200 mm	长 50 m	每卷 49～50 m^2

2. 壁布

壁布是以天然纤维或人造纤维织成的布为基层，面层涂以树脂并印刷各种图案和色彩的装饰材料。

1）**玻纤印花墙布**

. 这种墙布是用玻璃纤维或人造纤维织成的布为基层，表面涂以耐磨树脂，再印刷各种色彩及图案而制成。特点是不褪色、防火性好、耐潮、可擦洗，但涂层磨损后易有玻璃纤维散出而刺激皮肤。

2）**无纺墙布**

无纺墙布是将棉麻、涤纶、腈纶等纤维经无纺处理成为基层，表面涂以树脂再印刷图案。特点是表面光洁、有弹性、不易折断和老化，防潮、可洗擦、不褪色，有一定的透气性。

3）**棉纺装饰墙布**

棉纺装饰墙布是以纯棉为基层，经处理后，涂层、印花。特点是强度大、静电小、无毒、吸音、透气，但表面易起毛。

（二）施工流程及要点

（1）施工流程：

清扫基层、填补缝隙→石膏板面接缝处贴接缝带、补腻子、磨砂纸→满刮腻子、磨平→涂刷防潮剂→涂刷底胶→墙面弹线→壁纸浸水→壁纸、基层涂刷粘结剂→墙纸裁纸、刷胶→上墙裱贴、拼缝、搭接、对花→赶压胶粘剂气泡→擦净胶水→修整。

（2）施工要点：

① 基层必须清理干净、平整、光滑，防潮涂料应涂刷均匀，且不宜太厚。

② 为防止墙纸、墙布受潮脱落，可涂刷一层防潮涂料。

③ 画垂直线和水平线，以保证墙纸、墙布横平竖直。

④ 塑料墙纸遇水、胶水会膨胀，因此要先用水润纸，使塑料墙纸充分膨胀。玻璃纤维基材的壁纸、墙布等遇水无伸缩，因此无需润纸。复合纸质壁纸和纺织纤维壁纸也不宜润水。

⑤ 粘贴后，赶压墙纸胶粘剂，不留有气泡，挤出的胶及时擦净（图10-1-2）。

二、地毯

地毯有纯毛地毯和化纤地毯两大类。纯毛地毯多以羊毛为原料（图10-1-3），按加工方法分为手织纯毛地毯和机织纯毛地毯两种。

1. 手织纯毛地毯

手织纯毛地毯是我国传统手工艺品，其图案优美、色泽鲜艳、质地厚实、踏感柔软舒适、经久耐用、富丽堂皇，但价格昂贵，是一种高档的铺地装饰材料。地毯按不同使用要求可分为不同等级，具体见表10-1所示。

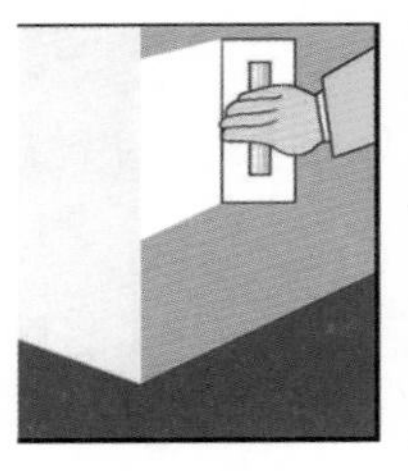

1. 处理墙面

2. 涂刷底漆

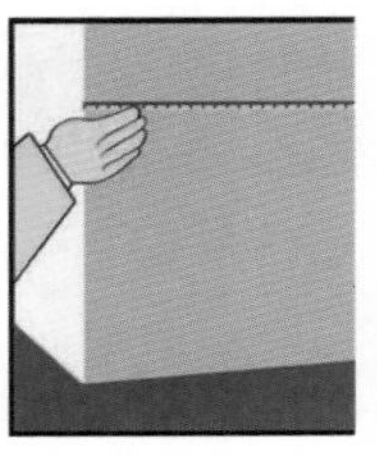

3. 测量尺寸

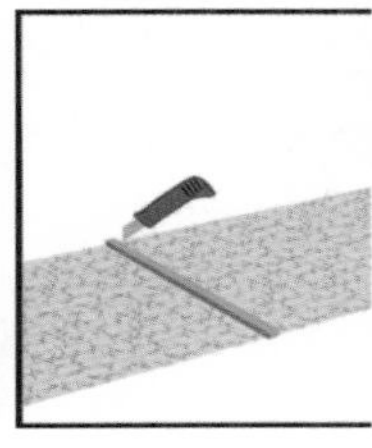

4. 依照尺寸裁剪墙纸

5. 按比例配制胶水

6. 涂刷胶水到墙纸背面

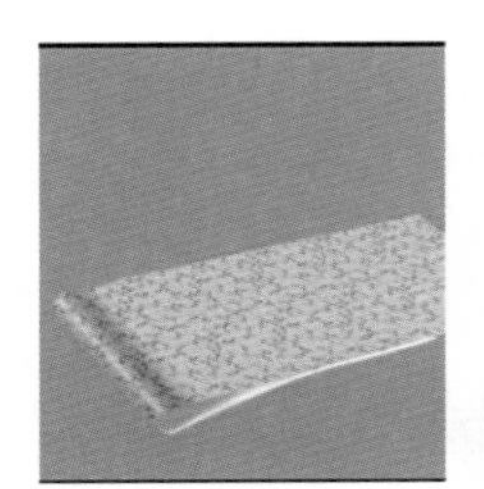

7. 相互折叠放置3分钟左右

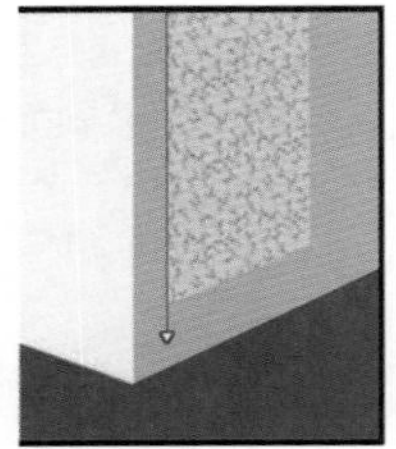

8. 贴第一幅墙纸要垂直

9. 轻轻刮平，赶出气泡

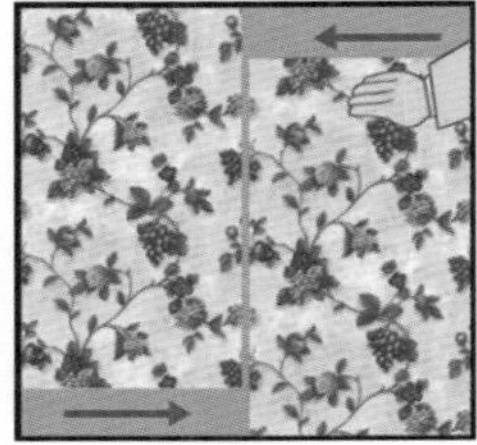

10. 正确对花

11. 裁除余料

图10-1-2 壁纸(布)施工流程

手织纯毛地毯按纹别可分70道(90道)抽纹地毯、90道拉纹地毯、20道抽绞纹地毯等。地毯的裁绒厚度常用英制表示，一般有5/8″、4/8″、3/8″等。

2. 机织纯毛地毯

机织纯毛地毯具有表面平整、富有弹性、踏感柔软、耐磨耐用等特点，与手织地毯比较性能基本相近，但价格较低。与化纤地毯相比，其回弹性、抗静电、抗老化、耐燃性等均较优。因此它是介于两者之间的中档地面装饰材料。

机织纯毛地毯的品种与规格见表10-2所示。

3. 化纤地毯

化纤地毯以化学纤维为主要原料制成。与纯毛地毯相比，具有轻质、耐磨、色彩鲜艳、更富弹性、铺设简便等优点，而且价格比较低廉（图10-1-4至图10-1-6）。化纤地毯所用化纤原料有锦纶、腈纶、涤纶、丙纶等，各种材料有不同特点。具体见表10-3所示。

化纤地毯的表面结构有多种形式，各有特点，具体见表10-4所示。

图10-1-3　纯毛地毯

表10-1　手织纯毛地毯的级别

级　　别	用　　途
轻度家用级	宜铺设于不常使用的房间
中度家用或轻度专业使用级	宜铺设于卧室和餐室
一般家用或中度专业使用级	适宜于会客室、起居室等交通频繁的地方
重度家用或一般专业使用级	适于重度磨损场所
重度专业使用级	价格昂贵，适于公共场所
豪华级	具有长毛，用于制造豪华气派氛围的场所

表10-2　机织纯毛地毯的品种及规格

品　　种	毛纱股数	厚度（mm）	规　　格（m）
A型机织纯毛地毯	3股	5.3	宽5.5 m以下，长度不限
B型机织纯毛地毯	2股	5.3	宽5.5 m以下，长度不限
机织纯毛麻背地毯	2股	6.36	宽3.1 m以下，长度不限
机织纯毛楼梯道地毯	3股	6.36	宽3.1 m以下，长度不限
机织纯毛提花美术地毯	4股	6.36	1.22×1.83，1.83×2.74，2.74×3.66
A型机织纯毛阻燃地毯	3股	5.3	宽5.5 m以上，长度不限
B型机织纯毛阻燃地毯	2股	4.24	宽5.5 m以上，长度不限

图 10-1-4　普通单色化纤地毯

图 10-1-5　普通花色化纤地毯

图 10-1-6　化纤地毯铺装效果

表 10-3　化纤原料特点

化纤名称	特　点
锦纶纤维	弹性恢复率优于其他合成纤维，适于制作高圈地毯
腈纶纤维	蓬松性好，染色性好，毛型感强，但弹性、耐磨性不如锦纶
涤纶纤维	具有良好的手感和外观，强度高、耐磨性好。因纤维染色较困难，使用量在下降
丙纶纤维	有BCF长丝、短纤维、膜裂纤维及复合纤维等，纤维的强度高，耐磨性好，化学稳定性好，比重轻，价格便宜，但弹性较差，不易染色

表 10-4 化纤地毯的表面形式及其特点

地毯形式	外　形	特　点
平面毛圈绒头		全面平圈高度一致，未经剪割，表面平滑，结实耐用
多层绒头高低针		毛圈绒头高度不一致，表面起伏有致，有浮雕感
割绒（剪毛）		把毛圈顶部剪去，毛圈即成两个绒束，表面给人以优雅纯净、一片连绵之感
长毛绒		绒头纱线较为紧密，用料严格，有“色光效应”，使色泽变化多端，或浓淡，或明暗
起绒（粗绒）		数根绒紧密相集，产生小结块效应，地毯十分结实，适于人流量较大的场所使用
簇绒	第一层垫底布 乳胶层 第二层垫底布	毛圈插入第一层底布（背衬）后，随之用浓乳胶将其牢固定位，然后粘上第二层底布（背衬），使毛圈固紧

三、地板

1. 塑料地板

塑料地板是以合成树脂为原料，加入其他填料和助剂加工而成的地面装饰材料。

塑料地板按外形可分为块状地板和卷材地板。块状地板主要由聚氯乙烯为原料，经多道工艺加工而成，也称聚氯乙烯地板块。近年来引进国外技术制成的含石英砂质的半硬塑料地板，则具有更好的耐磨性能。块状地板便于运输和铺贴，价格低廉，耐烟头灼烧，耐污染，损坏后易于调换。主要规格有 300×300×1.5 mm、400×400×2.0 mm。

卷材地板属于软质塑料，分带弹性基材和无基材两种。带弹性基材的塑料卷材地板不仅富有弹性、脚感舒适，且有保温隔音性能，规格有宽 1800 mm、2000 mm，长 20 m、30 m，厚 1.5 mm、2.0 mm。

卷材拼接时房间楼地面的宽度往往大于卷材的幅宽，需对卷材进行拼接加宽。拼接时，必须注意将图案花纹对整拼齐，拼接处采用地板胶粘结牢固，或用双面胶带弥合接缝，并与基层粘牢。

塑料地板按功能分有弹性地板、抗静电地板、体育场地塑胶地板等。

（1）特性。塑料地板具有质轻耐磨、防滑、耐腐、弹性好、耐水、易清洁、更换方便、自熄的特点，可制成各种不同花色，规格多样，可选择余地较大，价格低廉、施工方便。因此，塑料地板是较理想的地面材料，它既可用于住宅也可用于医院、办公室等公共空间（图 10-1-7）。

（2）施工方式及要点。塑料地板的铺贴要求室内地面基层应干燥平整、清洁、无凸角砂粒等。根据不同的使用要求，可选择粘结固定铺贴式、临时固定铺设式以及活动浮铺式等不同做法。

① 粘结固定铺贴式。对于有长期使用要求的地面卷材铺贴，可采用漫涂胶粘剂的方法进行粘结。

② 临时固定铺设式。对于有搬迁可能的地面卷材铺设，可采用双面胶带将卷材背面的四边粘贴于基层上，注意防止翘角翘边等情况的发生。

③ 活动浮铺式。对于室内较小空间地面，亦可不做任何粘贴固定，可利用家具陈设等压住卷材边角部位，同样能够发挥卷材的使用特长和装饰作用。

图 10-1-7 仿木纹塑料地板室内铺设效果

2. 橡胶地板

天然橡胶是指从人工培育的橡胶树采下来的橡胶。橡胶地板是以天然橡胶、合成橡胶和其他成分的高分子材料所制成的地板。其中，丁苯、高苯、顺丁橡胶为合成橡胶，是石油的副产品。

橡胶地板具有环保、防滑、阻燃、防水、耐磨、吸音的特性，并且抗静电、耐腐蚀、易清洁以及脚感舒适等优良性能。

橡胶地板适用于机场大厅、体育场馆大厅、写字楼、学校教室、各种会议室、接待室等空间的铺装(图 10-1-8、图 10-1-9)。

橡胶地板施工工艺：

① 清理地面，清除地面浮尘。

② 定位铺设基准线。

③ 铺拉接地导网(铜泊)。

④ 涂刷导电胶。

⑤ 铺贴橡胶地板。

⑥ 滚压橡胶地板。

⑦ 开 4 mm 宽焊接槽。

⑧ 焊接地板缝隙。

⑨ 静电接地。

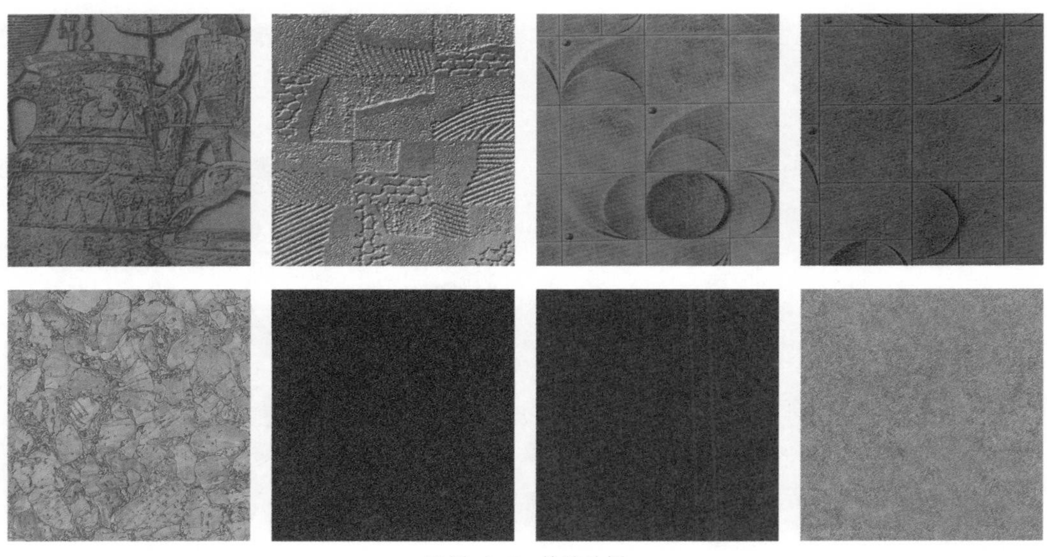

图 10-1-8 橡胶地板

图 10-1-9 铺贴在机场大厅的橡胶地板

3. 亚麻地板

亚麻地板是弹性地材的一种，它的成分为亚麻籽油、石灰石、软木、木粉、天然树脂、黄麻。环保是亚麻地板最突出的优点，另外，亚麻地板还具有良好的抗压性能和耐污性，可以抗烟头灼伤，可以修复，并具有良好的导热性能，能够抑制细菌生长，永久抗静电、装饰性强(图 10-1-10)。亚麻地板目前以卷材为主，是单一的同质透心结构。

产品规格：长、宽为 15000～30000 mm × 1200～2000 mm，厚度为 2～4 mm。

亚麻地板常用于办公楼、酒店、会议室、会所、休闲场所等空间的地面铺装(图 10-1-11)。

施工工艺：

① 基层处理对地面基础有明显凹凸的应进行重点打磨，其表面凹凸度不应大于 2 mm。然后将平整过的地面自然风干或用加热方式将其快速风干，使整个地面含水率不超过 3%。最后再用扫帚将地面及各个角落清扫干净。

② 测量及剪裁：核对图纸和实地的尺寸，妥善安置焊线和拼花的布局，最终确定剪裁的尺寸。

③ 地板铺装：施工之前，地板等材料需预放 24 小时以上，并按照箭头指示方向摆放。卷材要按生产流水编号施工。铺装时注意接缝，其缝隙宽度宜与一张普通复印纸厚度相等，涂刷专业胶，铺贴地板。地板铺装完成后，进行赶气和赶压。地板铺装后，不得有翘边、起泡、起鼓以及缝隙过大的情况出现。

④ 焊接。焊接工序一般都是在胶水凝固后进行，一般是第二天进行，并使用开缝机开缝。为使焊接牢固，开缝深度不得超过地板厚度。焊接时须清除凹槽内的灰尘和碎料。开口处不应超过 3.5 mm。

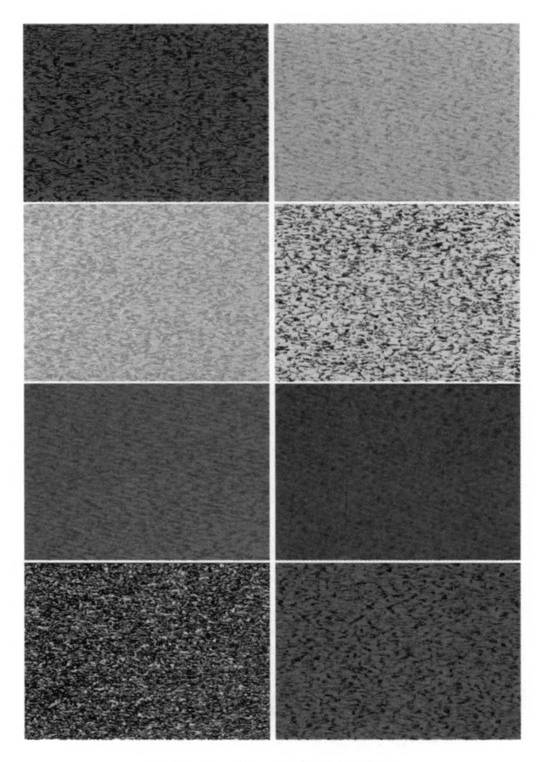

图 10-1-10 亚麻地板纹理

图 10-1-11 亚麻地板铺装效果

四、窗帘

窗帘有棉、毛、绒、丝、麻、化纤等多种面料，其中有不透光的厚重面料，也有透光或半透光的轻薄面料。使用特殊的纱线进行富有层次的织造，可使面料更柔顺并且富有弹性。

窗帘一般可与窗楣和衬帘配套使用。窗楣用与帘面同一布料制成，并可用打皱方法做成各种形状，如扇形、半圆形、水波纹形等。帘衬一般用半透明的纱或不透明罩光布制成。

1. 悬垂平拉式窗帘

这是最普遍最常用的窗帘，它的外观富有有节奏的折纹以及沉稳的悬垂感，其结构简单、制作方便，有单幅、双幅两种。单幅窗帘适用于面积较小的窗户，用料时注意尺寸宽度一般为窗口宽度的两倍左右，长度可超过窗台一段距离。双幅窗帘一般适用于较大面积窗户，其用料尺寸总宽度可取窗口宽度的两倍，或者与窗口所在的墙面同宽。

2. 掀帘侧拉式窗帘

这种窗帘是将帘掀向一侧，或两侧后在中间系一个装饰带或蝴蝶结固定起来，使帘的边缘形成两段优美的弧线。这种窗帘适用于较宽大的窗户。

3. 折叠紧拉式窗帘

这是类似于百叶窗的悬挂方法，开启时折叠逐段推高，自下而上收拢。这种窗帘可根据需要的采光遮阳程度确定开闭位置，一般适用于推拉式窗户。当窗帘全放下时，有保持波浪折纹的，也有是完全平展垂下的。窗帘用料一般为厚重的织物面料。

4. 百叶式

这种窗帘的特点是借改变帘面条形叶片的角度来调节窗户的采光与通风，有水平叶片式和垂直叶片式两种类型。叶片的材质有的用麻类织物，也有的采用铝、雕塑、竹、木等非织物，其现代感强，适应性广，无论是公共建筑或是居室均可采用，尤其适用于办公建筑。

5. 卷筒式

这种窗帘遮蔽功能较强，开闭自如，占用空间小。根据需要可用不透明的窗帘，也可用半透明或印有花纹的织物帘布，还有的使用人造革等非织物帘布。一般用于有特殊开启需要的空间或较小的房间。

悬垂平拉式窗帘

折叠紧拉式窗帘

铝质的百叶式窗帘

卷筒式窗帘

图 10-1-12

第二节 装修织物与卷材构造

一、贴壁纸（布）的构造（图10-2-1）

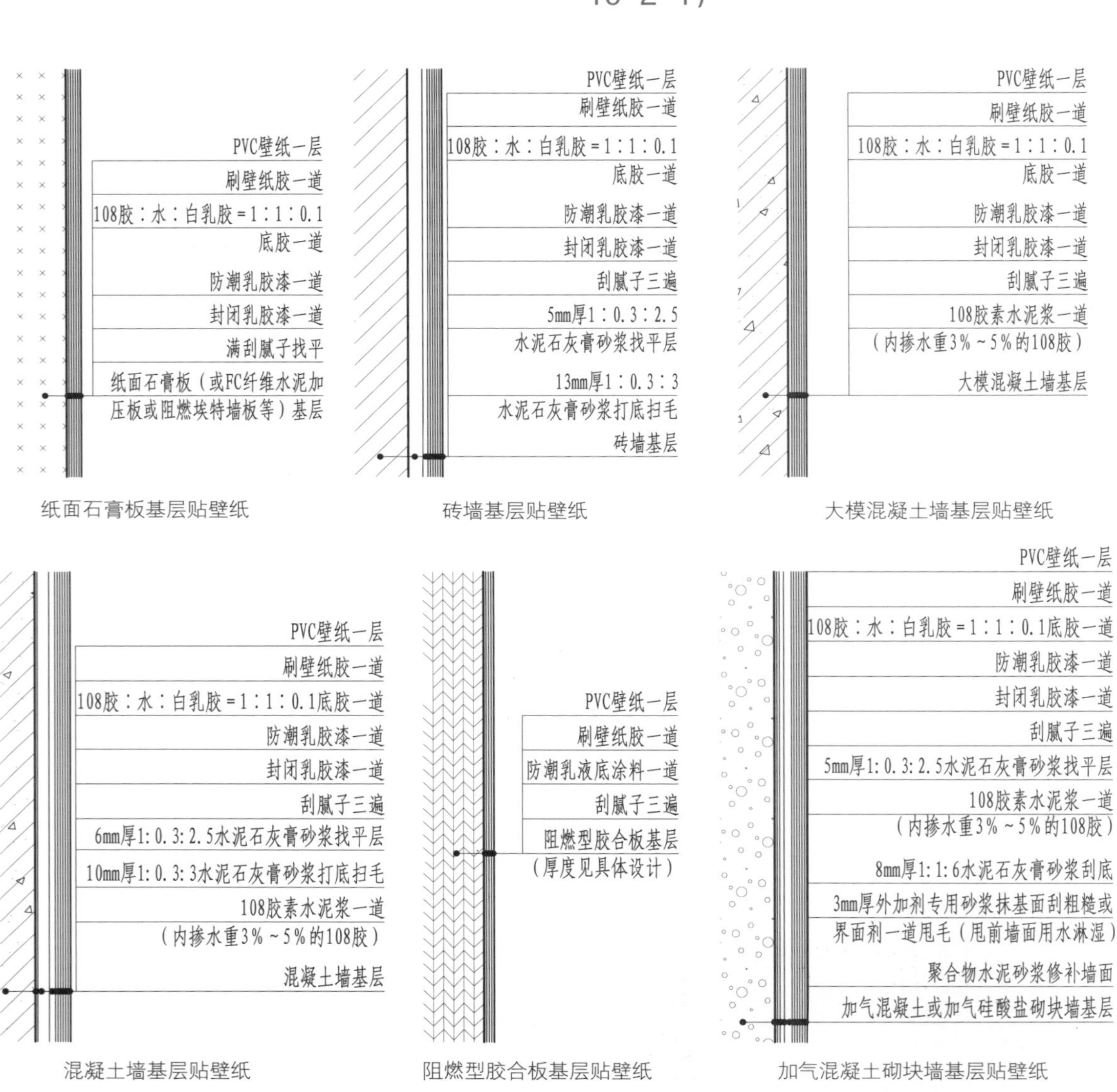

纸面石膏板基层贴壁纸　　砖墙基层贴壁纸　　大模混凝土墙基层贴壁纸

混凝土墙基层贴壁纸　　阻燃型胶合板基层贴壁纸　　加气混凝土砌块墙基层贴壁纸

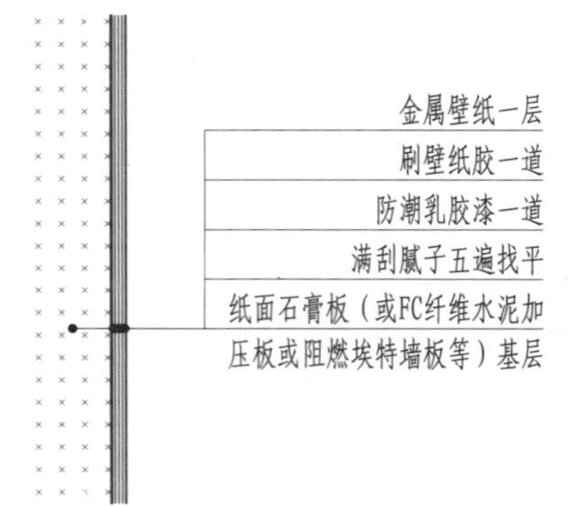

纸面石膏板基层贴金属壁纸

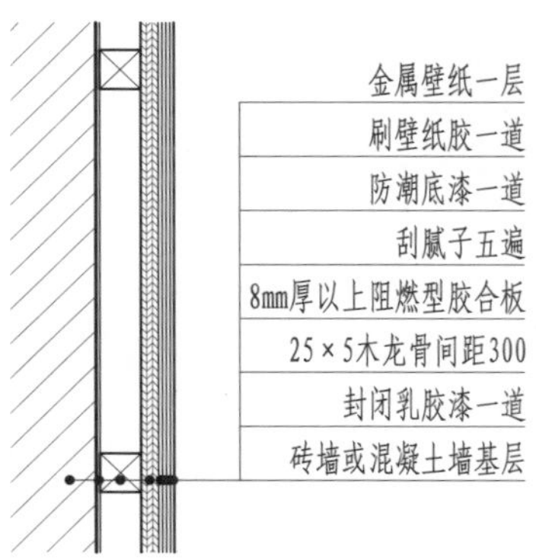

砖墙或混凝土墙基层贴金属壁纸

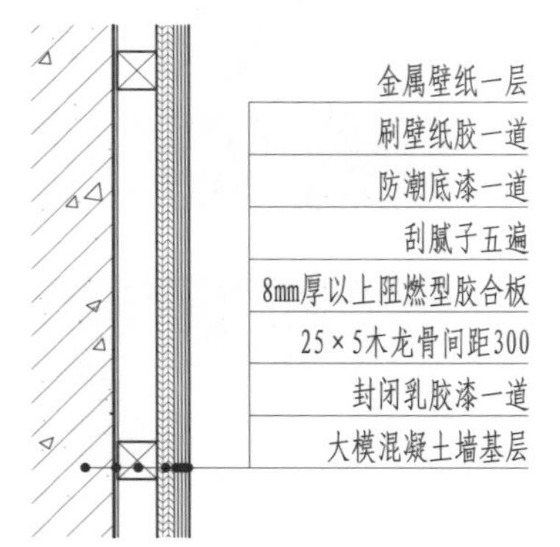

混凝土墙基层贴金属壁纸

图10-2-1　壁纸（布）的构造

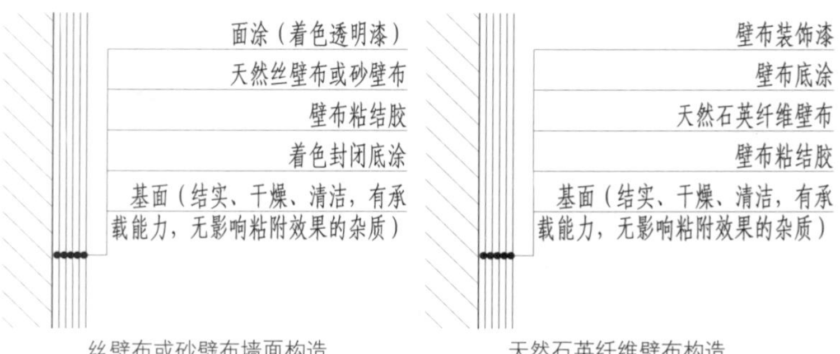

续图 10-2-1

二、铺地毯的构造

地毯的铺设方法有活动式和固定式两类。

1. 活动式铺设（图 10-2-2 至图 10-2-5）

是指将地毯浮搁在基层上的方法，其铺设简单、更换容易。这种方法适用于铺设装饰性的工艺地毯、小方块地毯，在人的活动不频繁的部位以及有其他附带固定办法等场合。

2. 固定式铺设

为保证地毯展平后不因外力而变形，多数情况下需加以固定。固定的方法有两种，一是用挂毯条固定；二是粘结固定。

用挂毯条固定，一般要在地毯下加设垫层，垫层有海绵波垫和杂毛毡垫两种。常用的挂毯条由铝合金制成，它既可用来固定地毯，又可用于地毯与不同材质地面相接处，起收口作用。成品铝合金挂毯条及地毯配件如图 10-2-6 所示。

自制的简易倒刺板可代替成品挂毯条，制作方法是在五夹板上平行地钉上两排钉子，钉子要朝与板面成75° 的同一方向，如图 10-2-7 所示。

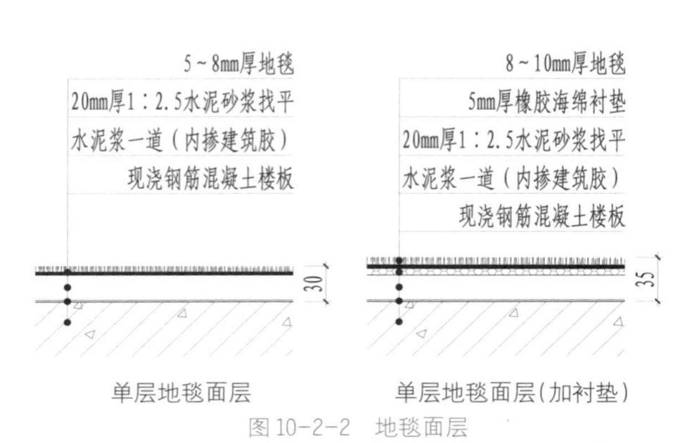

图 10-2-2　地毯面层

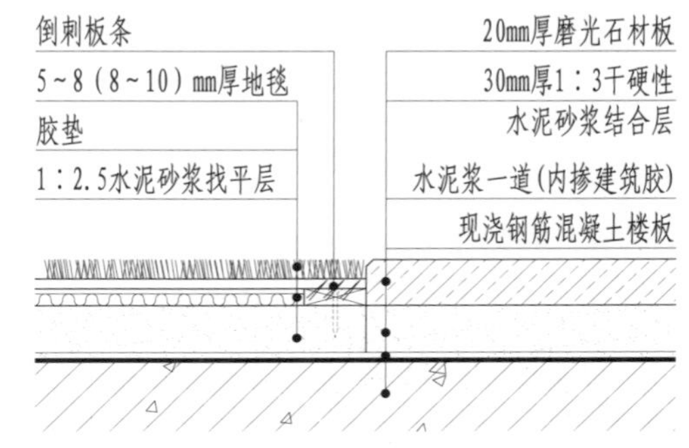

图 10-2-4　地毯与石材交接 ①

20mm厚1∶2.5水泥砂浆找平层
收边条
金属固定件
5～8（8～10）mm厚地毯
现浇钢筋混凝土楼板
胶垫

图 10-2-3　地毯与地毯交接

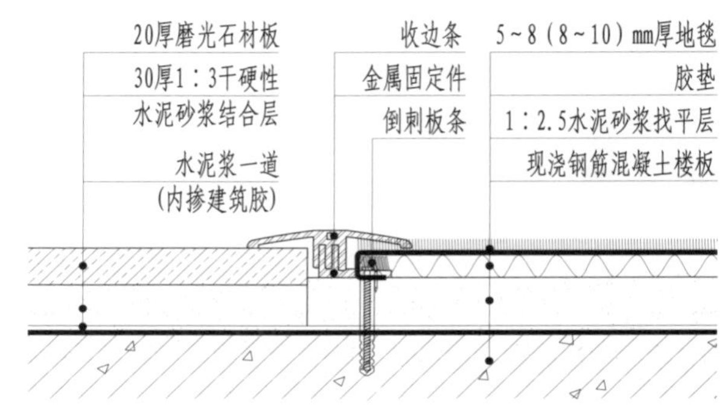

图 10-2-5　地毯与石材交接 ②

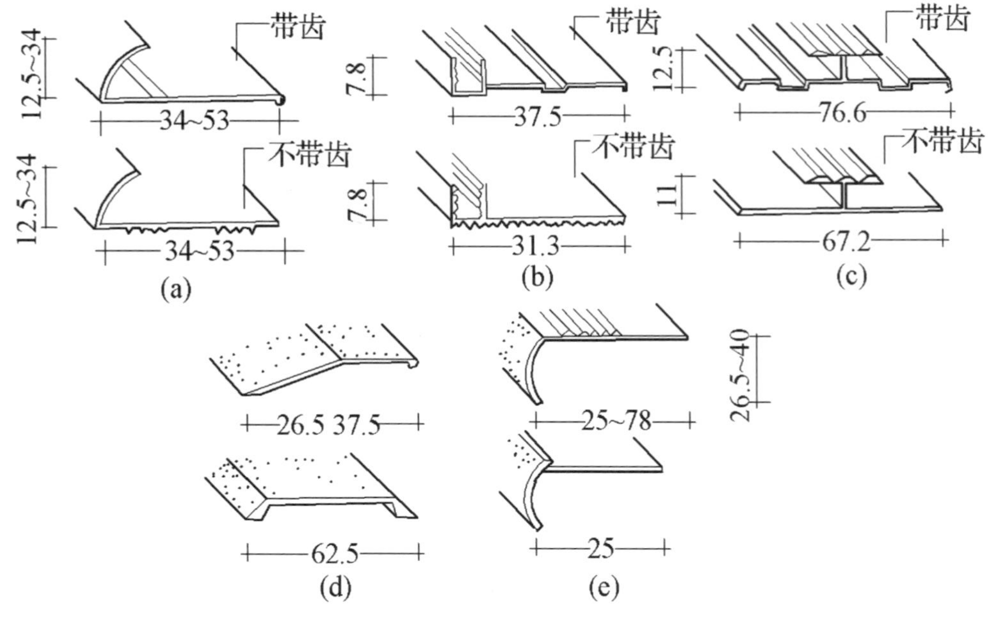

(a)挂毯条;(b)端头挂毯条;(c)接缝挂毯条;
(d)门槛压条;(e)楼梯防滑条

图10-2-6　成品铝合金地毯条配件

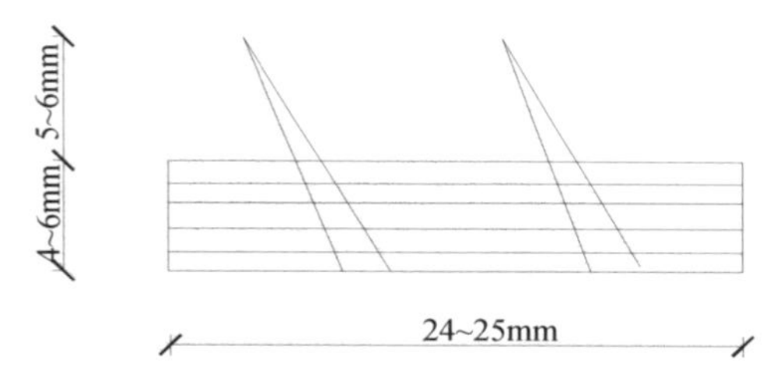

图10-2-7　倒刺板加工示意

地毯的铺设有两种情况，一种是满铺，另一种是局部铺，两种铺设方法的做法稍有不同。满铺地毯的固定可用挂毯条，这时应沿墙体四周边缘地毯接缝、地面高低转折处布置挂毯条并固定在水泥地面上。踢脚板和倒刺板的固定以及地毯、地毯垫层的关系，如图10-2-8所示。满铺地毯也可用粘结方法固定。这时需要有密实的基层，常用的做法是在绒毛的背部粘上一层2 mm左右的胶，如橡胶、塑胶等。

局部铺设地毯的固定法一般有两种，一是粘贴法，即将地毯的四周用粘结剂与地面粘贴。另一种是将地毯的四周用钢钉与地面固定。如图10-2-9所示。

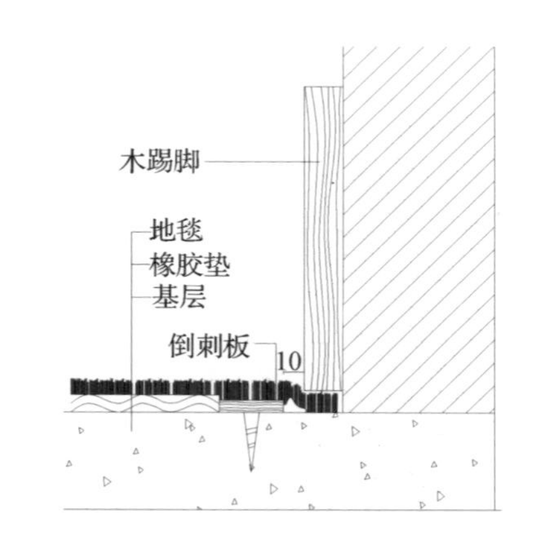

图10-2-8　铺贴收口构造

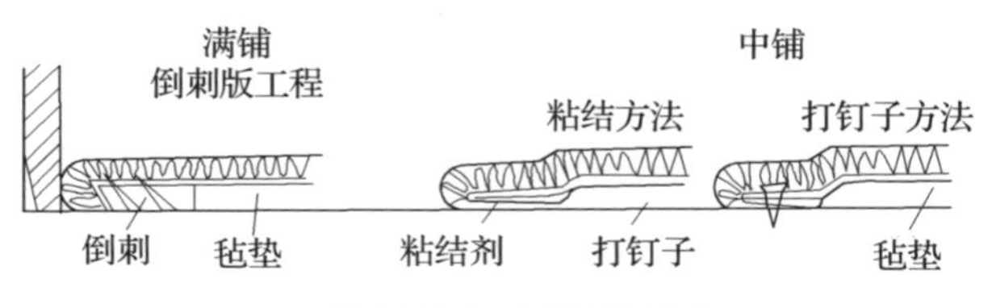

图10-2-9　地毯铺设方法

复习思考题

1. 列举三种以上的墙布品种，并简述各自的特点及用途。

2. 比较手织纯毛地毯、机织纯毛地毯和化纤地毯的性能差异，并简述各自在装修中的应用。

3. 列举三种以上化纤地毯的表面形式，并简述各自的铺设特点。

4. 列举四种以上窗帘的形式，并简述其在装修中的应用。

5. 地毯的铺设方式有哪两种？简述各自的做法。

6. 绘制地毯铺贴收口的构造图。

7. 列举三种以上常见壁纸，并简述各自组成。

8. 列举两种以上壁布，并简述各自特点。

9. 绘制两种不同基层材料上贴壁纸（布）的构造图。

参考文献：

高祥生、韩巍、过伟敏编著. 室内设计师手册[M]. 北京：中国建筑工业出版社，2001.

王树京等编著. 一级建造师执业资格考试装饰装修工程专业复习教程 习题、案例 [M]. 天津：天津大学出版社，2004.

田原、杨冬丹编著，装饰材料设计与应用 [M]. 北京：中国建筑工业出版社，2006.

李朝阳编著. 装饰材料与构造 [M]，合肥：安徽美术出版社，2006.

田原、杨冬丹编著. 环境艺术装饰材料设计与应用 [M]. 北京：中国电力出版社，2009.

高祥生编著. 室内陈设设计 [M]. 南京：江苏科学技术出版社，2004.